"十三五"国家重点出版物出版规划项目

面向可持续发展的土建类工程教育丛书

城市地下空间工程施工技术

刘 波 李 涛 陶龙光

高全臣 侯公羽 易宙子　编著

机械工业出版社

合理地开发和利用地下空间资源是我国城市发展的一个重要内容。本书介绍城市地下空间工程施工技术，共7章，系统地介绍了明挖法、逆作法、管棚法、矿山法、盾构法、顶管法、特殊与辅助施工方法等方面的知识，并从地下工程安全预控的角度出发，详细介绍了地下工程测试监控技术，并结合实际工程案例进行了应用分析。

本书可作为土木类专业的地下工程施工课程的教材，也可作为岩土工程、交通土建工程、地下建筑与隧道工程、市政建设工程、矿山建设工程从业人员的参考书。

图书在版编目（CIP）数据

城市地下空间工程施工技术/刘波等编著. —北京：机械工业出版社，2020.12

（面向可持续发展的土建类工程教育丛书）

"十三五"国家重点出版物出版规划项目

ISBN 978-7-111-67153-4

Ⅰ.①城…　Ⅱ.①刘…　Ⅲ.①地下工程-工程施工-高等学校-教材　Ⅳ.①TU94

中国版本图书馆 CIP 数据核字（2020）第 257584 号

机械工业出版社（北京市百万庄大街 22 号　邮政编码 100037）

策划编辑：马军平　责任编辑：马军平　臧程程

责任校对：梁　静　封面设计：张　静

责任印制：常天培

北京虎彩文化传播有限公司印刷

2021 年 1 月第 1 版第 1 次印刷

184mm×260mm·18.5 印张·459 千字

标准书号：ISBN 978-7-111-67153-4

定价：49.80 元

电话服务　　　　　　　　　网络服务

客服电话：010-88361066　机 工 官 网：www.cmpbook.com

　　　　　010-88379833　机 工 官 博：weibo.com/cmp1952

　　　　　010-68326294　金 书 网：www.golden-book.com

封底无防伪标均为盗版　机工教育服务网：www.cmpedu.com

前　言

21世纪是地下空间蓬勃发展的世纪。城市地下空间领域的开发与利用具有极为重要的意义，城市地下空间的开发利用不仅可以节约宝贵的土地资源，保护生态环境，促进低碳化生活，还能有效改善城市交通状况，增强城市的总体防灾减灾能力，提高城市人防能力。因此，城市地下工程建设前景十分广阔。

为了反映世界城市地下空间开发与利用的状况和技术水平，适应新工科背景下城市地下空间工程等土木类专业人才培养的需要，也为了向从事相关学科研究、设计、施工的工程技术人员和有关院校师生提供工作、学习的参考资料，我们编写了本书。参考教学时间32学时。本书收集了大量资料和数据，并融入了我校近年来的教学、科研实践成果。本书注重论述基础知识、基本技能和基本理论，理论联系实际，突出实用性。

全书共7章，由中国矿业大学（北京）刘波、李涛、陶龙光、高全臣、侯公羽及深圳市综合勘察设计院有限公司易宙子编著。第1章、第6章6.3~6.5节由刘波、陶龙光执笔，第2、3章由李涛执笔，第4章由刘波、高全臣执笔，第5章5.1~5.4节、第7章由刘波、侯公羽执笔，第5章5.5节、第6章6.1及6.2节由易宙子执笔。全书由刘波统稿。

作者十分感谢国家自然科学基金（51508556、51274209、50674095），"十三五"国家重点研发计划（2016YFC080250504），教育部科学技术研究重点项目，北京市教育委员会产学研合作项目，北京市优秀教学团队资助项目，中国矿业大学（北京）杰出越崎学者、青年越崎学者项目等项目的资助。

感谢巴肇伦教授的大力支持和帮助；感谢美国Charles Fairhurst院士、Peter Cundall院士、Roger Hart博士、韩彦辉博士在数值分析合作研究中的支持与帮助；感谢陈湘生院士、张检身教授、岳中琦教授、陈祥福教授、钟茂华教授、李晓研究员、周晓敏教授在研究中的大力帮助和有益建议。

限于时间和水平，书中不当之处敬请读者批评指正。

作　者

目　　录

第1章 绪 论

■ 1.1 城市地下工程概述

1.1.1 城市地下工程的含义

城市是人类社会经济发展到一定阶段的产物，是一定地域范围内政治、经济、文化的中心。它包括国家或地区按行政区域划分而设立的首都、直辖市、市、镇、未设镇的县城及独立的工矿区和城市型的居民点。

1999 年全球人口突破 60 亿，增长速度最快的是城市人口，平均每年净增约 2.5%，全球一半的人口居住在城市中。随着科学技术的进步，社会经济的不断发展，城市人口进一步聚集，大城市、特大城市将继续形成。例如，2018 年末，中国大陆人口达到 13.95 亿，城镇人口达到 8.31 亿。我国的城市 1950 年约为 130 个，1990 年发展到 430 多个，2018 年已发展到约 660 个。市区人口达百万人以上的大城市，1949 年为 5 个，1990 年发展到约 30 个，2017 年达到约 150 个。这当中人口已达或超过 500 万的特大城市占 1/5 以上。大城市和特大城市的中心地区人口密集，建筑物林立，空间拥挤，交通堵塞。特别是历史旧城或经改造发展起来的大城市，这些矛盾和问题尤为突出。

怎样合理规划城市的基础设施和制定城市各项技术经济指标，使其达到最大的经济和社会效益，使城市逐步具备高效、文明、舒适、安全的现代化城市的功能，是城市管理和建设者的首要任务。长期以来，城市交通、基础设施及城市容量的扩大主要是通过扩展城市用地来实现的，但城市用地的短缺已成为矛盾的焦点。因此，合理开发与综合利用城市地下空间资源，不仅可缓解当前存在的各种城市矛盾，满足某些社会和经济发展的特殊需要，而且为进一步建设现代化城市开辟了广阔的前景。城市地下工程正是在这样一个总的背景下应运而生。

城市地下工程是用于研究和建造城市各种地下工程的规划、勘察、设计、施工和维护的一门综合性应用科学与工程技术，是土木工程的一个分支。在城市地面以下土层或岩体中修建各种类型的地下建筑物或构筑物的工程，均称为城市地下工程。它包括交通运输方面的地下铁道、公路隧道、地下停车场、过街或穿越障碍的各种地下通道等；工业与民用方面的各种地下制作车间、电站、各种储存库房、商店、人防与市政地下工程，以及文化、体育、娱乐与生活等方面的联合建筑体等。

1.1.2 城市地下工程的特征

1. 可为人类的生存开拓广阔的空间

随着国民经济现代化水平的提高和城市人口的增加，城市用地日益紧张，资源逐渐枯竭，引起了人类生存空间问题，应该说已达到了危机程度。在这种情况下，地下空间资源的开发与综合利用，为人类生存空间的扩展提供了坚实保障。

目前城市地下空间的开发深度已达 30m 左右，有人曾大胆地估计，即使只开发相当于城市总容积 1/3 的地下空间，就等于全部城市地面建筑的容积。这足以说明，地下空间资源的潜力很大。

不仅开发利用本身创造了空间，如图 1-1 所示，而且用开掘出的弃土废渣填筑低洼地、河滩地等，也可变城市的无用地为有用地，如图 1-2 所示。

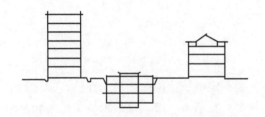
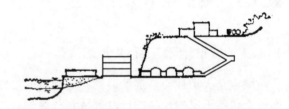

图 1-1　利用建筑间空地修地下建筑　　　　图 1-2　利用地下空间开挖的弃土废渣填筑河滩地

2. 具有良好的热稳定性和密闭性

岩土的特性是热稳定性和密闭性，这使得地下建筑周围有一个比较稳定的温度场，对于要求恒温、恒湿的生产、生活用建筑非常适宜，尤其对低温或高温状态下储存物资效果更为显著，在地下比在地面创造这样的环境容易，造价和运营费用较低。

3. 具有良好的抗灾和防护性能

地下建筑处于一定厚度的土层或岩层的覆盖下，可免遭或减轻包括核武器在内的空袭、炮轰、爆破的破坏，也能较有效地抗御地震、飓风等自然灾害，以及火灾、爆炸等人为灾害。

4. 社会、经济、环境等多方面的综合效益好

在大城市中有规划地建造各种地下建筑工程，对节省城市占地，节约能源（有统计说明：地下与地面同类型建筑空间相比，其空间内部的加热或冷冻负荷所耗能源可节省费用30%~60%），克服地面各种障碍改善城市交通、减少城市污染、扩大城市空间容量、节省时间、提高工作效率和提高城市生活质量等方面，都能起到极其重要的作用，是现代化城市建设的必由之路。

5. 施工条件较复杂，造价较高

城市地下工程修建时，既要不影响地面交通与正常生活，又要使地面不沉陷、开裂，绝对保证地面或地下建筑物与设施的安全。地下工程一般施工期较长，工程造价较高；但随着科技的进步，地下工程的某些局限性将会逐渐得到改善或克服。

1.1.3 城市地下工程的历史沿革

人类对地下空间的利用，经历了一个从自发到自觉的漫长过程。

公元前3000年以前的远古时期，人类已开始利用天然洞穴作为防风雨、避寒暑的居住场所。公元前3000年到5世纪的古代时期，世界进入铜器和铁器时代，生产力得到很大的发展，出现了巴比伦河底隧道（公元前2200年）、罗马地下输水道及储水池（公元前312—公元前226年）及秦始皇陵（公元前208年完工）等地下陵墓工程。5~14世纪，欧洲文化处于低潮，地下工程基本停滞。我国这一时期的地下工程有：隋朝时期在洛阳东北建造的面积达600m×700m的近200个地下粮仓，其中第160号仓直径11m，深7m，容量为445m³，可存粮2500~3000t；宋朝时期在河北峰峰建造的军用地道（长约40km）等。

近代，由于黄色炸药和蒸汽机的发明，地下工程得到了迅速发展。1613年英国建成伦敦地下水道；1681年修建了地中海比斯开湾长170m的连接隧道；1843年伦敦建成越河隧道，1863年英国在伦敦建成世界第一条城市地下铁道；1871年开通了穿越阿尔卑斯山，连接法国和意大利的长12.8km的公路隧道。到20世纪90年代初，世界上已有近100多个城市修建地下铁道。世界各国重视城市地下空间的开发与综合利用，修建了大量的地下存储库、地下停车场、地下商业街及商娱体和地下管线等连接为一体的地下综合建筑群体。日本从1930年开始建设地下商业街，20世纪60年代以后，大规模地开发利用地下空间，在缓解城市矛盾和城市现代化建设过程中起着重要作用。

我国于1969年在北京建成第一条地下铁道，1979年香港全长43.2km的地铁移交投运，上海自20世纪60年代起，连续不断地修建了过江、引水、电缆及市政工程等20多条地下隧道，总长达30km以上。1980年天津7.4km的地铁投产。1995年上海地铁1号线（长16.1km）正式开通运营。目前，北京、上海、广州等地都建成了多条地铁线路，修建了许多地下停车场、过街道、商业街及多功能地下建筑联合体，截至2017年底，全国有35座城市开工建成并投运了地铁，总运行轨道线路里程达到5027.36km。我国有近2/3的人口生活在城镇，随着经济的发展，可以预见我国城市地下工程将进入蓬勃发展时期。

1.1.4 城市地下工程的基本属性

城市地下工程总体上讲是环境友好工程，可以充分利用地下空间，改善地面环境，增加绿地，节约能源；城市地下工程是一门综合性、实践性很强的交叉学科，其基本属性表现在如下方面：

（1）综合性 城市地下工程是埋设在城市地面以下的土或岩层中的工程结构物。建造一项工程设施一般要经过勘察、设计和施工三个阶段，其设计和施工都受到地质及其周围环境条件的制约，因此在规划、设计之前必须对工程所处环境做周密调查。尤其重要的是工程地质和水文地质的勘察，该项工作应贯穿于工程建设的始终。规划、设计与施工需要运用工程测量、岩土力学、工程力学、工程设计、建筑材料、建筑结构、建筑设备、工程机械、技术经济等学科和洞室施工技术、施工组织等领域的知识，以及计算机和工程测试等技术。因而城市地下工程是一门涉及范围广阔的综合性学科。

（2）社会性 城市地下工程是伴随着人类社会发展需要而逐渐发展起来的，它所建造的工程设施应反映出各个不同年代社会经济、文化、科学技术发展的面貌与水平。根据我国规划和现代化城市功能的要求，城市地下工程应成为为我国人民创造崭新的地下物质环境、为人类社会现代文明服务的重要组成部分。

（3）实践性　城市地下工程是具有很强实践性的学科。在早期广义的地下工程，像矿业的地下开采、铁路的隧道、人民防空地下工程等都是通过工程实践，总结成功的经验，尤其是失败的教训发展起来的。材料力学、结构力学、流体力学、土力学、岩体力学和流变力学等，是城市地下工程的基础理论学科。地下工程修建在土或岩层中，而各地的土岩层的组分、成因与构造复杂多变，局部与区域地应力难以如实地确定。另一方面，在工程实践中，出现的许多新现象和新因素，用现有理论很难释疑。因此，在某种意义上说，城市地下工程的实践常先行于理论。至今不少工程问题的处理，在很大程度上仍然依靠实践经验。只有通过新的工程实践，才能揭示新的问题，才能发展新理论、新技术、新材料和新工艺。

（4）技术、经济、建筑艺术和环境的统一性　城市地下工程是实现高效、文明、舒适和安全的现代化城市的重要组成部分。人们力争最经济地建造既安全、适用又美观的地下建筑工程，但工程的经济性和各项技术活动密切相关。首先表现在工程选址、总体规划上，其次表现在工程设计与施工技术是否合理先进上。工程建设的总投资、工程建成后的社会效益与经济效益及使用期间的维护费用等，都是衡量工程经济性的重要依据，这些都与技术工作密切相关，必须综合全面考虑。符合功能要求的城市地下工程设施作为一种地下物质空间艺术，首先要通过总体布局，有机地与地面建筑设施配合与衔接，本身造型（各部尺寸比例、凹凸部线条）、通风、照明与色彩面饰、安全出口与人行活动线路等协调和谐地加以体现出来；其次要通过符合地下建筑功能所要求的环境标准，利用附加于工程设施的局部装饰艺术完美地反映出来；再次要工程设施的所有结构、构造、装饰等不会造成地下建筑环境的污染，并保证设施内空气新鲜、畅通、无异味，湿度、温度适宜，隔声防噪，光线明亮，照度适中，在艺术处理上流畅、典雅，使人们在心理上感到清新舒适；最后要使工程设施体现出民族风格、地方色彩和时代特征。总之，一个成功的、优美的地下建筑工程设施，能够为城市增添新的景观，创造新的地下物质活动空间，给人以美的享受，提高人民的生活质量。

■ 1.2　城市地下工程的结构施工与建筑环境

1.2.1　城市地下工程的结构形式与衬砌

城市地下建筑工程应根据其性能、用途，选择不同的建筑形式。地下建筑与地面建筑结合在一起的为附建式，独立修建的地下建筑称为单建式（见图1-3）。其结构形式可以构筑成隧道形式，也可以构筑成和地面房屋布置相似的形式，在平面布局上可采用棋盘式或者房间式的布置，可为单跨、多跨，也可建成多层多跨的框架结构。它的横断面可根据所处部位的地质条件和使用要求，选用各种不同的形状，常见有圆形、矩形、拱顶直墙、拱顶曲墙（当地基软弱时在底板处还可加设仰拱）、落地拱、穹顶直墙等。

地下结构的主要作用：一是承重，即承受周围岩土压力、地下水压力、结构自重及其他荷载的作用；二是围护，除用来防止围岩风化与崩塌外，必须做到防水和防潮。按照构造形式的不同，可分为五大类：

（1）拱形结构　按其构造形式又可分为喷锚衬砌、半衬砌、厚拱薄墙衬砌、直墙拱形

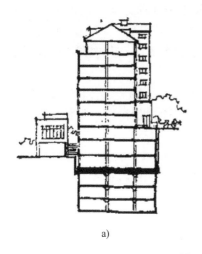

a)   b)

图 1-3 附建式和单建式地下建筑

a) 附建式 b) 单建式

衬砌、曲墙拱形衬砌、落地拱衬砌和双连拱衬砌等拱形结构，它是地下工程中采用得最多的一种结构形式，在铁路隧道、公路隧道、地下厂房、地下仓库等工程中得到了广泛应用。

（2）圆形和矩形管状结构 软土中的地下铁道或穿越江、河底的越江隧道常采用圆形或矩形管状结构，一般做成装配式的管片或管节，在施工时利用盾构、顶管或沉管法，掘进拼装成管或管节沉放。

（3）框架结构 软土中浅埋明挖施工的地下铁道车站常采用箱形结构，计算这种结构常采用框架的计算理论，故称之为框架结构。软土中的地下厂房、地下医院或地下指挥所常采用框架结构。

（4）薄壳结构 岩石和土层中地下油库（或油罐）的顶盖多采用穹顶；软土中的地下厂房有的采用圆形沉井结构，其顶盖也可用穹顶。穹顶可按薄壳计算。

（5）异形结构 异形结构指非圆形和非矩形管状结构，在软土地层中采用盾构法施工时有双圆形衬砌结构、三圆形衬砌结构、椭圆形衬砌结构等。

根据现场施工方法不同，大体可将地下结构衬砌分为下列四种：

（1）模筑式衬砌 采用现场立模灌筑整体混凝土或砌筑砌块、料石，壁后空隙进行填实和灌浆，与周围岩土体紧贴。

（2）离壁式衬砌 衬砌与周围岩（土）壁隔离，其间的空隙不充填。为保证结构的稳定性，一般均在拱脚处设置水平支撑，使该处衬砌与岩壁相互顶紧。此种衬砌可做成装配式的，便于施工。它多在稳定或较稳定的岩土体中采用。对防潮要求比较高的各类地下仓库尤为适合。

（3）装配式衬砌 最常用的是圆形管片衬砌，由若干预制好的钢筋混凝土管片或混凝土砌块用拼装机械在洞室中装配而成。管片之间和相邻环管片间的接头多用螺栓连接，若采用砌块，其接头则用镶榫错缝嵌合。管片衬砌多用于盾构或其他挖掘机械施工的工程中，装配完成后，要向管片后注浆充填密实，以保地层稳定性。此外，也可由若干钢筋混凝土构件拼装成各种断面形式的装配式衬砌，但根据结构加固和防水要求，有时在装配式衬砌内面加设一圈现浇的钢筋混凝土内衬，因此，称之为复合式衬砌。

（4）锚喷衬砌 用锚杆喷混凝土或锚杆钢筋网喷混凝土来加固并支护周围岩土体的一种衬砌形式。锚杆沿洞周按一定间距布置并深入周围岩土体一定深度，端头或全长锚固，用新奥法施工时，锚喷通常作为一次支护，根据断面收敛的量测信息，在其内圈再整体模筑二次衬砌，这种也称为复合式衬砌。

地下工程的衬砌设计和施工的关键在于尽可能地发挥和利用周围岩土体的自持（自稳）能力，使衬砌设计更经济合理。衬砌设计计算理论经历了若干个发展阶段，目前衬砌设计计算方法可归纳为四种方法：

（1）以工程类比法为主的经验法 它是以周围岩土体分类为基础，以已建成工程的实践经验为样本，用概率统计的方法核定出适应于各类周围岩土体的结构形式和衬砌尺寸。这种方法至今仍然广泛采用。

（2）收敛约束法 它是一种用测试数据反馈于设计的实用方法，通常以施工中洞室断面的变形量测值为依据。对于用新奥法施工的锚喷衬砌或复合衬砌中的锚喷支护，在施工中定期进行位移或收敛量测，并根据位移的绝对值或位移速率判断支护是否适当和变形是否趋于稳定。但判断的基准值目前尚只能根据已有工程的实践经验和量测数据分析而定。

（3）作用-反作用模型（荷载-结构模型） 其特点是将衬砌视为承载的主体，周围岩土体作为荷载的来源和衬砌的弹性约束，当衬砌受到周围岩土体主动压力作用时，将有部分衬砌向周围岩土体方向变形而受到其反作用力（即弹性抗力）而约束衬砌变形。局部变形假定（Winkler）认为，岩土体的抗力仅与该点的变形成正比。在假定抗力分布图形的基础上，可用结构力学的方法进行计算。这一设计理论适用于传统矿山法施工的整体式衬砌。

（4）连续介质模型 它也可归为连续介质力学法，包括解析法和数值法。对于复合式衬砌的初期支护和锚喷衬砌，认为它和周围岩土体紧密接触，从而使周围岩土体和衬砌形成一个整体，共同承受由于开挖而释放的初始地应力的作用，因此视其为连续介质，采用连续介质力学的方法。数值法目前以有限元法为主，还有加权残数法和边界元法等。有限元法将结构离散为有限个单元，各相邻单元在共同的节点上相互连续，根据单元刚度矩阵和各单元相互连续情况建立结构体系的总体刚度方程，按各节点位移推求各单元的应力。

1.2.2 城市地下工程的施工方法

城市地下工程成败的关键是施工问题。施工方法的选择应根据工程性质、规模、岩土层条件、环境条件、施工设备、工期要求等要素，经技术、经济比较后确定。应选用安全、适用、技术上可行、经济上合理的施工方法。

1. 明挖法及盖挖法

对埋置较浅，软土地层或破碎软弱岩层，在周围环境要求又不十分严格的情况下，可采用放坡明挖，也可以在基坑支护情况下进行坑内施工，待主体工程及防水工程完成后回填。在不同地域，用于基坑支护的结构形式各异。北方硬质黏土、老黄土、软弱岩层，当地下水比较低时，多用土钉支护。沿海地区饱和淤泥质黏土、粉砂，地下水位高，则往往采取深层搅拌桩止水，加钻孔灌注桩支护的复合结构形式；也有的地方采用挖孔桩、扩孔桩、钢板桩、预制混凝土板桩等支护结构形式。只有在开挖基坑较深，防水要求高，环境变形控制严格时，才须用连续墙和钢筋混凝土咬合桩，并在基坑内施加圆形钢管支撑或者钢筋混凝土支撑。明挖法施工进度快，便于施工机具及劳动力展开。迄今为止，明挖法仍是使用最广泛的

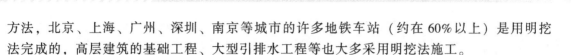

方法，北京、上海、广州、深圳、南京等城市的许多地铁车站（约在60%以上）是用明挖法完成的，高层建筑的基础工程、大型引排水工程等也大多采用明挖法施工。

在大城市闹市区，交通繁忙，商贾云集，寸土寸金，不允许长时期封锁交通，不得不采用盖挖法和浅埋暗挖法。上海地铁1号线淮海路各车站，南京地铁的新街口站、三山街站，均成功采用盖挖法技术。在连续墙完工后，施工中间立柱，然后做顶盖，整个交通的封堵约为10个月，然后在顶盖保护下进行地下施工作业，不会对地面造成干扰。

2. 盾构、顶管法及 TBM 工法

盾构法适合软弱地层中公路隧道和地铁区间隧道的施工。自1825年布鲁诺尔（Brunel）在伦敦泰晤士河下首次用一台矩形盾构开挖水底隧道以来，世界各国制造了数以千计的各种类型、各种直径的盾构，盾构从低级发展到高级，从手工操作到计算机监控的机械化施工，使盾构及其施工技术得到了不断发展和完善。至今盾构已发展成为软土地层修建隧道的一种专用机械，盾构施工方法也已成为城市隧道（上下水、动力、共同沟、地铁、公路）工程中不可缺少的一种施工方法。

20世纪60年代开始英国、日本和德国先后研究开发了泥水加压式盾构，改变以往传统盾构施工方法大多依赖于气压施工技术来对付不稳定地层的局面。泥水加压式盾构用泥浆代替气压，用管道输送代替轨道矿车出土，加快了掘进速度，改善了施工环境。泥水加压式盾构往往要附带技术设备庞大复杂、价格昂贵的泥水分离系统。20世纪80年代末泥水加压式盾构逐步被高性能的土压平衡式盾构取代。只有在江、河、湖、海等水底条件下砂、砾、粉土等不稳定地层中，才采用泥水加压式盾构，城市地铁、其他公共事业管道大多用土压平衡式或加泥式土压平衡盾构。

顶管机开挖面土体平衡的原理和盾构机基本相同。顶管法的动力来自始发工作井内作用于后背井壁上的分组千斤顶，顶管千斤顶将带有切口和支护开挖的工具管顶出工作井井壁，以工具管为先导，逐步将预制管节按设计轴线顶入土层中，直至工具管中第一个管节进入目标工作井。顶管法推进的阻力随着管道长度的增加而增加。盾构法隧道的前进靠设在盾尾的分组千斤顶克服盾构机重和周围土体的正面、侧壁阻力，千斤顶支撑在已拼装成环的隧道衬砌上，每拼装一环管片，千斤顶向前顶进一个衬砌环间宽度。理论上，盾构法施工隧道，前进的阻力不随隧道的长度增加而增加。这一点顶管法与盾构法不同。大断面短距离过街道地下立交通道、过铁路、河道的管道，很多采用顶管法。断面较小的（内径小于2.5m）长距离管道，采用中继接力的顶管法比盾构法更经济。直径小于40cm的小型管道，施工人员无法到达开挖工作面，靠自动导向、自动控制技术实现。微型管道非开挖技术是指在地表不开沟（槽）的条件下进行探测、检查、修复、更换和铺设各种地下公用设施（管道及电缆）的一项新技术，在市政管道工程中应用前景广阔。

早期的 TBM 工法主要适用于中等坚硬的围岩。TBM 是由电动机带动的盘式切刀、推进液压缸、液压撑脚、支撑顶板围岩的护盾、掘进机操纵室、螺旋出土机、带传送机、钢筋网片的布设和喷射混凝土设备、打锚杆及灌浆设备、压缩空气和供水系统、轨道吊装系统等组成的隧道掘进机，是一个庞大的成套设备。其施工进度快，机械化程度高，安全性为世界公认。TBM 在中等坚硬的岩体中集中施工，比起钻爆法隧道施工对环境扰动小。

盾构、顶管、TBM 统称为隧道掘进机，其中盾构和顶管适合于软弱地层，TBM 更适合于较坚硬的围岩。隧道掘进机发展趋势：

1）开发适用于各种土层的盾构机，即将盾构、顶管、TBM 熔于一炉，遇到坚硬岩体，大刀带动切刀、滚刀、盘刀，可以切削岩体，并能进行喷锚支护；遇到软弱土体，盾构功能可充分施展，有效地达到工作面上的土压力（水、土）与密封舱土体平衡，减少地面沉降。

2）开发异型盾构机。双圆、三圆或特殊断面的盾构机，超大直径的盾构机（直径可大于 15m），可用于地铁车站或多车道的公路隧道。可自动变换横断面的盾构机，随时有效地改变前进方向。

3. 沉管及沉井（箱）法

先在隧址以外的干坞中浇筑数节大型钢筋混凝土沉放管段，管段两端用临时封墙密封，待钢筋混凝土管段达到设计强度后逐节经水道运至沉管隧道位置。此前，在水底隧址设计位置上，预先浚挖基槽，设置临时支座。管段运到后，沉放管段→进行管段水下连接→处理管段接头及基础→覆土回填埋压→进行内部装修及设备安装，最终完成沉管隧道建设。这种建造水底隧道的施工方法称为沉管法（也叫预制管段沉放法）。沉管隧道具有埋深浅、车道多、造价低、工期短和隧道防水性能好等优点。

20 世纪初，水下管节的连接技术和混凝土结构防水技术未取得重大突破，故大多采用钢壳隧道，在接头或防水方面都较容易解决。早期的沉管隧道，特别是美国修建的海湾隧道，水深大于内河，水下接头连接及防水要求高，受力要求严格，采用钢壳或双层钢壳的结构更加有利。荷兰于 1942 年修建位于鹿特丹的马斯（Mass）隧道，首次采用矩形钢筋混凝土管节，发明了管节间水压接头的专利。20 世纪中期，钢筋混凝土管节在沉管隧道中逐步推广使用。沉管隧道技术发展趋势有以下几个特点：

1）每节管节长度越来越长，横断面越来越大。目前沉管隧道每节管段长度一般为 100 ~ 130m，最大质量一般为 30000~40000t。荷兰斯麦尔隧道仅有 4 个管节，每节长度 268 m，质量达 50000t。

2）从单一用途向多用途发展。沉管隧道用途从单一的城市公路（或铁路）隧道发展为城市道路、公路与铁路共管设置，甚至同时设置公共管廊。通行轨道运输系统的沉管隧道，最近也发展为能通行高铁的水下隧道，隧道内的行车速度最大可达 200km/h，平均达 160km/h。

3）对地基的适应性越来越广。大型沉管管节在干坞中预制施工，它的运输、沉放、水下对接及柔性接头技术均是技术难题。软弱地层中沉管隧道的基础处理，大断面沉管隧道主要的问题在于抗浮，对地基承载力要求不高。采用先进的清淤技术（包括技术装备及工艺）、合适的基础换垫处理（如喷砂）技术，才能顺利将淤泥清除，并以砂垫层（或豆石）置换淤泥，从而保证所挖槽段坑体的稳定。

4）管节的材质越来越好。钢筋混凝土管节的预制技术。要在大型干坞内预制长达 110m、宽 45m、高约 9m 的大型箱体，保证混凝土的高强度（C55~C60），高的抗渗透能力（S8~S12），满足 100 年使用期的耐久性等，须采取多种控制混凝土裂缝的技术措施，如减少水泥用量，低水胶比，加入矿渣、硅粉等掺合料，选择合适的配比，采取分段、分块浇筑混凝土，采用冷水循环系统对混凝土材料内部降温，进行合适的养护等。为了增加管节结构的抗拉强度，采用纵向施加预应力措施。在混凝土中掺入钢纤维或聚合物化学纤维代替钢筋，可以有效地控制管节混凝土龟裂收缩及温度应力裂缝，大大改善钢筋混凝土管节的抗渗能力。

5）水下连接由人工控制向智慧监控发展。河道的水流在潮汐、风浪、航船的影响下，带动管节晃动，很难使管节达到理想位置。在水底一定深度，施工人员无法直接看到管节对接。GINA防水橡胶垫挤压防水程度，很多情况下靠潜水员用手触摸做出判断。发展计算机指挥下的自动对接、自动监控多媒体仿真系统是很有必要的。

沉井是一个上无盖下无底的井筒状构筑物，可以是砖衬砌结构、钢结构，但用得最多的还是钢筋混凝土结构。若在井筒的一定深度设置底板或中板，通常称为沉箱。沉井法是通过不稳定含水地层的一种特殊施工方法。沉井法广泛用于桥梁墩台基础、取水构筑物、污水泵站、地下工业厂房、大型设备基础、地下仓（油）库、人防掩蔽所、盾构始发（接收）工作井、矿用竖井、地下车道及地铁车站等地下构筑物的建造。沉井法的发展方向主要在于：

1）大型沉井刃脚及井壁的侧壁土压力及结构设计。怎样较准确地计算不同深度井壁的水土压力，井壁及内部底梁组成空间结构的设计模型，有待深入研究。

2）沉井下沉系数计算及克服周壁摩阻力的技术措施。在砂土、粉质黏土、砾石地层中，自重不足以克服周围井壁阻力，需采用触变泥浆润滑、浮式沉井及空气幕沉井等辅助工法。

3）克服沉井倾斜、突沉、流砂及管涌。在沉井下沉过程中进行各角点标高、倾斜量的自动监测，与挖土方式方法密切配合，使沉井平稳地落在设计标高的土层上。遇到流砂、大孤石、沉船、树根等不良地层及障碍物时，要预先采取有效的技术措施。

4）改进水下挖土、水下混凝土封底的施工工艺，加快沉井下沉速度。

5）克服由沉井下沉引起的周围地层损失及地面沉降引起的环境病害，减少由此带来的城市地下管线、道路、房屋建筑的损害。

4. 矿山法、新奥法及浅埋暗挖法

采用钻煤法开挖和钢木支护构件支撑的施工方法称为矿山法，也叫背板法。它是以钢木构件作为临时支撑，待隧道开挖形成后，逐步将临时支撑撤换下来，而代之以整体式厚衬砌作为永久支护。它施工的基本原则可归纳为"少扰动、早支撑、慎撤换、快衬砌"。松动的围岩作为荷载，钢木支撑作为承载结构，符合很直观的"荷载-结构"的力学体系。

新奥法（NATM）是新奥地利隧洞施工方法的简称。它是由奥地利隧道工程专家拉布采维茨教授（L. V. Rabcewicz）总结了软岩中的隧道施工经验，在传统的矿山法基础上提出的。在岩体中开挖隧道时，从变位产生到岩体破坏有一个发展过程，适时地构筑柔性薄壁，使其与围岩贴紧，并形成第一承载环。新奥法强调利用岩体自身的强度，符合围岩-支护共同作用原理，重视试验，是理论与实践相结合的一套科学的施工设计方法。新奥法的基本原则可以归纳为"少扰动、早喷锚、勤测量、紧封闭"。

浅埋暗挖法是20世纪80年代中期，结合北京工程地质及水文地质条件形成的用于地铁车站施工的方法。北京地铁采用的浅埋暗挖法是按照新奥法原理进行设计和施工，以加固处理软弱地层为前提，采用足够刚性的复合衬砌（由初期支护，二次衬砌和中间防水层组成基本支护结构）用于土层近地表暗挖的施工方法。与明挖法相比，浅埋暗挖法的最大优点是避免了大量的拆迁、改建工作，减少了对周围环境的粉尘和噪声污染，对城市交通的干扰小。盾构、顶管、TBM工法虽然也具有上述优点，但它们不能适应隧道断面变化，而且采用隧道掘进机工法在隧道不是足够长时造价相对较高。浅埋暗挖法的基本原则可归纳为"管超前、严注浆、短开挖、快封闭、勤测量"。

矿山法、新奥法及浅埋暗挖法施工技术难点及进一步发展的方向主要在于：

1）开发岩体开挖、运输的新工艺、新机械。

2）推广三臂、多臂钻眼台车，优化钻爆设计，采用高能炸药或者采用浅孔静态爆破、自动装渣、轨道矿车运输等新技术。推广独臂钻、天井钻等对岩体直接开挖的隧道掘进机。用小型的挖掘机在洞室内施工代替目前的人工开挖，可以加快进度，提高劳动生产率。

3）优化组合喷锚支护、钢拱架、防水层、内衬混凝土等初次支护及二次衬砌设计计算理论，改进施工工艺，采用高效的防水材料及优质混凝土。

4）完善松散土层的地基加固手段，通过小导管超前注浆、降低地下水、大（小）管棚法等使得开挖洞室有自立性和防水渗透性，浅埋暗挖法才具备推广施工条件。

5）加强地质勘察，对沿线场地岩土体进行科学的分类，可以加快施工进度，保证施工的安全。

6）开发用于洞室收敛变形、土体分层沉降等应力应变量测的仪器和机具，提高测量的精度，用测量信息，反馈指导设计和施工。

5. 辅助工法——注浆、降水、冻结等施工技术

为了保证上述施工方法的实现，往往采取注浆、降水、冻结等方法提高场地岩土体的强度、承载力、自立性、防水性等物理力学指标。通过多方面经济、技术比较，选择合适的辅助工法，对于保证施工的安全，提高社会及经济效益有十分重要的意义。

1.2.3 城市地下工程的建筑环境

环境是指围绕着人群的空间，以及该空间中可以直接、间接影响人类生活和发展的各种自然因素的总体（此处不含社会因素）。地下建筑和地面建筑的环境完全不同，后者可以依靠天然采光、自然通风等获得较高质量的建筑环境，而地下建筑被包围在岩石或土壤之中，这就给地下建筑内部的空气质量、视觉和听觉质量，以及人的生理和心理影响等方面带来了一定的特殊性影响。除有特殊要求的工程以外，一般应达到人在城市地下环境中能正常进行各种活动而没有不适感的舒适环境标准。在任何情况下，都不允许地下建筑环境对人体产生致病、致伤、致死等危险。

1. 空气环境

建筑空气环境的指标有舒适度和清洁度。其中温度、湿度、二氧化碳含量等是衡量空气冷热、干湿和清洁程度的主要指标。人体适宜温度范围大体为 16~27℃，夏季偏高，冬季偏低；室内相对湿度的舒适值为 40%~60%。日本制定的最舒适的室内温度、湿度环境标准为：夏季温度 25~27℃、湿度 50%~60%，冬季温度 20~22℃、湿度 40%~50%，空气流动速度均为 0.1~0.2m/s。我国因建筑供热和供冷均达不到发达国家水平，室内温度标准较低，一般公共建筑的设计标准为：夏季温度 27~29℃，冬季温度 16~20℃，相对湿度均为 40%~60%，室内气流速度夏季 0.2~0.5m/s，温湿度都较高时取大值，冬季保持在 0.1~0.2 m/s。

地下建筑周围被具有较好热稳定性的岩土包围，因而在地表下一定深度的地温就趋于稳定，不再受大气温度的影响。如日本东京地表下 7m 处，年平均地温稳定在 15.5℃左右；我国在地表下 8~10m 处地温也基本稳定，大体长江流域为 17℃左右，长江以南各省达 20℃或更高，华北地区为 16℃左右，东北地区为 10℃左右。地温稳定并不等于地下建筑室内温度也是恒定的，因为受引入空气温度的影响。由于建筑物周围稳定温度场的存在，将引入的地上空气温度调节到适宜的程度要比地面容易，这也是地下建筑节能的主要原因之一。目前我国尚无地下建筑温度、湿度的统一标准，有的单位经研究试验提出在全面空调条件下，夏季室温为 24～26℃，相对湿度不大于 65%，冬季室温为 18～20℃，相对湿度不小于 55%，应该说这是一个较高的标准。清华大学童林旭教授提出，在我国黄河以南冬季不供热地区，冬季室内温度为 10～15℃、相对湿度在 50%～70%，夏季室温在 24～29℃、相对湿度为 70%～80%，这已是不低的标准了。

通常地下建筑中温湿环境和气流速度等虽都达到比较舒适的指标，但人在此环境中停留较长时间后，仍出现头晕、烦闷、乏力、记忆力下降等不适现象，这与空气中负氧离子数量不足有关。世界卫生组织规定，清新空气的负氧离子标准浓度为每立方厘米空气中不低于 1000～1500 个，此时人体新陈代谢活动活跃，体力及精神状态俱佳；但是如果负氧离子浓度过低，人体正常生活活动将发生障碍并出现各种不适。增加城市地下建筑中空气负氧离子浓度的可靠方法，除适当增加新鲜风量和改善空气含尘、含湿状况外，在通风系统中增设负氧离子发生器是比较有效的。

空气的清洁度主要由氧气、二氧化碳和一氧化碳三种气体的含量来衡量。氧含量在正常情况下应为 21%（体积比）左右，降到 10% 以下时人开始有头晕、气短、脉搏加快等现象，5% 为维持生命的最低限度。根据每人每小时需吸入氧气 0.018mL 的指标，按室内人数多少即可确定所需的新鲜风量。一氧化碳是一种有害气体，日本环卫标准规定空气中一氧化碳含量不超过 $1/10^5$，美国规定生产环境中不超过 $5/10^5$，工作时间在 1h 以内时可允许提高到 $1/10^4$。地下停车库由于汽车废气中一氧化碳含量较高，因而规定停车间内不超过 $1/10^4$。二氧化碳本身是无害气体，但室内二氧化碳含量升高超过 3% 后，将使人感到头疼、呼吸急促，影响体内的酸碱平衡。室内环境二氧化碳含量达到 10% 以上时，人在几分钟内死亡。日本规定二氧化碳含量最高不超过 0.1%，我国某研究成果提出地下建筑中二氧化碳含量的建议标准为 0.07%～0.15%，最高不超过 0.2%。人对空气中二氧化碳含量升高的不适感，往往与含氧量减少的不适感同时发生，因此加强通风保证所需新鲜空气量，可同时解决这两个问题。如按氧含量在 17%、二氧化碳含量在 0.5% 计算，则每人每小时需要新鲜空气 4.74m³。另外，空气中的尘含量、细菌含量等也要随着环保标准要求的逐步实施，严格控制。

2. 光环境与声环境

光与声环境可称为视觉环境与听觉环境。衡量光环境质量的指标有照度、均匀度、色彩的适宜度等。在地下建筑封闭的室内环境中，保持合适的照度是必要的，光线过强或过弱都会引起视觉疲劳，因此地下建筑中的照度标准，至少应不低于同类型同规模的地面建筑。在出入口部位白天的照度应接近天然光照度，形成一个强弱变化的梯度，使人逐步适应，而夜间则相反。地下商业建筑根据国际照度标准，百货商店营业厅内照度应为 300～700lx，重点部位为 1500～3000lx。为了使地下室内光环境尽可能接近太阳光的光谱，不宜全部采用光色偏冷的荧光灯，可夹杂白炽灯或其他光源。在色彩上宜以偏暖色调为上，避免多用灰色或蓝色，以便视觉环境呈现出和谐淡雅的色彩，使人精神爽适。

人在室内活动对声环境的要求是，声信号传递在一定距离内保持良好的清晰度，环境噪声水平低且控制在允许噪声级以下。

室内声源发出的声波不断被界面吸收和反射，使声音由强变弱的过程称为混响，反映这一过程长短的指标称为混响时间。如界面吸收的部分小，反射的部分大则混响时间长，超过一定限度就会影响声音的清晰度；反之则混响时间短，清晰度较高，但过短时声音缺少丰满度。控制和调节混响时间可根据声源频率特性，选用各种吸声材料和吸声构造，与装修相结合，通过计算与实测，使其达到满意水平。

我国提出的环境噪声允许范围最高值为 60~85dB，理想值为 35~40dB。根据国内几个地下商场的测定，因人员密集，往来频率高，再加上购物过程中的各种声响，使噪声强度平均达 70dB 左右，超过理想的安静标准许多。为控制噪声，一般通过隔离或封闭噪声源来提高建筑结构的隔声质量，还可以减弱噪声强度，措施包括改进设备、增大室内吸声量以缩短混响时间、改变空间轮廓布置等。

3. 地下建筑的心理环境

建筑内部环境在人的心理上引起一定的反应。积极方面的反应是舒适、愉快等；不适、烦闷等则属于消极方面的反应。若对某种环境的消极心理反应持续时间较长，或重复次数较多，可能形成一种条件反射，或形成一种难以改变的成见，称为心理障碍。由于地下建筑的特点极易引起幽闭、压抑，因此应努力提高地下建筑生理环境的质量——舒适度，利用现代科技成果改善地下建筑厅室内的光和声环境、解决天然光线和景物的传输问题，如结合下沉式广场，采用斜式逐层跌落方式，以便更多地引入阳光（见图1-4），或用开天井的办法引入阳光（见图1-5），增加建筑布置上的灵活性，提高建筑艺术处理的水平，以弥补地下建筑心理环境的不足。

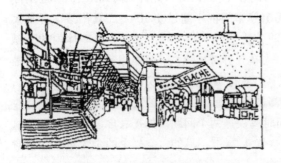

图 1-4　地下与地上结合处

图 1-5　天井采光

■ 1.3　地下空间利用与发展前景

随着科技和经济的发展，城市的发展速度日益加快，无论是发达、较发达或发展中国家的城市化进程都应遵循综合治理原则，未来的城市都期望达到高效、文明、舒适、安全的理想目标。当然，在不同历史时期，这些目标有不同的含义和标准，以现在的认识水平看，这些长远的目标可具体化为：用有限的土地取得合理的最高城市容量，同时又能保持开敞的空间、充足的阳光、新鲜的空气、优美的景观和大面积的绿地与水面；在少用或不用常规能源的前提下，为所有居民提供不受自然气候影响的居住和工作条件；在自然和人为灾害的危险没有完全消除以前，保障所有居民的安全，使之不受灾害的威胁。为实现这些目标，必须探索、研究达到这些目标的途径和措施。地下空间是迄今尚未被充分开发的一种宝贵自然资源,具有强大的潜力和生命力。开发地下空间在技术上已比较成熟,在原有技术基础上发展新技术要比开发宇宙、海洋的技术容易,更重要的是开发地下空间可以与原有城市上部空间协调发展(见图1-6)。城市地下工程的开拓应遵循:人在地上,物在地下;人的长时间活动在地面,短时间活动在地下;先近后远、先浅后深、先易后难等已被实践证明是正确的原则。

图1-6　地下与地上相结合的空间布局处理

钱七虎院士曾在"第四次浪潮"中就地下空间利用的趋势做过论述,归纳起来总体发展趋势为:综合化是城市地下空间利用的主要趋势;分层化、深层化开发利用地下空间,形成人车分流;市政管线、污水、垃圾分层分置布局,使地下功能既区分又协调,发挥各自的功能优势;城市人口集中,繁华地带交通地下化。

今后城市地下工程的开拓发展应注意考虑与研究下列问题:

1. 浅层和次浅层空间应全面、充分地开发利用

浅层和次浅层地下空间是指地表下10m以内和10~30m的空间,这部分地下空间距地表较近,人员上下较方便,天然光线传输到这样的深度还不太困难,是地下空间使用价值最高、开发最容易的宝贵地区。浅层地下空间宜安排商业、文化娱乐体育及人员较多、较集中的业务活动等场所,在平面规划上与城市主要街道、地上地下交通系统相对应、衔接,便于人员进出、集散或换乘。以街道两侧建筑红线的宽度,加上两侧建筑物的地下室,可形成一条几十米甚至百米宽的地下街,从中心区逐步向外扩展延伸,最后形成一个与地面上道路系统相协调的地下街道网。这样的街道网可统一规划,形成地下交通通道、停车库、商娱体及社区活动等多功能的地下建筑联合体。在这种情况下地面仅保留少量汽车与自行车道路,使主要街道实现步行化和大面积绿化,改善城市环境和景观。

2. 在次深和深层空间建立城市公用设施的封闭性再循环系统

现时城市生活基本上处于一种开放性的自然循环系统中,依靠自然界取水,用后排入江河湖海;能源也多为一次性使用,热效低;废弃物未经处理和回收而堆积,对环境造成二次污染。这种自然循环对自然资源造成很大浪费。为此,日本学者提出了在城市地下空间中建立封闭性再循环系统的构想,用工程的方法将多种循环系统组织在一定深度的地下空间中,故又称为城市的"集积回路"。该构想拟在地下50~100m深的稳定岩土层中建造内径为11m、总长55km的圆形隧道,其中布置上多种封闭循环系统,形成一个地上使用,地下输送、处理、回收、储存的封闭性再循环系统。虽然投资较大,但城市生活再循环的程度大大提高,对节省资源、提高城市生活质量,是一个具有方向性的尝试,将创造巨大财富。

3. 在地下空间建立水和能源储存系统,以及危险品存放系统

利用地下热稳定性好,能承受高压、高温和低温的能力,大量储存水和能源是非常必要的。建造大容量水库成本过高，除必需外，应尽量利用土层中的含水层，特别是已疏干的含水层，这样，工程费用比建储水池小得多。储存低峰负荷的多余能量，供高峰时使用；储存常规能源以建立战略储备；储存间歇性生产的能源供无法生产时使用；储存天然的低密度能源，如夏季的热能、冬季的冷能等，供交替使用等都是能源储存的重要内容。可根据其不同性能与要求分别建造。将一些对城市安全构成威胁的危险品，如剧毒品、易燃易爆物品等，存放在深层地下空间或者城市附近的废弃矿坑中；核废料存放在远离城市的无人地区，以防止污染地下水资源。

关于城市地下工程开拓发展的方向问题，无论在何处都应把城市地面空间与地下空间作为一个整体来统一规划，特别是在已形成相当规模的大城市，城市立体化再开发过程应是有计划有目的地逐步实现。随着经济的发展，科学技术高度的发达，产业结构将会发生变化，城市的国际性也将进一步加强，因此，城市地下工程势必将进入蓬勃发展的时期。

■ 1.4　特殊地下空间开发利用现状与发展趋势

1.4.1　煤矿地下空间开发利用现状

早在20世纪中期，国外就开始探索煤矿地下空间开发利用，发展了多种再利用途径，典型案例主要集中在德国、芬兰、荷兰、美国等国家。德国鲁尔区的经济持续衰退，大批煤钢企业相继破产，更面临严重的人口外迁和环境污染问题。为实现转型发展，鲁尔区对具备一定价值的废弃工业场地和设施采取的是工业遗产保护和再利用的策略，其目的在于保护和传承该地区繁荣时期的工业文化，同时以工业遗产带动旅游资源的开发，将工业遗产保护和再利用作为鲁尔区转型的一个方面。例如，针对工业区典型的埃森煤矿，政府买下全部的工矿设备，使煤矿工业区的结构完整地保留下来，将原来的煤铁工厂变身为煤矿博物馆、展览馆、工业设计园等，2001年埃森煤矿被联合国教育、科学及文化组织列为世界文化遗产之一。荷兰海尔伦市面对几处大型煤矿关闭后形成的若干塌陷区问题，提出了充分开发利用废弃矿井地热资源的构想。当地政府与韦勒住房协会合作，历时两年建成了第一座地热发电站，并于2008年10月正式投入运行。这座新型发电站利用废弃矿井通道从地下800m深处泵出热水，产生蒸汽，推动涡轮机转动使发电机产生电能。国外在地下抽水蓄能发电站的研究上也已经有一些项目处于计划阶段，其中德国鲁尔区对即将废弃的一处煤矿进行了建造半地下抽水蓄能发电站的可行性研究。

2004年，我国国土资源部正式命名了国家矿山公园，并启动国家矿山公园的申报与建设工作。2006年1月28日，国务院发布《国务院关于加强地质工作的决定》（国发〔2006〕4号），强调做好矿山地质工作，进一步促进国家矿山公园的建设。在此基础上，大多数关停矿井采用建立国家矿山公园的形式进行转型利用，至2017年年底已经建立了88座国家矿山公园，但总体上我国地下空间开发利用刚刚起步。山西大同晋华宫矿是大同煤矿集团最大的现代化矿井之一，自1956年成立以来，累计生产煤炭1.65亿t。2001年，为促进枯竭矿山转型，利用矿井地下空间，同煤集团将南山的一处荒废矿井改造开发为"煤都井下探秘游景区"，主要景区建在地下约150m处，景区保留了原有的基础结构，还设有宽阔的巷道、独特的通风设施等。河北峰峰矿区五矿对衰老报废矿井地下空间的保护和利用进行研究，将矿井地下空间作为地下温室，用来储藏保鲜蔬菜和水果；进行一些特种动植物的种植及养殖，如适宜在阴暗潮湿的环境中生长的动植物；储藏特种物质，如放射性物质等，用于高科技实验场所及作为人防工程。神华集团有限责任公司提出了煤矿地下水库的概念和矿井水井下储存利用的理念，即利用煤炭开采形成的采空区岩体空隙，将安全煤柱用人工坝体连接形成水库坝体，同时建设矿井水入库设施和取水设施，充分利用采空区岩体对矿井水的自然净化作用，建设煤矿地下水库工程。

1.4.2 金属非金属矿地下空间开发利用现状

随着矿山资源的开发利用，金属非金属矿山形成了大量闲置的地下空间，受技术、安全、经济等因素的影响，这些地下空间再利用的效率和可能性极低，造成地下空间的浪费。将金属非金属矿山地下空间因地制宜地加以改造利用，是目前许多矿业大国进行地下空间开发利用和推进矿域经济可持续发展的重要途径。

由于金属非金属矿山地下空间密闭程度高、屏蔽性好、环境稳定、岩体强度高、存在势差及具备良好的工程基础，多年来矿业发达国家对地下空间开发利用进行了长期有效的探索应用。例如：南非约翰内斯堡的黄金矿城，游客可搭乘缆车深入地下220m的矿坑，参观并亲身体会昔日黄金开采的经历，同时也可以观赏原始部落的舞蹈表演和铸金过程；英国诺福克地区著名的格兰姆斯格雷福斯燧石矿，集游览、考古与资源开发于一体为世人所知；英国康沃尔郡利用废旧黏土大矿坑建造了世界上最大的植物温室展览馆，种植来自世界各地不同气候条件下的数万种植物。在工业垃圾和生活垃圾填埋方面：瑞典在20世纪60年代建设并实施采用压缩空气向地下空间吹运存储垃圾系统，与垃圾收集、处置系统配套，投资在3~4年可得到回报；英国应用地下空间填埋有害的化学废料，如设有1000万 m^3 地下空间处置电解锌废料；意大利在多罗米蒂山和皮埃蒙特区的两座老矿山的坑道储存工业废料。在物质储备方面：美国堪萨斯城的石灰石矿将房柱法采空区建设为超过2000万 m^3 的储存室、厂房和办公室；摩尔多瓦的克利科瓦酒窖利用开采完成后的石灰石矿残留空区储存红酒和食物；瑞典哈尔斯巴卡萤石矿和法国奥恩河畔迈铁矿被用作油库（容积分别为100万 m^3 和500万 m^3）；美国还将地下采空区与国家战略防御结合，在碳酸质岩石和盐岩体内建成了一个燃料总储量为1亿 m^3 的战略储存库。在地下水库、地下水力发电站方面：纽约的大型供水系统完全布置在地下岩层中；瑞典、荷兰和德国的含水层储存恢复工程的供水量在总供水量中分别占比20%、15%和10%，同时，还利用地下空间开展雨水收集利用和污水回用，如芬兰赫尔辛基地下污水处理场设在地下深度为100m的岩洞中，可处理70万居民的生活污水和城市工业废水。在地下实验室方面，美国最深的南达科他州的霍姆斯特克金矿开采深度达2400m，美国国家科学家协会正在把该金矿改建成美国最大的粒子物理实验室（李俊平等，2002）；日本的原砂川矿把766m深的立井改造成无重力实验场。在地下种植培育基地方面：加拿大萨斯喀彻温省沙斯卡顿生物科技公司下属的大草原植物系统公司在美国密歇根州白松村的地下废矿坑内栽培基因改造的烟草，这种烟草在矿坑内因为 CO_2 含量偏高，成长速度更快，生长时间可以减半；法国、意大利将一些老矿坑改造成蘑菇房、干酪室。在军事设施和人防工程方面，对已有地下空间进行必要的改造和加固，可将其作为武器库、地下军事实验室、地下指挥所及其他与军事有关的设施，省去了地质勘查和开掘地下空间的大量成本，相比地面上的普通建筑，其更稳固、不易破坏。

我国金属非金属地下空间开发利用程度较低，矿山资源枯竭即代表矿山生命周期的结束，这对地下空间资源造成了闲置或浪费。当前我国金属非金属矿山地下空间开发利用主要为地下旅游（国家矿山公园、历史遗迹博物馆）、矿山尾废填埋、地下水库等。如湖北黄石国家矿山公园、湖南宝山国家矿山公园、浙江遂昌金矿国家矿山公园、江苏南京冶山国家矿山公园、陕西潼峪金矿矿山公园、湖南郴州柿竹园国家矿山公园、河南新乡凤凰山国家矿山公园、广东凡口国家矿山公园等。安徽铜官山铜矿宝山矿区闭坑后，根据该矿区涌水量大、仅有一条运输道与独立主矿体相连的特点，通过构筑混凝土挡墙等工程措施，利用该矿区75.7万 m³ 的采空区地下空间建设地下水库，避免了建设地表水库对耕地的占用。总体来说，我国金属非金属矿山地下空间综合利用仍处于起步阶段。地下空间综合利用受功能、用途、地域位置、地质条件等多种因素影响，且涉及大量的多学科交叉问题。目前迫切需要对金属非金属地下空间综合利用进行战略构想和系统布局，在对矿山地下空间的功能应用进行有效分级分类的基础上，开展矿山地下空间资源化利用的系统化研究。随着未来矿山地下空间综合利用技术体系的建立和研究成果的推广应用，大量的金属非金属矿山地下空间将会实现多种潜在功能利用，产生巨大的社会价值和经济效益。

1.4.3 盐矿地下空间开发利用现状

盐岩是一种物理力学性质极为特殊的沉积岩。盐岩拥有超低渗透率、低孔隙度（<0.5%）、良好塑性、损伤自愈合、可水溶开采等优良特性。因此，盐岩地层拥有比其他岩石更为致密的结构、更为良好的封闭性能。盐岩与油气接触时不发生化学变化、不溶解，不影响油气质量，是油气战略储备理想的地下储存空间。

1. 国外方面

（1）盐穴储气库 自1959年美国建成了第一座盐穴储气库起，盐穴就在能源储备、废物处置中扮演着极其重要的角色。截至2015年，全世界有大约74座共715个盐穴储气库，储存的天然气总工作气量超过280亿 m³，主要分布在美国、俄罗斯、法国、德国、意大利，约占所有类型的地下储气库总数的17%、总工作气量的7%。

（2）水溶开采盐腔压缩空气蓄能储气库 目前世界运行的两座压缩空气蓄能电站都建在盐穴中。1975年德国在盐穴地层中开始建造 Huntorf 电站，于1978年宣布成功商用。美国于1991年投运了 McIntosh 压缩空气储能电站。

（3）井工开采盐矿地下旅游开发 井工开采的废弃盐矿可以作为开采矿山博物馆、文化遗产等，如波兰喀尔巴阡山维利奇卡古盐矿博物馆被列为世界文化遗产，每年吸引国内外游客约150万人。由维利奇卡古盐矿改造而成的"华沙室"，"矿工们"可以在大厅里举行盛大集会、舞会和体育比赛，坑内空气含碘量高，每到夏季，大厅可用作容纳80人的地下疗养所，治疗呼吸系统疾病等。

2. 国内方面

1999年，随着陕京输气管道的建设，我国开始筹建国内第一座调峰储气库——大张坨储气库。金坛盐穴储气库从2006年运行至今，已经有30口盐腔用于天然气的储存。多个盐矿已经纳入储气库的建设之中，如河南平顶山盐穴储气库、江苏淮安盐穴储气库、湖北云应盐穴储气库、湖北潜江盐穴储气库、江西樟树盐穴储气库等。我国在压缩空气储能技术研究方面起步很晚。中国科学院工程热物理研究所研发了兆瓦级超临界压缩空气储能系统的地面设施，而大规模地下压缩空气储能的研究还处于起步阶段，仅开展了一些理论建模与数值模拟方面的研究工作。

1.4.4 特殊地下空间开发利用趋势分析

随着地下资源开采的不断发展，资源减少乃至枯竭是必然趋势，无论是出于环境保护的压力还是出于资源枯竭的压力，矿井关停都是不得不面临的无奈之举，同时资源开采过程中形成的采场空间在进一步增多和加大。特别是近年来，在供给侧结构性改革的大背景下，煤炭行业淘汰落后产能、化解过剩产能的力度加大，关停矿井的数量呈现显著增长的态势。然而，需要着重指出的是，这些矿井在过去数十年的开采中，已然形成大体量的地下空间。截至 2015 年年底，我国金属非金属矿山地下空间预估存在综合利用可能性的总量为 15.01 亿 m^3；我国采盐历史逾千年，在众多盐矿地区随着长年累月的开采，形成的累计盐腔数量上万口、总盐腔空间估算达 2.5 亿 m^3；根据中华人民共和国成立以来采出的煤炭总量和预估的 2030 年的煤炭产量，估计到 2030 年煤矿采空区地下空间约为 234.52 亿 m^3。这些地下空间不加以治理或利用，将成为重大的潜在地质灾害隐患，而将其合理利用则可转化为重要的地下空间资源，同时有效地减少或消除地质灾害隐患。

从利用方式及功能定位方面来看，可以开展资源枯竭型城市转型发展、战略能源和战略物资储备能力、深地科学等方面的研究工作。我国的资源枯竭型城市由国务院进行发布，国家发展和改革委员会、国土资源部、财政部等单位评定，分三批确定了 69 个资源枯竭型城市。特殊地下空间综合利用也是促进资源枯竭型城市转型发展的有效途径。首先，特殊地下空间利用其自身优势，可建成地下科学实验室、地下医学与康复中心、地下博物馆、地下景观、地下游泳池、地下工厂、地下酒店等，还可用于填埋工业垃圾、生活垃圾、矿上尾废等，甚至可用于开发地下特色旅游等，在不丧失原有城市功能的情况下，促进资源枯竭型城市的特色发展。其次，综合利用特殊地下空间在地质灾害防护能力方面的优势，建立完善的地下地质灾害防灾体系，同时利用特殊地下空间储水、调水，提高城市泄洪排涝和雨水调蓄能力，保障城市安全，提高城市抗灾抗毁以及防御现代战争和核战争能力，实现资源枯竭型城市的安全发展。最后，还可综合利用特殊地下空间将地表空间转化为生态用地，恢复湿地、森林，有效增加地上绿化面积，净化空气，降低噪声，保护水资源，改善城市面貌，净化城市生态环境，实现资源枯竭型城市向宜居城市的根本转变。提高战略能源和战略物资储备能力方面，特殊地下空间中温度、湿度稳定，具有防空、防爆、隔热、保温、抗震、防辐射、低能耗且对地面无风险等特点，若能够有效地提升近场围岩的抗渗性能，则可成为战略能源和战略物资储存的理想场所，还可进行危险品储存。提升深地科学研究水平方面，特殊地下空间可用于构建以科学前沿探索为目的的深地科学实验室。以暗物质探测为标志的先导科学实验室、以多场耦合为标志的放射性废物处置实验室、以物质循环为标志的生态圈实验室等，都可构建在特殊地下空间中。

第2章 明 挖 法

地下工程施工时，在埋深较浅的情况下，广泛采用明挖法。明挖法是先从地表向下开挖基坑或堑壕，直至设计标高，再在开挖好的预定位置灌注地下结构，最后在修建好的地下结构周围及其上部回填，并恢复原来地面的一种地下工程施工方法。

明挖法施工工艺如图 2-1 所示。明挖法施工的基本顺序为：打桩（护坡桩）→路面开挖→埋设支撑防护与开挖→地下结构物的施工→回填→拔桩（也可不拔）恢复地面（或路

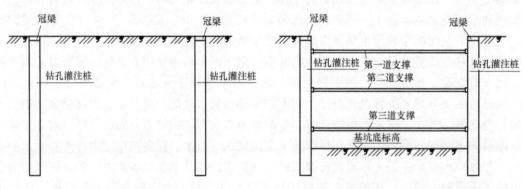

第1步 施作钻孔灌注桩及冠梁

第2步 开挖基坑，随开挖依次施作第一、第二、第三道钢支撑，开挖至设计基坑底标高处

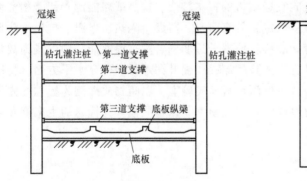

第3步 施作垫层、底板防水层、底纵梁和底板

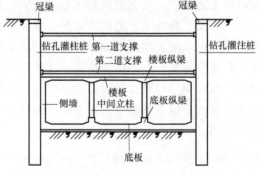

第4步 拆除第三道钢支撑，施作结构侧墙、中楼板及板纵梁

图 2-1 明挖法施工工艺

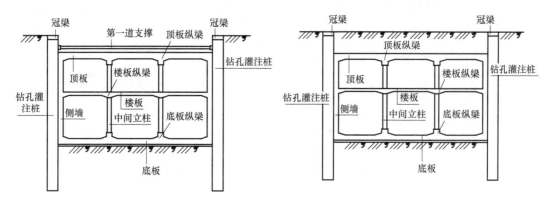

第5步 拆除第二道钢支撑，施作结构侧墙、顶板及顶板纵梁　　　第6步 拆除第一道钢支撑，回填基坑，恢复路面

图2-1　明挖法施工工艺（续）

面）。明挖法可分为护坡桩法明挖、敞口放坡明挖、旋喷桩护坡明挖及槽壁支护明挖等方式。根据场地的地下水情况，明挖法又可分为降水和不降水两种。

2.1　敞口放坡法

采用敞口放坡明挖法施工时，为了防止塌方，保证施工安全，在基坑（槽）开挖深度超过一定限度时，土壁应做成有斜率的边坡，以保证土坡的稳定，工程中常称为放坡。

2.1.1　无黏性土土坡稳定分析

无黏性土的土坡位于较坚硬的地基上，边坡滑动面常为平面形式，其安全系数的计算方法与渗流有关。

1. 无渗流时无黏性土边坡稳定分析

图2-2所示为无渗流情况下的无黏性土边坡，分析它的稳定性，可在边坡表面取任意微元体 A，设微元体自重为 W，微元体处于平衡状态时有

$$F = T$$

式中　　T——下滑力，$T = W\sin\alpha$，α 为土坡边坡角；

F——抗滑极限摩擦阻力，$F = W\cos\alpha\tan\varphi$，$\varphi$ 为土的内摩擦角。

则边坡平面滑动安全系数为

$$K_p = \frac{F}{T} = \frac{W\cos\alpha\tan\varphi}{W\sin\alpha} = \frac{\tan\varphi}{\tan\alpha} \qquad (2\text{-}1)$$

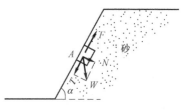

图2-2　无黏性土边坡稳定分析

式（2-1）说明无黏性土沿边坡平面滑动安全系数 K_p 等于土的内摩擦角正切与边坡坡角正切之比，当土的坡角等于土的内摩擦角 φ 时，土坡处于极限平衡状态。

2. 有渗流时无黏性土边坡稳定分析

当无黏性土边坡表面有地下水溢出时，它的稳定安全系数会降低。如图2-3所示，设微元体体积为 V，微元体下滑力为 T，则

$$T = V\gamma'\sin\alpha + jV = V\gamma'\sin\alpha + i\gamma_w V$$

$$i = \frac{\Delta h}{l} = \sin\alpha$$

式中　γ'、γ_w——土的浮重度、水的重度；

j——沿水流方向的渗透力，$j = \gamma_w i$；

i——溢出处水力梯度；

Δh、l——水头损失、渗径长度。

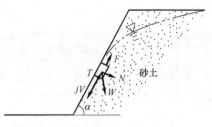

图 2-3　渗透水溢出时的边坡稳定分析

所以

$$T = V\gamma'\sin\alpha + V\gamma_w\sin\alpha = V(\gamma' + \gamma_w)\sin\alpha$$

微元体抗滑极限摩阻力 F 为

$$F = V\gamma'\cos\alpha\tan\varphi$$

则边坡稳定安全系数为

$$K'_p = \frac{V\gamma'\cos\alpha\tan\varphi}{V(\gamma' + \gamma_w)\sin\alpha} = \frac{\gamma'}{(\gamma' + \gamma_w)}\frac{\tan\varphi}{\tan\alpha}$$

因为

$$\gamma' \approx \gamma_w$$

故

$$K'_p = \frac{1}{2}\frac{\tan\varphi}{\tan\alpha} \tag{2-2}$$

可见当边坡表面有地下水溢出时，土坡稳定的安全系数，大约比没有地下水溢出时的安全系数小一半。

2.1.2　黏性土边坡稳定分析

黏性土的抗剪强度包括摩擦强度和黏聚强度两部分。因为均质黏性土坡的滑动面为对数螺线曲面，形状近似于圆柱面，从断面上看为圆弧面，所以在工程设计中常假定滑动面为圆弧面。目前黏性土坡稳定分析，常采用如下方法。

1. 整体圆弧法

1915 年瑞典彼得森用圆弧滑动法分析边坡稳定，称作瑞典圆弧法。图 2-4 为一均质黏性土坡。AC 为滑动圆弧，O 为圆心，R 为半径。当边坡失去稳定时滑动土体绕圆心发生转动。把滑动土体看成一个刚体，滑动土体的自重为 W，转动力矩 $M_s = Wd$，抗滑力矩 $M_r = c\overset{\frown}{ACR}$，$c$ 为滑动摩擦系数，此时稳定安全系数为

$$F_s = \frac{抗滑力矩}{滑动力矩} = \frac{M_r}{M_s} = \frac{c\overset{\frown}{ACR}}{Wd} \tag{2-3}$$

2. 瑞典条分法

瑞典工程师费里纽斯 1922 年提出将圆弧面以上土体垂直切成许多等宽土条，通过计算这些土条对滑动面中心 O 的抗滑力矩总和与滑动力

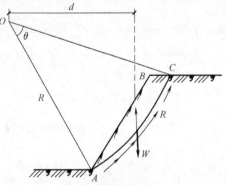

图 2-4　整体滑动圆弧法

矩总和比值的大小，来判断土坡是否稳定，并认为条块间的作用力对边坡的整体稳定性影响

不大，可忽略。

图 2-5 中圆弧面各处的法向力为

$$N_i = W_i \cos\theta_i \qquad (2-4)$$

由滑弧面上极限平衡条件可知

$$T_i = \frac{T_{fi}}{F_s} = \frac{c_i l_i + N_i \tan\varphi_i}{F_s} \qquad (2-5)$$

式中　W_i、T_{fi}——条块重、条块在滑动面上的抗剪强度；

　　　　F_s——滑动圆弧稳定安全系数；

　　　　c_i、φ_i、l_i——各条块土的黏聚力、内摩擦角及弧长。

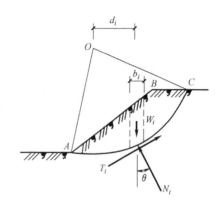

图 2-5　瑞典条分法

滑动力矩为

$$\sum W_i d_i = \sum W_i R \sin\theta_i \qquad (2-6)$$

抗滑力矩为

$$\sum T_i R = \sum \frac{c_i L_i + N_i \tan\varphi_i}{F_s} R \qquad (2-7)$$

因为　　　　　　　　　　　$$\sum W_i d_i = \sum T_i R$$

即　　　　　　　　$$\sum W_i R \sin\theta_i = \sum \frac{c_i l_i + W_i \cos\theta_i \tan\varphi_i}{F_s} R$$

所以

$$F_s = \frac{\sum(c_i l_i + W_i \cos\theta_i \tan\varphi_i)}{\sum W_i \sin\theta_i} \qquad (2-8)$$

此法应用的时间很长，积累了丰富的工程经验，一般所得安全系数偏低，即偏于安全，故目前仍然是工程中常用的方法。

3. 泰勒法（稳定因数法）

泰勒在 1937 年根据条分法原理绘制了一套稳定因数图（图 2-6）。应用泰勒法的条件：

1）坡顶水平。

2）土坡为均质土壤，且在边坡下一定深度处有一层下卧坚硬土层，即滑动圆弧不可能延伸至此坚硬土层中。

泰勒定义边坡稳定安全系数

$$F_s = \frac{H_c}{H} = \frac{N_s c}{H\gamma} \qquad (2-9)$$

式中　H_c——边坡稳定最大高度（临界高度），$H_c = \dfrac{N_s c}{\gamma}$；

　　　　H——边坡设计高度。

泰勒通过土坡临界高度计算资料的大量分析统计绘制了图 2-6，只要知道坡角 α 及土的内摩擦角 φ 就可以查出稳定因数 N_s。利用图 2-6 可以解决如下问题：

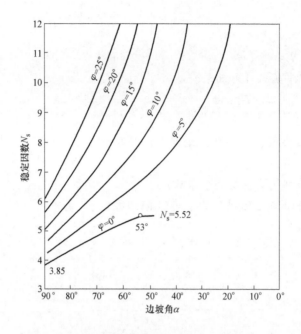

图 2-6　泰勒稳定因数图（用于一般黏性土）

1）已知土坡高度 H，边坡角 α，土的 c、φ 及土的 γ，可求 F_s。

2）已知土坡角 φ 和土的 c、φ、γ 值，可求土坡的稳定临界高度 H_c。

3）已知土坡高 H 和土的 c、φ、γ 值，可求土坡稳定坡角 α。

对于软黏土，$\varphi = 0$，稳定因数图与 φ 值无关，仅与坡角 α 及 n_d 有关，如图 2-7 所示，图中 n_d 值代表下卧坚硬土层距土坡坡顶的距离与土坡高度比值，$n_d = \dfrac{H'}{H}$。

对软黏土而言，泰勒分析最危险滑动面位置可以出现下列三种情况：

1）坡趾破坏：当坡角 $\alpha > 53°$ 或 $\alpha < 53°$ 且 n_d 在图 2-7 所示阴影线内，滑动面通过坡趾，如图 2-8b 所示。

2）坡底破坏：也称中点圆破坏，其条件为 $\alpha < 53°$，n_d 在阴影线以下。则滑动面如图 2-8c 所示，以 O 为圆心的圆弧，即滑动圆弧与下卧坚硬土层相切，连接切点与圆弧中心，必过边坡中点。

3）坡面破坏：其条件为 $\alpha < 53°$，n_d 在图中阴影线以上，如图 2-8a 所示。

4. 毕肖普土坡稳定分析方法

毕肖普于 1955 年提出了一个考虑条块侧面力的土坡稳定一般计算公式：

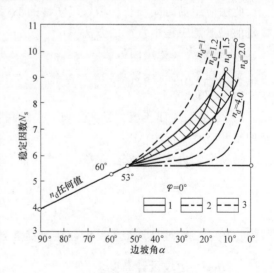

图 2-7　泰勒稳定因数

1—坡趾破坏　2—坡底破坏　3—坡面破坏

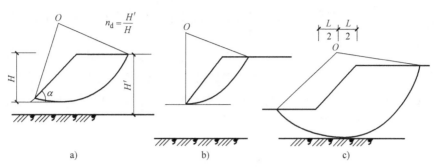

图 2-8 土坡滑动圆弧的三种形式

a) 坡面圆弧 b) 坡趾圆弧 c) 坡底圆弧

$$F_s = \frac{\sum \frac{1}{M_{\theta_i}}[c_i' b_i + (W_i - u_i b_i + \Delta H_i)\tan\varphi_i']}{\sum W_i \sin\theta_i} \quad (2\text{-}10)$$

$$M_{\theta_i} = \cos\theta_i + \frac{1}{F_s}\tan\varphi_i'\sin\theta_i$$

式中 b_i、θ_i——土条 i 的宽度、滑面与水平面的夹角；

        c_i'、φ_i'——土条 i 的有效黏聚力、有效内摩擦角；

        W_i——土条 i 的自重；

        ΔH_i——作用于土条 i 两侧的切向力 H_{i+1} 与 H_i 之差。

式（2-10）中，$\Delta H_i = H_{i+1} - H_i$ 仍是未知量。如果不引进其他的简化条件，仍不能得出结果，毕肖普进一步假设 $\Delta H_i = 0$，实际上也就是认为条块间只有水平力 P_i 而不存在切向力 H_i；于是式（2-10）进一步简化为

$$F_s = \frac{\sum \frac{1}{M_{\theta_i}}(c_i' b_i + (W_i - u_i b_i \tan\varphi_i'))}{\sum W_i \sin\theta_i} \quad (2\text{-}11)$$

式（2-11）称为简化的毕肖普公式。

式（2-11）中参数 M_{θ_i} 包含安全系数 F_s，因此不能直接求出安全系数。采用试算的办法，迭代求算 F_s 值。为了便于计算，已编制成 M_θ 关系曲线，如图2-9所示。

试算时，开始先假设 $F_s = 1$，查出相应的 M_θ 值，根据 M_θ 值再计算 F_s，此时一般 $F_s \neq 1$，查新的 M_θ 值，如此循环 3~4 次一般可满足精度要求，则可求出土坡的稳定安全系数。工程上要求 $F_s = 1.1 \sim 1.5$。

5. 费里纽斯经验法确定最危险滑裂面的方法

以上几种求稳定安全系数的方法，均是假设一个滑动面，计算出的安全系

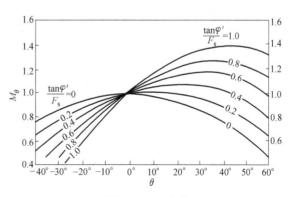

图 2-9 M_θ 曲线

数，并不代表边坡的真正稳定度，真正代表边坡稳定度的是最小安全系数 K_{min}，它所对应的滑动面为最危险圆弧，这才是真正的滑动面。

最危险滑动面圆心位置和半径大小的确定是一项烦琐的工作。需要通过多次的计算才能完成。费伦纽斯提出的经验方法，可较快地确定最危险滑动面。他认为均匀黏性土坡，最危险滑动面一般应通过坡角。当 $\varphi=0$ 时，最危险滑动面圆心位置可由图 2-10a 中 β_1 和 β_2 夹角的交点确定；β_1、β_2 角可根据坡角 α 大小由表 2-1 查到。

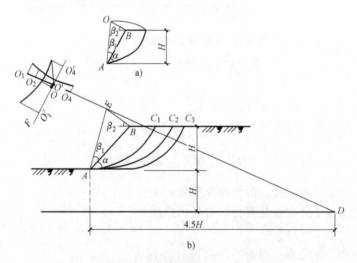

图 2-10 最危险滑动中心确定

表 2-1 各种坡角的 β_1、β_2 值

坡角 α	坡度 $1:m$	β_1	β_2
60°	1:0.58	29°	40°
45°	1:1.0	28°	37°
33°41′	1:1.5	26°	35°
26°34′	1:2.0	25°	35°
18°26′	1:3.0	25°	35°
14°02′	1:4.0	25°	36°
11°19′	1:5.0	25°	39°

如果 $\varphi>0$，土坡最危险滑动面圆心位置的确定，如图 2-10b 所示，由 E 点所在 DE 延长线上，选取圆心 O_1，O_2，…，过坡角 A 作圆弧 $\overset{\frown}{AC_1}$，$\overset{\frown}{AC_2}$，…，分别求出各自的安全系数 F_1，F_2，…，按一定的比例画在各点（O_1，O_2，…）与 DE 相垂直的线上，连成安全系数 F_s 随圆心位置变化的曲线。过该曲线的最低点 O' 作 $O'F \perp DE$，同理在 $O'F$ 上选取圆心 O'_1，O'_2，…，再分别计算各自的 F'_1，F'_2，…，绘出对应曲线，该曲线最低点对应的 O 点为所求最危险滑动面的圆心位置。

[例] 有一边坡如图 2-11 所示，已知边坡高 $H=6\text{m}$，坡角 $\alpha=55°$，土的重度 $\gamma=18.6\text{kN/m}^3$，土的内摩擦角 $\varphi=12°$，黏聚力 $c=16.7\text{kN/m}$。试用瑞典条分法计算边坡的稳定安全系数。

解：（1）按比例绘出边坡的剖面图，如图 2-11 所示。

根据经验得到最危险滑动面的圆心位置在 O 点，滑动面通过坡角 A 点。滑动圆弧所对应的圆心角 $2\theta = 68°$

（2）将滑动土体 ABC 划分成 7 个竖直土条。滑动圆弧 $\widehat{AC}$ 的水平投影长度为 $H\cot an40° = 6\cot an40° = 7.15$，从坡角开始第 1～6 条的宽度均为 1m，第 7 条宽度为 1.15m。

（3）计算各土条 β_i：

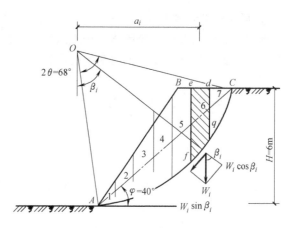

图 2-11　边坡剖面图

$$\sin\beta_i = \frac{a_i}{R}$$

$$R = \frac{AC}{2\sin\theta}$$

$$\widehat{AC} = \frac{H}{\sin\beta_2} = \frac{6}{\sin40°} = 9.334$$

$$R = \frac{9.334}{2\sin34°} = 8.35$$

各土条 β_i 参数，列于表 2-2 中。

表 2-2　边坡稳定计算结果

土条	土条宽度 b_i/m	土条中心高 h_i/m	土条自重力 W_i/kN	β_i /(°)	$W_i\sin\beta_i$ /kN	$W_i\cos\beta_i$ /kN	$\widehat{AC} = L$ /m
1	1	0.60	11.16	9.5	1.84	11.0	
2	1	1.80	33.48	16.5	9.51	32.1	
3	—	—	—	—			
4	—	—	—	—			
5	—	—	—	—			
6	—	—	—	—			
7	1.15	1.50	27.90	63.0	24.86	12.67	
合计					186.6	258.63	9.91

（4）将从图中量取的各土条的中心高 h_i、各土条的自重力 $W_i = rb_ih_i$、法向力 $W_i\cos\beta_i$，分别列于表 2-2 中。

（5）计算滑动圆弧 $\widehat{AC} = \frac{\pi}{180} \cdot 2\theta \cdot R = \frac{\pi \times 68 \times 8.35}{180}$m $= 9.91$m

（6）按公式计算安全系数，假定整个滑动面上 $c_i\varphi_i$ 为常数，则

$$K = \frac{\tan\varphi\left[\sum(W_i\cos\beta_i)\tan\varphi_i + c_il_i\right]}{\sum W_i\sin\beta_i} = \frac{\tan\varphi\sum W_i\cos\beta_i + cL}{\sum W_i\sin\beta_i}$$

$$= \frac{\tan12° \times 258.63 + 16.7 \times 9.91}{186.6} = 1.18$$

6. 有限元法（数值计算法）

有限元法把土坡看成变形体，按土的变形特性，计算出土坡内的应力分布，然后引入圆弧滑动的概念，验算滑动土体的整体抗滑稳定性。

■ 2.2 挡土结构土压力计算

2.2.1 挡土墙上的土压力

作用在挡土墙上的土压力与挡土墙位移的大小、挡土墙的结构类型、墙后填土的性质及荷载情况等因素有关。其中，挡土墙的位移方向与位移量决定了土压力的性质和大小。根据挡土墙可能产生的位移情况和墙后土体所处的应力状态，通常将土压力分为静止土压力、主动土压力和被动土压力三种。

1. 静止土压力

顾名思义，当挡土墙静止不动时，墙后土体由于墙的侧限作用而处于静止状态。此时墙后土体作用在墙背上的土压力称为静止土压力，以 E_0 表示，如图 2-12a 所示。如水闸的岸墙、地下室的侧墙、涵洞的侧墙，都可视为受静止土压力作用。

2. 主动土压力

当挡土墙在墙后土体的推力作用下，向离开土体方向移动或转动，随着位移量的增加，墙后土压力逐渐减小。当位移量达到某一值时，土体中产生滑裂面，同时在此滑裂面上产生抗剪强度全部发挥，作用在墙背上的土压力达到最小值，此时墙后土体达到主动极限平衡状态。因土体主动推墙，称之为主动土压力，以 E_a 表示，如图 2-12b 所示。多数挡土墙按主动土压力计算。

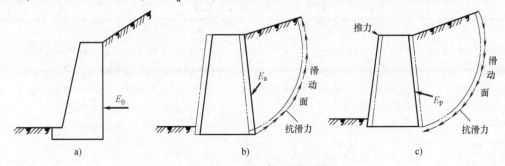

图 2-12 土压力的三种类型

a) 静止土压力　b) 主动土压力　c) 被动土压力

3. 被动土压力

若挡土墙在较大的外力作用下，向墙背方向移动或转动时，随着向后位移量的增加，墙后土体受到挤压，使作用在挡土墙上的土压力增大，当挡土墙向填土方向的位移量达到某一值时，墙后土体即将被挤出产生滑裂面，在此滑裂面上的抗剪强度全部发挥，墙后土体达到被动极限平衡状态，墙背上作用的土压力增至最大。因是土体被动地被墙推移，称之为被动土压力，用 E_p 表示，如图 2-12c 所示。

由试验研究可知：墙体在外力作用下向后产生位移值，对于墙后填土为密砂时，$\Delta \approx 5\% H$；填土为密实黏性土时，$\Delta \approx 10\% H$，才会产生被动土压力。通常此位移值很大。例如，挡土墙高 $H = 10\mathrm{m}$，填土为粉质黏土，则位移量 $\Delta \approx 10\% H = 1.0\mathrm{m}$ 才能产生被动土压力。这

1.0m 的位移量往往为工程结构所不允许。因此，一般情况下，只能利用被动土压力的一部分。在挡土墙高度和填土条件相同的情况下，上述三种土压力之间有如下关系：

$$E_p > E_0 > E_a$$

试验研究表明，影响土压力大小的因素可归纳为以下几个方面：

（1）挡土墙的位移　挡土墙的位移（或转动）方向和位移量的大小，是影响土压力大小的最主要因素。如前所述，挡土墙位移方向不同，土压力的种类就不同。由试验与计算可知，其他条件完全相同，仅挡土墙位移方向相反，土压力数值相差不是百分之几或百分之几十，而是相差 20 倍左右。因此，在设计挡土墙时，首先应考虑墙体可能产生位移的方向和位移量的大小。

（2）挡土墙形状　挡土墙剖面形状，包括墙背为竖直或是倾斜、墙背为光滑或粗糙，都关系采用何种土压力计算理论公式和计算结果。

（3）填土的性质　挡土墙后填土的性质，包括填土松密程度（重度）、干湿程度（含水率）、土的强度指标（内摩擦角和黏聚力）的大小及填土表面的形状（水平、斜或下斜）等，都将会影响土压力的大小。

挡土墙的位移决定着土压力的性质和大小。图 2-13 给出了土压力与挡土墙水平位移之间的关系，可以看出，挡土墙要达到被动土压力状态所需的位移远大于主动土压力状态所需的位移。

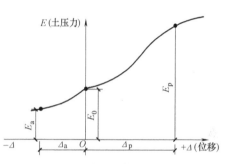

图 2-13　土压力与挡土墙水平位移的关系

2.2.2　特定地面荷载下土压力的分布与计算

支护结构围护墙是垂直的，同时墙背后土层表面为水平面，基本上与朗肯理论相符，因此在支护结构设计计算时一般采用朗肯理论。

1. 作用在支护结构上的土压力确定

支护结构外侧的主动土压力强度标准值 p_{ak}、支护结构内侧的被动土压力强度标准值 p_{pk} 宜按下列公式计算：

（1）对地下水位以上或水土合算的土层

$$p_{ak} = \sigma_{ak} K_{a,i} - 2c_i \sqrt{K_{a,i}} \tag{2-12}$$

$$p_{pk} = \sigma_{pk} K_{p,i} + 2c_i \sqrt{K_{p,i}} \tag{2-13}$$

式中　p_{ak}——支护结构外侧，第 i 层土中计算点的主动土压力强度标准值，当 $p_{ak} < 0$ 时，应取 $p_{ak} = 0$；

σ_{ak}、σ_{pk}——支护结构外侧、内侧计算点的土中竖向应力标准值，按式（2-18）、式（2-19）计算；

$K_{a,i}$、$K_{p,i}$——第 i 层土的主动土压力系数和被动土压力系数，且 $K_{a,i} = \tan^2\left(45° - \dfrac{\varphi_i}{2}\right)$，$K_{p,i} = \tan^2\left(45° + \dfrac{\varphi_i}{2}\right)$；

c_i、φ_i——第 i 层土的黏聚力和内摩擦角；

p_{pk}——支护结构内侧，第 i 层土中计算点的被动土压力强度标准值。

（2）对于水土分算的土层

$$p_{ak} = (\sigma_{ak} - u_a)K_{a,i} - 2c_i\sqrt{K_{a,i}} + u_a \tag{2-14}$$

$$p_{pk} = (\sigma_{pk} - u_p)K_{p,i} + 2c_i\sqrt{K_{p,i}} + u_p \tag{2-15}$$

式中　u_a、u_p——支护结构外侧、内侧计算点的水压力，对静止地下水，按式（2-16）、式（2-17）取值，当采用悬挂式截水帷幕时，应考虑地下水从帷幕底向基坑内的渗流对水压力的影响。

2. 静止地下水的水压力计算

$$u_a = \gamma_w h_{wa} \tag{2-16}$$

$$u_p = \gamma_w h_{wp} \tag{2-17}$$

式中　γ_w——水的重度，取 $\gamma_w = 10kN/m^3$；

　　　h_{wa}——基坑外侧地下水位至主动土压力强度计算点的垂直距离，对承压水，地下水位取测压管水位，当有多个含水层时，应取计算点所在含水层的地下水位；

　　　h_{wp}——基坑内侧地下水位至被动土压力强度计算点的垂直距离，对承压水，地下水位取测压管水位。

3. 土中竖向应力标准值计算

$$\sigma_{ak} = \sigma_{ac} + \sum \Delta\sigma_{k,j} \tag{2-18}$$

$$\sigma_{pk} = \sigma_{pc} \tag{2-19}$$

式中　σ_{ac}——支护结构外侧计算点，由土的自重产生的竖向总应力；

　　　σ_{pc}——支护结构内侧计算点，由土的自重产生的竖向总应力；

　　　$\Delta\sigma_{k,j}$——支护结构外侧第 j 个附加荷载作用下计算点的土中附加竖向应力标准值。

4. 超载作用下的附加竖向应力标准值 $\Delta\sigma_k$

（1）均布竖向附加荷载作用下（见图 2-14）

$$\Delta\sigma_k = q_0 \tag{2-20}$$

式中　q_0——均布竖向附加荷载标准值。

（2）局部附加竖向荷载作用下

1）对条形基础下的附加荷载（见图 2-15）：

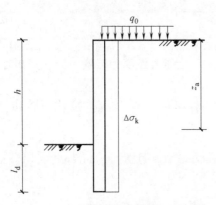

图 2-14　均布竖向附加荷载作用下的土中附加竖向应力计算

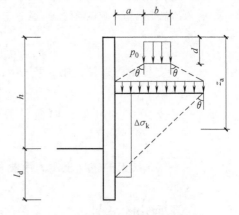

图 2-15　局部附加竖向荷载作用下的土中附加竖向应力计算

当 $d+a/\tan\theta \leqslant z_a \leqslant d+(3a+b)/\tan\theta$ 时　　$\Delta\sigma_k = \dfrac{p_0 b}{b+2a}$　　(2-21)

式中　p_0——基础底面附加压力标准值；

$\quad d$、b——基础埋置深度、基础宽度；

$\quad a$——支护结构外边缘至基础的水平距离；

$\quad \theta$——附加荷载的扩散角，宜取 $\theta = 45°$；

$\quad z_a$——支护结构顶面至土中附加竖向应力计算点的竖向距离，当 $z_a < d+a/\tan\theta$ 或 $z_a > d+(3a+b)/\tan\theta$ 时，取 $\Delta\sigma_k = 0$。

2）对矩形基础下的附加荷载（见图 2-15）：

当 $d+a/\tan\theta \leqslant z_a \leqslant d+(3a+b)/\tan\theta$ 时　　　　$\Delta\sigma_k = \dfrac{p_0 lb}{(b+2a)(l+2a)}$　　(2-22)

当 $z_a < d+a/\tan\theta$ 或 $z_a > d+(3a+b)/\tan\theta$ 时　　$\Delta\sigma_k = 0$

式中　b、l——基础宽度与长度。

3）对作用在地面的条形、矩形基础附加荷载，按前两条计算土中附加竖向应力标准值 $\Delta\sigma_k$ 时，应取 $d=0$（见图 2-16）。

（3）当支护结构顶面低于地面，其上方采用放坡或土钉墙时　支护结构顶面以上土体对支护结构的作用宜按库仑土压力理论计算，也可将其视作附加荷载并按下列公式计算土中附加竖向应力标准值（见图 2-17）。

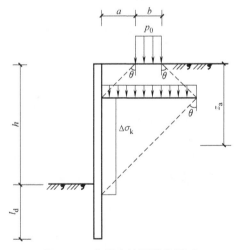

图 2-16　作用在地面的条形或
矩形附加竖向荷载

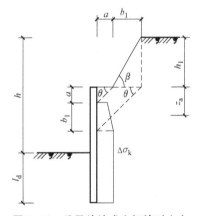

图 2-17　采用放坡或土钉墙时土中
附加竖向应力计算

1）当 $a/\tan\theta \leqslant z_a \leqslant (a+b_1)/\tan\theta$ 时

$$\Delta\sigma_k = \frac{\gamma h_1}{b_1}(z_a - a) + \frac{E_{ak1}(a+b_1-z_a)}{K_a b_1^2} \tag{2-23}$$

$$E_{ak1} = \frac{1}{2}\gamma h_1^2 K_a - 2ch_1\sqrt{K_a} + \frac{2c^2}{\gamma} \tag{2-24}$$

式中　z_a——支护结构顶面至土中附加竖向应力计算点的竖向距离；

a——支护结构外边缘至基础的水平距离；

b_1——放坡面的水平尺寸；

θ——扩散角，宜取 $\theta=45°$；

h_1——地面至支护结构顶面的竖直距离；

γ——支护结构顶面以上土的天然重度，多层土时取按厚度加权的平均天然重度；

c——支护结构顶面以上土的黏聚力；

K_a——支护结构顶面以上土的主动土压力系数，多层土取各层土按厚度加权的平均值；

E_{ak1}——支护结构顶面以上土体所产生的单位宽度主动土压力标准值（kN/m）。

2）当 $z_a>(a+b_1)/\tan\theta$ 时

$$\Delta\sigma_k=\gamma h_1 \tag{2-25}$$

3）当 $z_a<a/\tan\theta$ 时

$$\Delta\sigma_k=0 \tag{2-26}$$

2.2.3　单支撑挡土桩墙土压力的分布

锚定板和锚杆式是单支撑挡土桩墙的两种主要结构类型。目前，单支撑挡土桩墙两种单支点的土压力均按三角形分布计算，如图 2-18 所示。大量工程实际监测数据表明，单支撑挡土桩墙结构上土压力按三角形分布是可行的。

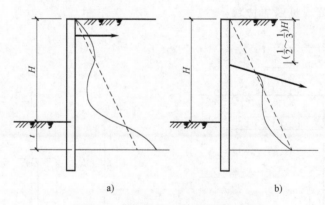

图 2-18　单支撑挡土桩墙的压力分布

a）单支点锚定板桩墙　b）单支点锚杆挡墙

2.2.4　多支撑挡土桩墙土压力的分布

多支撑挡土桩墙结构土压力分布形式与土体的性质密切相关，Terzaghi（太沙基）基于大量的基坑挡土结构支撑受力实测资料，分别针对砂土、中等软黏土及硬黏土提出以 1/2 分担法将支撑轴力转化为土压力，并对土压力分布图进行了修正，如图 2-19 所示。Tschebotarioff（崔勃泰里奥夫）基于多支撑桩墙挡土结构所在的地层环境不同，针对软硬程度不同的黏土地层提出三种土质条件的计算支撑轴向力的土压力分布图，如图 2-20 所示。

对于图 2-19a，系数 K_a：

$$K_a=\tan^2\left(45°-\frac{\varphi}{2}\right)，或者\ K_a=1-m\frac{4c_u}{\gamma H}$$

式中 c_u——土体的不排水抗剪强度;

m——系数,通常取 $m=1$。

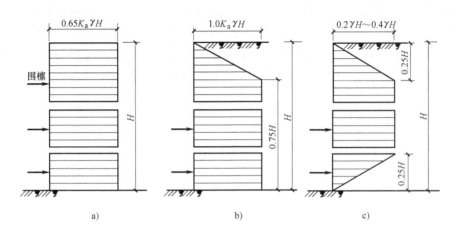

图 2-19 Terzaghi-Peck 土压力分布修正

a) 砂土 b) 中等软黏土 c) 硬黏土

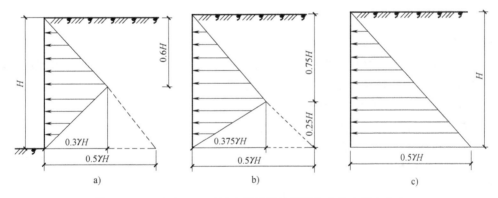

图 2-20 Tschebotarioff 按土质条件计算轴向力的土压力分布

a) 硬黏土地层 b) 中等硬黏土地层 c) 软黏土地层

由图 2-20 可知,针对黏土地层的上述三种土压力分布图均呈三角形分布,计算时图中主动土压力系数 K_a 取 0.5。对硬黏土和中等硬度的黏土地层,考虑基坑底部抗剪作用,其下部 (0.25~0.4) H 范围内土压力呈直线减小或梯形分布,软黏土仍为三角形分布。

■ 2.3 挡土结构计算模型

2.3.1 极限平衡法

极限平衡法计算方法简单,概念清晰。在《建筑地基基础设计规范》(GB 50007—2011) 及《建筑基坑支护技术规程》(JGJ 120—2012) 中明确指出:对于悬臂式及单支点支挡结构嵌固深度应按极限平衡法确定,并用于臂式及单支点支挡结构的内力计算。极限平衡法包括静力平衡法和等值梁法。

1. 静力平衡法

图2-21c为静力平衡法用于悬臂式板桩结构的计算简图。该方法假定在填土侧开挖面以上受主动土压力，在主动土压力作用下，墙体趋于旋转，从而在墙的前侧发生被动土压力随着板桩的入土深度的变化，作用在板桩两侧的土压力分布也随之发生变化，当作用在板桩两侧的土压力相等时，板桩处于平衡状态，此时所对应的板桩的入土深度即是保证板桩稳定的最小入土深度。根据板桩的静力平衡条件可以求出该深度，进而计算截面弯矩和剪力。

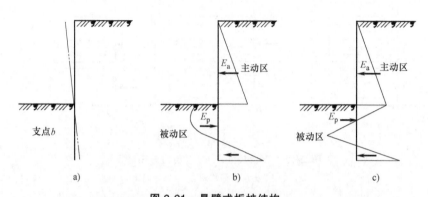

图 2-21 悬臂式板桩结构

a）桩墙位移 b）土压力分布 c）悬臂板桩计算简图

2. 等值梁法

等值梁法的基本原理如图2-22所示。图中AB梁一端固定一端简支，弯矩图的正负弯矩在C点转折，若将AB梁在C点切断，并在C点加一自由支承形成AC梁，则AC梁上的弯矩将保持不变，即称AC梁为AB梁上AC段上的等值梁。

对有单层支点的支护结构，当底端为固定端时，其弯矩包络图将有一反弯点C，C点的弯矩为零，如图2-22所示。对于这样的结构，求解时将有三个未知量，即支点力T、嵌固深度及由于C点下负弯矩产生的E_p，而可以运用的静力平衡方程只有两个，为此，借用等值梁法，将C点视为一自由支座，并在该点将挡土结构划分为两段假想梁，上部为简支梁，下部为一次超静定梁。

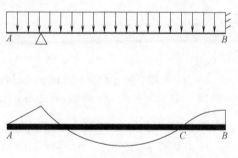

图 2-22 等值梁原理

采用等值梁法的关键是确定弯矩为零的点的位置，即反弯点位置。《建筑基坑支护技术规程》规定，单层支点支护结构的反弯点位于基坑底面以下水平荷载标准值与水平抗力标准值相等的位置，即净土压力为零的位置，并根据此计算支护结构的支点力、嵌固深度，按静力平衡条件计算截面弯矩和剪力。

2.3.2 弹性支点法与有限元法

弹性支点法是在弹性地基梁分析方法基础上形成的一种方法，弹性地基梁的分析是考虑地基与基础共同作用条件下，假定地基模型后对基础梁的内力与变形进行的分析计算。地基模型指的是地基反力与变形之间的关系，目前运用最多的是线弹性模型，即文克尔地基模型、弹性半空间地基模型和有限压缩层地基模型。

弹性支点法是把支护排桩分段按平面问题计算，如图 2-23 所示，此时排桩竖向计算条视为弹性地基梁。其荷载计算宽度可取排桩的中心距，大小为基坑外侧水平荷载标准值。

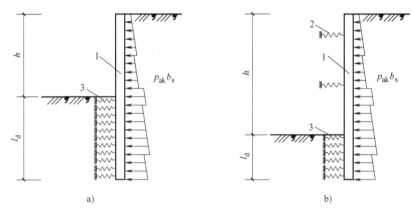

图 2-23 弹性支点法计算

a）悬臂式支挡结构 b）锚拉式支挡或支撑式支挡结构

1—排桩 2—锚杆弹簧 3—土弹簧

排桩插入土中的坑内侧视为弹性地基，则排桩的基本挠曲方程为

$$EI\frac{\mathrm{d}^4 y}{\mathrm{d}x^4} - p_{aki}b_s = 0 \quad (0 \leqslant z \leqslant h_n) \tag{2-27}$$

$$EI\frac{\mathrm{d}^4 y}{\mathrm{d}x^4} + mb_0(z-h_n)y - p_{aki} \quad (b_s = 0, z \leqslant h_n) \tag{2-28}$$

式中 EI——排桩计算宽度抗弯刚度；

$\quad m$——地基土水平抗力系数的比例系数；

$\quad b_0$——抗力计算宽度；

$\quad z$——排桩顶点至计算点的距离；

$\quad h_n$——第 n 工况基坑开挖深度；

$\quad y$——计算点水平变形；

$\quad b_s$——荷载计算宽度，排桩可取中心距。

弹性地基杆系有限元法是把支护结构体系作为一平面或空间结构，周围土体则分别用土压力和土弹簧代替，采用有限元法求解。其计算原理是假设地面以上（基底以上）挡土结构为梁单元，基底以下部分为弹性地基梁单元，支撑或锚杆为弹性支承单元，荷载为主动侧的土压力和水压力。杆系有限元法可以有效地计入开挖过程中的各种因素，是一种实用性较强的计算方法。

■ 2.4 桩墙式挡土结构计算

2.4.1 悬壁式板桩计算

图 2-24 为一悬壁式板桩，在土压力作用下，桩绕桩尖 B 转动。此时，桩左侧主动土压

力分布如图 2-24b $\triangle ARB$ 侧面积所示，桩右侧被动土压力分布如图 2-24b $\triangle DSB$ 面积所示，板桩全长实际土压分布如图 2-24b 中阴影部分所示，但这种情况是不安全的，实际中必须加大板桩入土深度，才可保证安全，加深后，在土压力作用下，板桩将绕 C 点转动，如图 2-24c 所示，此时板桩全长所受土压力分布如图 2-24d 中阴影部分所示，桩尖 B 处右侧为被动土压力，左侧为主动土压力，B 点的土压力为两者之差：

$$p_B = p_a - p_p = \gamma(h+t)K_a - \gamma t K_p \tag{2-29}$$

式中　　h——基坑开挖深度；

　　　　t——桩插入坑底深度；

　　　　γ——土重度；

　　　K_p——朗肯被动土压力系数；

　　　K_a——朗肯主动土压力系数。

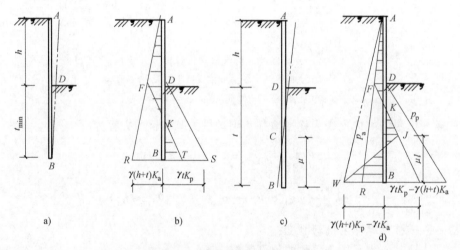

图 2-24　悬臂式板桩土压力计算

其中入土深度 t、μ，可由板桩静力平衡方程求得：

$$\sum H = 0$$
$$\sum M_B = 0$$

即

$$\begin{cases} (h+t)^2 K_a - t^2 K_p + \mu(K_p - K_a)(h+2t) = 0 \\ (h+t)^2 K_a - t^2 K_p + (K_p - K_a)(h+2t)\mu^2 = 0 \end{cases} \tag{2-30}$$

联立求解得 t 和 μ 两参数，t 即为保持板桩稳定所必须插入的深度。根据 t、μ 值可画出图 2-24d，并由此计算板桩的弯矩。

上述计算方法较复杂，也可采用图 2-25 进行计算，若板桩的入土深度为 t，土的黏聚力 $c = 0$，令 $M_B = 0$，则

$$\frac{1}{3}(h+t)\cdot\frac{1}{2}\gamma(h+t)^2 K_a - \frac{1}{3}t\cdot\frac{1}{2}\gamma t^2 \frac{K_p}{K} = 0 \tag{2-31}$$

得

$$(h+t)^3 K_a - \frac{t^3 K_p}{K} = 0$$

式中　K_a、K_p——朗肯主动、被动土压力；

　　　　K——被动土压力安全系数，通常取 2。

由上式可解得 t，再增加 20%，则板桩最小长度为

$$L = h + 1.2t$$

由板桩的最大弯矩截面在基坑底以下 t_0 处，该截面的剪应力等于零，即

$$\frac{1}{2}\gamma(h+t_0)^2 K_a = \frac{1}{2}\gamma t_0^2 \frac{K_p}{K}$$

$$t_0 = \frac{h}{\sqrt{\dfrac{K_p}{K_a K}} - 1} \qquad (2\text{-}32)$$

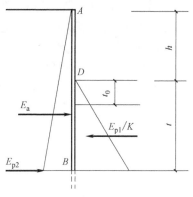

图 2-25　悬臂式板桩简化计算

2.4.2　单支撑或锚板桩计算

当基坑开挖深度较大时，可在板桩的顶部设置支撑或采用拉力锚杆。这类桩体计算，可以把它作为有两个支点的竖直梁。根据板桩插入深度的大小，采用单撑浅板桩或单撑深板桩两种情况处理。

1. 单撑浅板桩的计算

单撑浅板桩可看作简支梁，板桩墙前及墙后的土压力分布如图 2-26b 所示（不考虑 E_{p2} 作用）。取 $\sum M_T = 0$，则有

$$E_a\left[\frac{2}{3}(h+t) - h_0\right] = \frac{E_{p1}}{K}\left(h+t-h_0-\frac{1}{3}t\right) \qquad (2\text{-}33)$$

式中

$$E_a = \frac{1}{2}\gamma(H+t)^2 K_a,\ E_{p1} = \frac{1}{2}\gamma t^2 K_p \qquad (2\text{-}34)$$

式中符号含义同前，一般取 $K=2$。

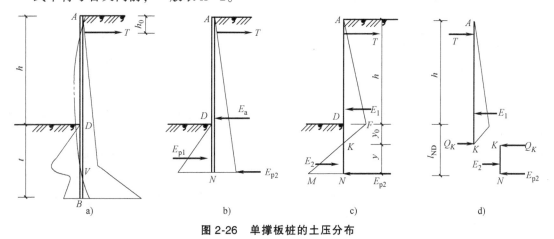

图 2-26　单撑板桩的土压分布

由上式求出入土深度 t，再由 $\sum H = 0$ 求得支撑点的反力 T，即 $T = KE_a - E_{p1}$。

2. 单撑深板桩的计算

对于单撑深板桩，板桩下端在土中嵌固，嵌固点以下墙板后将产生被动土压力，如图

2-26a 所示，经简化成图 2-26b。将 E_a 与 E_{p1} 叠加，其受力分布如图 2-26c 所示。

在板桩下端为嵌固支撑时，土压力零点与弯矩零点位置很接近，为进一步简化计算，定义 K 点也是弯矩零点，如图 2-26d 所示。这样，单撑深板桩计算可按两个相连的简支梁 AK 及 KN 处理，此简化计算法叫等值梁法。

现在确定土压力零点 K 的位置，设 K 点距坑底为 y_0，则有：

$$\gamma y_0 K_p = \gamma(h + y_0)K_a$$

$$y_0 = \frac{hK_a}{K_p - K_a} \tag{2-35}$$

求出 y_0 后，支撑反力 T 及 K 截面处的剪力 Q_K 便可求出，从而简支梁 KN 的长度 y 也可求得：

$$E_2 = \gamma(K_p - K_a)y^2$$

且 E_2 作用点位置在距 N 为 $\frac{1}{3}y$ 处。

因为　　$\sum M_N = 0$　　　　　　　$E_2 = 3Q_K$

所以　　　　　　　$y = \sqrt{\frac{E_2}{\gamma(K_p - K_a)}} = \sqrt{\frac{3Q_K}{\gamma(K_p - K_a)}} \tag{2-36}$

则插入深度　　　　　　　$l_{ND} = y_0 + y$

板桩实际插入深度应比 l_{ND} 大，取

$$t = (1.1 \sim 1.2)l_{ND} = (1.1 \sim 1.2)(y_0 + y)$$

故板桩的最小长度　　　　　　　$l = h + t \tag{2-37}$

已知板桩尺寸、压力的分布，可求最大弯矩值，进而选择板桩、支撑、横列板等材料型号。

2.4.3 多撑或锚桩支护结构计算

当基坑较深时，为减少板桩弯矩及支撑受力，可设置多层支撑，此情况下，土压力分布形式与板桩位移密切相关。目前，多层预应力锚杆排桩支挡结构内力计算方法主要有二分之一分担法、弹性抗力法等。

1. 二分之一分担法

二分之一分担法是多支撑连续梁的一种简化计算。该方法先确定土压力分布，再计算多支撑的受力。这种方法在计算过程中不考虑桩和墙体支撑变形，并将支撑承受的力（土压力、水压力和地面超载等）认为等于相邻两个半跨土压力荷载值，如图 2-27 所示。

（1）计算原理　先求支撑受的反力，然后求出正负弯矩、最大弯矩，以核定桩墙的截面及配筋。如计算反力 R_C 时用 $l_2/2$ 和 $l_3/2$ 的间距，乘以梯形压力图，可以方便地获得支撑反力。

（2）支撑反力计算（见图 2-27）

1）计算主动土压力系数 K_a 和被动土压力系数 K_p，则主动土压力强度 p_a 和上部荷载 q 产生的土压力强度 p_q：

$$p_a = 0.25\gamma H K_a \tag{2-38}$$

$$p_q = qK_a \tag{2-39}$$

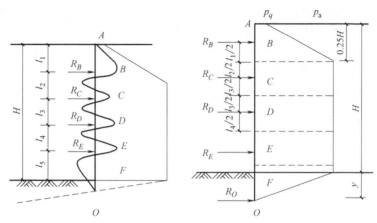

图 2-27　二分之一分担法计算简图

$$p = p_a + p_q \tag{2-40}$$

由静力平衡，则可求得板体土压力零点 O 距坑底的深度 y：

$$y = \frac{p}{\gamma(K_p - K_a)} \tag{2-41}$$

式中　q——地面荷载；

　　　　γ——土的重度；

　　　　H——基坑开挖深度。

2）计算各支撑点的支撑反力：

$$R_B = \frac{0.25H(p_q + p)}{2} + \left(\frac{l_2}{2} + l_1 - 0.25H\right)p; R_C = \frac{p(l_2 + l_3)}{2}; R_D = \frac{p(l_3 + l_4)}{2}$$

$$R_E = \frac{p(l_4 + l_5)}{2} R_0 = \frac{pl_5}{2} + \frac{ye}{2}$$

式中　R_0——零弯点处的土压力。

2. 弹性抗力法

基本原理：将桩墙看成竖直置于土中的弹性地基梁，基坑以下土体以连续分布的弹簧来模拟，基坑底面以下的土体反力与墙体的变形有关。

计算方法：墙后土压力分布按朗肯土压力理论计算；基坑开挖面以下的土抗力分布根据文克尔地基模型计算；支点按刚度系数为 k_z 的弹簧进行模拟，建立桩墙的基本挠曲微分方程，解方程可以得到支护结构的内力和变形。

排桩、墙可根据受力条件分段按平面问题计算，排桩水平荷载计算宽度可取排桩中心距，此时排桩可视为侧向地基上梁或采用侧向地基上的空间板壳有限元模型。

■ 2.5　双排桩支挡结构计算

双排桩支护结构由前排桩、后排桩和排桩间连梁组成，通过冠梁连接沿坑壁方向形成空间结构体系，如图 2-28 所示。

双排桩支护结构典型的布置形式有以下四种，如图 2-29 所示。双排桩支护结构尽管是悬臂式结构形式的一类，但其受力特征却与其他的支护结构体系有着不一样的地方。双排桩整体刚度大，与单排桩相比有着变形小，前排桩能有效承担后排桩的土压力，连梁能够使双排桩整体协调变形等优势，能够自动调节系统的内力和变形。在施工方面，由于双排桩的使用会减少锚索和内支撑的使用，大大提高了施工效率。双排桩中后排桩的存在以及连梁和前后排桩组成的整体对桩体中可能出现的滑裂面有着很好的抑制作用，在提高基坑的稳定性方面有着较大的优势。

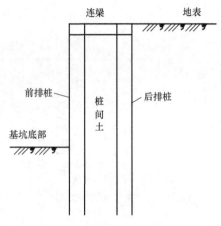

图 2-28　双排桩平面布置形式

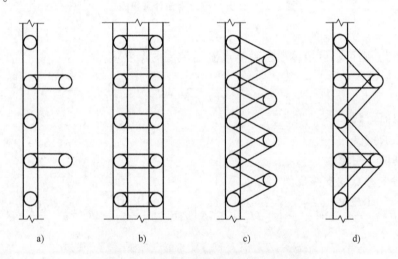

a)　　　　　　　b)　　　　　　　c)　　　　　　　d)

图 2-29　双排桩支护结构平面布置模式
a）丁字式　b）矩形格构式　c）梅花式　d）双三角式

目前双排桩的计算主要有体积比例系数法、刚塑性分析法、Winkler 弹性地基梁改进法等。

2.5.1　体积比例系数法

双排桩中后排桩的作用力将按照一定比例传递给前排桩，这个比例的大小为桩间土体占整个后排桩土体的比例所确定，此方法称为比例系数法。

1. 基本假定

1）鉴于连梁的刚度较大，将前排桩、后排桩及连梁看成刚性连接，底端嵌固。

2）连梁不产生轴向压缩变形，不产生拉伸变形。

3）用朗肯土压力计算桩侧所受土压力。

2. 比例系数的确定

假设双排桩基坑开挖深度为 H，双排桩桩间距为 L，桩间与后排桩形成的土体与水平面

呈 $45°-\dfrac{\varphi}{2}$ 的剪切滑裂面，如图 2-30 所示。

体积比例系数 α 的确定：

$$\alpha=\frac{\sigma_{a}}{\Delta\sigma_{a}}=\frac{2L}{L_{0}}-\left(\frac{L}{L_{0}}\right)^{2} \tag{2-42}$$

式中　L——计算宽度、双排桩的排距；

　　　L_{0}——地面极限滑裂面距离前排桩的距

　　　　　离，$L_{0}=h\tan\left(45°-\dfrac{\varphi}{2}\right)$，$h$、$\varphi$ 分

　　　　　别为基坑挖深、土体内摩擦角。

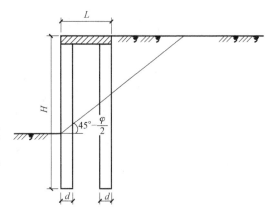

图 2-30　比例系数 α 的确定方法

3. 土压力计算

由于双排桩的布桩形式的不同，随着基坑开挖，不同的布桩形式对双排桩桩间土的传递作用也有一定的差异，因此，其土压力的大小与分布会不同。考虑矩形布桩形式，其土压力传递如图 2-31 所示。

假设土压力的传递沿桩深度上比例系数 α 一致。即

$$\Delta\sigma_{a}=\alpha\sigma_{a} \tag{2-43}$$

前排桩的土压力强度 p_{af} 可以表示为

$$p_{af}=\alpha\sigma_{a} \tag{2-44}$$

后排桩的土压力强度 p_{ab}

$$p_{ab}=(1-\alpha)\sigma_{a} \tag{2-45}$$

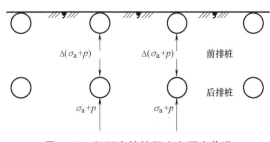

图 2-31　矩形布桩桩间土土压力传递

4. 优缺点

尽管该方法考虑简单的分配会引起前后排桩土压力的悬殊，对计算分析造成一定程度的影响，但是比例系数分配土压力的计算方法模型简单，逻辑清晰，在此基础上进行的改进计算模型相对较多。

2.5.2　刚塑性分析法

在考虑桩间土的问题上，基于朗肯土压力理论将桩间土考虑为刚塑性体，形成刚塑性分析法。双排桩作为门式刚架，后排桩会导致剪切滑裂面的角度的改变，剪切滑裂面的存在会使得桩侧土压力的分布情况也改变，如图 2-32 所示。

1. 基本假定

1）土体视为刚塑性体，不考虑主体与桩的摩阻力。

2）利用极限平衡原理分析桩体所受土压力。

3）后排桩的存在及桩间距会影响剪切角从而影响土压力的分布。

2. 基本方程

由土体的极限平衡原理可知，图 2-32 中：

$$W=\gamma b\left(z-\frac{b}{z}\right)\tan(\eta-\varphi) \tag{2-46}$$

主动土压力合力为

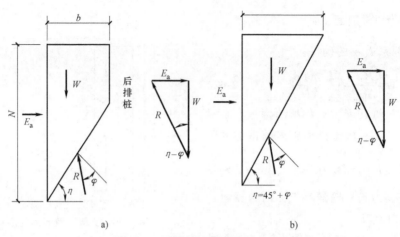

图 2-32 后排桩不同位置受力分析

a）后排桩对剪切角有影响　b）后排桩对剪切角无影响

$$E_a = \gamma b\left(z - \frac{b}{z}\right)\tan(\eta - \varphi) \tag{2-47}$$

主动土压力分布强度

$$e_a = dE_a/dz \tag{2-48}$$

式中　γ——土体重度；

η、φ——剪切面与水平面的夹角、土体的内摩擦角；

z——计算深度；

b——排距。

3. 破坏面

后排桩的存在使得剪切角将发生改变。因此，主动土压力 E_a 对 η 的极值 $dE_a/d\eta e_a =$ 0，即

$$\frac{z}{b} = \frac{1}{2}\left[\tan\eta + \tan(\eta - \varphi)\frac{\cos^2(\eta - \varphi)}{\cos^2\eta}\right] \tag{2-49}$$

定义 $\xi = \dfrac{z}{b}$ 为深宽比，给定后排桩对剪切滑裂面起作用的临界值 ξ_0，即

$$\xi_0 = 45° + \frac{\varphi}{2} \tag{2-50}$$

4. 桩侧土压力

假设双排桩上所有受的土压力都由朗肯主动土压力提供。同时，引入相关影响系数 i、β_1、β_2 来修正后排桩的存在对土压力的影响。

5. 优缺点

这种计算方法考虑了后排桩对滑裂剪切角的影响，进而对桩侧的实际土压力进行了一定的修正。但是，假设朗肯土压力为前排桩和后排桩的所受的实际主动土压力之和值得商榷，同时，深宽比越大，排距越小则剪切角越大。假设排距很小，则剪切角将无穷大。这与实际不符合。

2.5.3　Winkler 弹性地基梁改进法

按照土体极限平衡理论分析，双排桩整体会存在一个剪切滑裂面。假想滑裂面从前排桩坑底开始，与竖直方向呈 $45°-\dfrac{\varphi}{2}$，如图 2-33 所示。

1. 基本假定

1）将双排桩桩底考虑为底端自由。

2）用土弹簧模拟桩土相互作用。

3）滑裂面上按梁单元进行分析，滑裂面下利用 Winkler 弹性地基梁分析。

2. 土压力强度分布

定义 α 为土压力分担系数，其值按桩间土的滑动土体占整个滑动土体的比值确定，即

$$\alpha=\frac{\sigma_{\mathrm{a}}}{\Delta\sigma_{\mathrm{a}}}=\frac{2L}{L_0}-\left(\frac{L}{L_0}\right)^2 \tag{2-51}$$

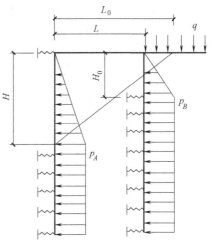

图 2-33　考虑剪切滑裂面模型的双排桩计算模型

假定坑底以上的前排桩土压力强度为三角形分布，开挖深度下为矩形分布；后排桩土压力强度在深度 h_0 以上按照三角形分布进行分析，h_0 以下按照矩形分布进行分析。

$$p_{\mathrm{a}}=K_{\mathrm{sp}}\alpha\left(\gamma HK-2c\sqrt{K}\right) \tag{2-52}$$

$$p_{\mathrm{b}}=K_{\mathrm{sp}}\left[\left(1-\alpha\right)\left(\gamma HK-2c\sqrt{K}\right)+Kq\right] \tag{2-53}$$

式中　p_{a}、p_{b}——前、后排桩土压力强度的分布最大值；

　　　　K_{sp}——土压力强度空间效应影响系数；

　　　　H——基坑开挖深度；

　　　c、γ——土的黏聚力、重度；

　　　　q——后排桩的外侧堆载；

　　　　K——土弹簧刚度，即土体的水平基床系数，按"m"确定，即 $K=mz$。

然后根据受力分析列出段的挠曲线微分方程，结合位移变形协调条件和假设的边界条件计算出挠曲线方程，进而求出剪力、弯矩等表达式。

3. 优缺点

该计算模型考虑了空间效应对双排桩计算的影响，在滑裂面上部按照比例系数法确定前后排桩的作用力，滑裂面下部按照 Winkler 弹性地基梁来计算。此方法在一定程度上考虑了桩土间的相互作用，概念明了，逻辑清晰。

■ 2.6　支挡桩墙稳定验算

2.6.1　嵌固深度验算

1）悬臂式支挡结构的嵌固深度（l_{d}）应符合下式嵌固稳定性的要求（见图 2-34）：

$$\frac{E_{pk}a_{p1}}{E_{ak}a_{a1}} \geq K_e \tag{2-54}$$

式中 K_e——嵌固稳定安全系数，安全等级为一、二和三级的悬臂式支挡结构，K_e 分别不应小于 1.25、1.2 和 1.15；

E_{ak}、E_{pk}——基坑外侧主动土压力、基坑内侧被动土压力标准值；

a_{a1}、a_{p1}——基坑外侧主动土压力、内侧被动土压力合力作用点至挡土构件底端的距离。

2）单层锚杆和单层支撑支挡式结构的嵌固深度（l_d）应符合下式嵌固稳定性的要求（见图 2-35）：

$$\frac{E_{pk}a_{p2}}{E_{ak}a_{a2}} \geq K_e \tag{2-55}$$

式中 K_e——嵌固稳定安全系数，安全等级为一、二和三级的悬臂式支挡结构，K_e 分别不应小于 1.25、1.2 和 1.15；

E_{ak}、E_{pk}——基坑外侧主动土压力、基坑内侧被动土压力标准值；

a_{a2}、a_{p2}——基坑外侧主动土压力、基坑内侧被动土压力合力作用点至支点的距离。

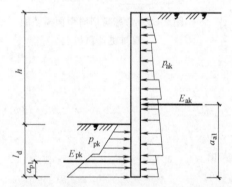

图 2-34 悬臂桩支挡结构嵌固稳定性验算

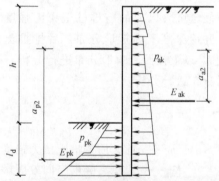

图 2-35 单支点锚拉式支挡结构和支撑式支挡结构的嵌固稳定性验算

3）双排桩的嵌固深度（l_d）应符合下式嵌固稳定性的要求（见图 2-36）：

$$\frac{E_{pk}a_p + Ga_G}{E_{ak}a_a} \geq K_e \tag{2-56}$$

式中 K_e——嵌固稳定安全系数，安全等级为一、二和三级的悬臂式支挡结构，K_e 分别不应小于 1.25、1.2 和 1.15；

E_{ak}、E_{pk}——基坑外侧主动土压力、内侧被动土压力标准值；

a_a、a_p——基坑外侧主动土压力、内侧被动土压力合力作用点至双排桩底端的距离；

G——双排桩、刚架梁和桩间土的自重之和；

a_G——双排桩、刚架梁和桩间土的重心至前排桩边缘的水平距离。

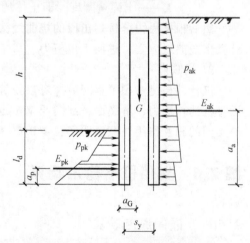

图 2-36 双排桩的嵌固稳定性验算

2.6.2 整体滑动稳定性验算

锚拉式、悬臂式支挡结构和双排桩应按下列规定进行整体滑动稳定性验算：

1）整体滑动稳定性验算可采用圆弧滑动条分法进行。

2）采用圆弧条分法时，其整体滑动稳定性应符合下列规定（见图 2-37）：

$$\min\{K_{s,1}, K_{s,2}, \cdots, K_{s,i}, \cdots\} \geqslant K_s \qquad (2-57)$$

$$K_{s,i} = \frac{\sum\{c_j l_j + [(q_j b_j \Delta G_j)\cos\theta_j - u_j l_j]\tan\varphi_j\} + \sum R'_{k,k}[\cos(\theta_k + \alpha_k) + \Psi_v]/s_{x,k}}{\sum(q_j b_j + \Delta G_j)\sin\theta_j}$$

式中　K_s——圆弧滑动安全系数，安全等级为一级、二级和三级的双排桩，K_s 分别不应小于 1.35、1.3 和 1.25；

　　$K_{s,i}$——第 i 个圆弧滑动体的抗滑力矩与滑动力矩的比值，其最小值宜通过搜索不同圆心及半径的所有潜在滑动圆弧确定；

　c_j、φ_j——第 j 土条滑弧面处土的黏聚力和内摩擦角；

　　b_j——第 j 土条的宽度；

　　θ_j——第 j 土条滑弧面中点处的法线与垂直面的夹角；

　　l_j——第 j 土条的滑弧长度，取 $l_j = b_j/\cos\theta_j$；

　　q_j——第 j 土条上的附加分布荷载标准值；

　　ΔG_j——第 j 土条的自重，按天然重度计算；

　　u_j——第 j 土条滑弧面上的水压力，采用落底式截水帷幕时，对地下水位以下的砂土、碎石土、粉质黏土，在基坑外侧，可取 $u_j = \gamma_w h_{wa,j}$，在基坑内侧，可取 $u_j = \gamma_w h_{wp,j}$，滑弧面在地下水位以上或对地下水位以下的黏性土，取 $u_j = 0$，其中 γ_w 为地下水重度，h_{wa} 为基坑外侧第 j 土条滑弧面中点的压力水头，$h_{wp,j}$ 为基坑内侧第 j 土条滑弧面中点的压力水头（m）；

　　$R'_{k,k}$——第 k 层锚杆在滑动面以外的锚固段的极限抗拔承载力标准值与锚杆杆体受拉承载力标准值（$f_{pk} A_p$）的较小值；

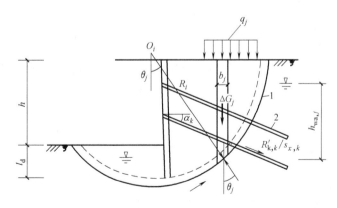

图 2-37　圆弧滑动条分法整体稳定性验算

1—任意圆弧滑动面　2—锚杆

α_k——第 k 层锚杆的倾角；

θ_k——滑弧面在第 k 层锚杆处的法线与垂直面的夹角；

$s_{x,k}$——第 k 层锚杆的水平间距；

ψ_v——计算系数，可按 $\psi_v = 0.5\sin(\theta_k+\alpha_k)\tan\varphi$ 取值，φ 为第 k 层锚杆与滑弧交点处土的内摩擦角。

对悬臂式、双排桩支挡结构，采用式（2-57）计算时，$k_{s,i}$ 计算公式中不考虑 $\sum R_{k,k}[\cos(\theta_k+\alpha_k)+\psi_v]/s_{x,k}$ 项。

当挡土构件底端以下存在软弱下卧土层时，整体稳定性验算滑动面中应包括由圆弧与软弱土层层面组成的复合滑动面。

2.6.3　坑底隆起稳定性验算

1）锚拉式支挡式结构和支撑式支挡结构的嵌固深度应符合下列坑底隆起稳定性要求（图 2-38）：

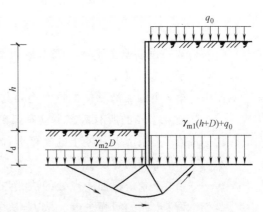

图 2-38　挡土构件底端平面下土的隆起稳定性验算

$$\frac{\gamma_{m2} l_d N_q + c N_c}{\gamma_{m1}(h+l_d)+q_0} \geq K_b \qquad (2-58)$$

$$N_q = \tan^2\left(45°+\frac{\varphi}{2}\right)e^{\pi\tan\varphi}; \quad N_c = (N_q-1)/\tan\varphi$$

式中　K_b——抗隆起安全系数，安全等级为一、二和三级的支护结构，K_b 分别不应小于 1.8、1.6 和 1.4；

γ_{m1}、γ_{m2}——基坑外、基坑内挡土构件底面以上土的天然重度，对多层土取各层土按厚度加权的平均重度；

l_d——挡土构件的嵌固深度；

h——基坑深度；

q_0——地面均布荷载；

N_c、N_q——承载力系数；

c、φ——挡土构件底面以下土的黏聚力、内摩擦角。

2）当挡土构件底面以下存在软弱下卧土层时，坑底隆起稳定性的验算部位尚应包括软弱下卧层。软弱下卧层的隆起稳定性可按式（2-58）验算，但式中的 γ_{m1}、γ_{m2} 应取软弱下卧层顶面以上土的重度（见图 2-39），l_d 应以 D（基坑底面至软弱下卧层顶面的土层厚度）代替。

3）悬臂式支挡结构可不进行隆起稳定性验算。

2.6.4　圆弧滑动稳定性验算

锚拉式支挡结构和支撑式支挡结构，当坑底以下为软土时，其嵌固深度应符合下列以最下层支点为轴心的圆弧滑动稳定性要求（见图 2-40）：

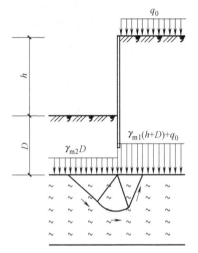

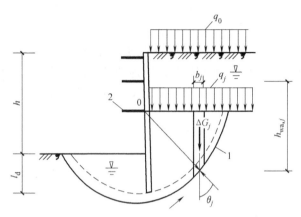

图 2-39　软弱下卧层的隆起稳定性验算

图 2-40　以最下层支点为轴心的圆弧滑动稳定性验算

1—任意圆弧滑动面　2—最下层支点

$$\frac{\sum\left[c_j l_j+(q_j b_j+\Delta G_j)\cos\theta_j\tan\varphi_j\right]}{\sum(q_j b_j+\Delta G_j)\sin\theta_j}\geqslant K_r \qquad (2\text{-}59)$$

式中　K_r——以最下层支点为轴心的圆弧滑动稳定安全系数，安全等级为一级、二级和三级的支挡式结构，K_r 分别不应小于 2.2、1.9 和 1.7；

c_j、φ_j——第 j 土条在滑弧面处土的黏聚力、内摩擦角；

l_j——第 j 土条的滑弧长度，取 $l_j=b_j/\cos\theta_j$；

b_j——第 j 土条的宽度；

θ_j——第 j 土条滑弧面中点处的法线与垂直面的夹角；

q_j——第 j 土条顶面上的竖向压力标准值；

ΔG_j——第 j 土条的自重，按天然重度计算。

挡土结构嵌固深度除应满足《建筑基坑支护技术规程》（JGJ 120—2012）第 4.2.1 条~第 4.2.6 条的规定之外，对悬臂式结构，尚不宜小于 $0.8h$ [h 为基坑深度（m）]；对单支点支挡式结构，尚不宜小于 $0.3h$；对多支点支挡式结构，尚不宜小于 $0.2h$。

■ 2.7　地下连续墙施工技术

2.7.1　工艺原理及适用范围

地下连续墙施工工艺，即指从地面上沿着拟建的地下结构或高层建筑基坑的周边，用特制的挖槽机械，在泥浆护壁状态下开挖一定长度的沟槽，然后将钢筋笼吊放入沟槽，用导管法在充满泥浆的沟槽内浇筑混凝土，混凝土从沟槽底部逐渐向上浇筑，同时将泥浆置换出来，在地下形成钢筋混凝土墙段，把各单元墙段用特制接头逐一连接起来，形成一个整体的地下连续墙。

地下连续墙技术源于欧洲，它是由打井和石油钻井所用的泥浆护壁及水下浇灌混凝土施工方法结合而发展起来的。地下连续墙于1950年前后开始用于工程，当时以法国和意大利用得最多；后在墨西哥有所发展，并在地铁建造中采用比技术，创造了高速施工的纪录；最后在欧美、日本等国相继采用，逐步演变为一种地下墙体和基础的类型。

我国于1958年开始使用地下连续墙技术，随后在全国各地的一些高层建筑基坑上采用，如广州的白天鹅宾馆，地下连续墙呈腰鼓形；上海电信大楼地处市中心，邻近繁华的交通干线和建筑物，采用地下连续墙，顺利地完成了地下工程。目前我国已施工的地下连续墙深度已达26m。

地下连续墙施工技术的主要优点是适用于多种地质条件，施工时无振动，噪声低，不必做放坡，不须支模，墙体刚度大于一般挡土墙，能承受较大的土压力，可避免地基沉陷与塌方，可用于建筑物密集地区，因而在城市地下工程中是一种很好的施工方法。其不足在于要用专门设备进行施工，单体工程造价略高；如现场管理不善，造成施工环境泥泞潮湿，钢材不能像钢板桩那样重复使用。

地下连续墙施工阶段的静力计算方法目前正在发展中，完善的计算理论尚未形成，理论和方法大致有四类：

1）较古典的计算方法，计算条件：考虑土压力为已知，而不考虑墙体和支撑变形，属于此类方法的有等值梁法、二分之一分割法、太沙基法等。

2）弹性计算法，假定墙体弯矩和支撑轴力不随开挖过程变化，土压力已知，考虑墙体变形，但不考虑支撑变形。

3）认为墙体弯矩和支撑轴力随开挖过程和支撑设置而变化的一种计算方法，考土压力已知，既考虑支撑的弹性变位，又考虑墙体的变形。

4）共同变形计算方法，认为土压力是受墙体变形影响而有变化的，同时考虑墙体和支撑的变形。

目前实际工程应用中，以前两种计算方法为主。

2.7.2 工艺流程和主要设备

1. 施工工艺
现浇钢筋混凝土地下连续墙施工工艺如图2-41所示。

因挖槽机具的不同，地下连续墙施工工艺布置有些差别，图2-42为用钻抓法施工时的工艺布置方式。图2-43为用多头钻施工时的工艺布置方式。

2. 施工主要设备
（1）泥浆制备与处理设备 如胶质灰浆搅拌机、螺旋桨式搅拌机、压缩空气搅拌机、离心泵重复循环拌和机等，我国多用泥浆搅拌机。

泥浆处理设备主要有振动筛和旋流器。泥浆处理的方法有机械处理、重力沉淀和化学处理。前两种处理方法的费用比化学处理方法的费用低，机械处理与重力沉淀方法联合使用则效果较好，经过机械处理的泥浆流入沉淀池进行重力沉淀。

（2）挖槽（机械）设备 常用的挖槽机械可分为两大类：一是挖（抓）斗式挖槽机，这类机械采用直接出渣方式；二是钻头式挖槽机，这类机械采用泥浆循环出渣方式。具体分类如图2-44所示。

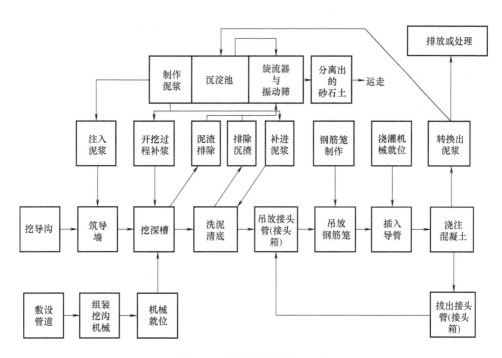

图 2-41 地下连续墙施工工艺

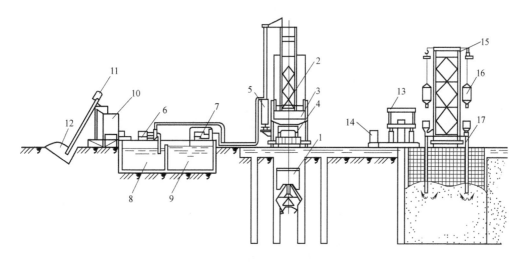

图 2-42 地下连续墙用钻抓法施工的工艺布置

1—导板抓斗 2—机架 3—出土滑槽 4—翻斗车 5—潜水电钻 6、7—吸泥泵
8—泥浆池 9—泥浆沉淀池 10—泥浆搅拌机 11—螺旋输送机 12—膨润土
13—接头管顶升架 14—油泵车 15—混凝土浇灌机 16—混凝土吊斗 17—混凝土导管

挖槽机械的选用，主要根据地质条件、开挖深度和施工条件诸因素而定。

冲击式钻机依靠钻头自身重量反复冲击破碎基岩或基土，由渣筒将破碎下来的土取出，成孔，该设备比较简单，操作容易，但工效低，较难保证槽壁精度。适用于无黏性土、硬土和夹有石子的较为复杂的土层。

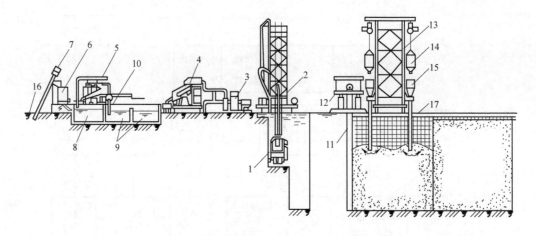

图2-43 地下连续墙用多头钻施工的工艺布置

1—多头钻 2—机架 3—吸泥泵 4—振动筛 5—水力旋流器 6—泥浆搅拌机 7—螺旋输送机
8—泥浆池 9—泥浆沉淀池 10—补浆用输浆管 11—接头管 12—接头管顶升架 13—混凝土浇灌机
14—混凝土吊斗 15—混凝土导管上的料斗 16—膨润土 17—轨道

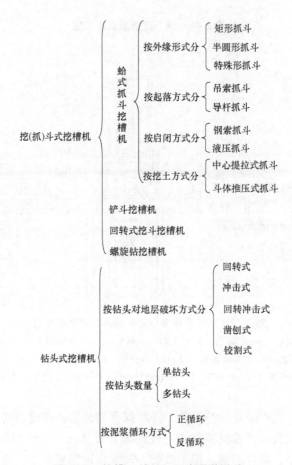

图2-44 挖槽（机械）设备具体分类

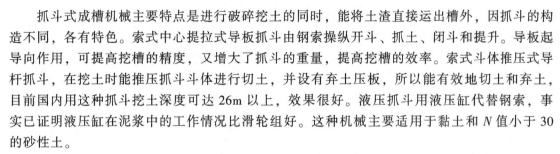

抓斗式成槽机械主要特点是进行破碎挖土的同时，能将土渣直接运出槽外，因抓斗的构造不同，各有特色。索式中心提拉式导板抓斗由钢索操纵开斗、抓土、闭斗和提升。导板起导向作用，可提高挖槽的精度，又增大了抓斗的重量，提高挖槽的效率。索式斗体推压式导杆抓斗，在挖土时能推压抓斗斗体进行切土，并设有弃土压板，所以能有效地切土和弃土，目前国内用这种抓斗挖土深度可达 26m 以上，效果很好。液压抓斗用液压缸代替钢索，事实已证明液压缸在泥浆中的工作情况比滑轮组好。这种机械主要适用于黏土和 N 值小于 30 的砂性土。

钻头式挖槽机能一次钻削成平面为长圆形的孔洞。钻机设有电子测斜自动纠偏装置，其切削下来的泥土，用反循环方式沿软管排出槽外。这种成槽机能满足各种地质条件下的施工，工效高、壁面平整。

2.7.3 泥浆材料

1. 泥浆的作用

泥浆在地下连续墙施工中主要起固壁、携渣、冷却和润滑作用，以固壁作用为主。泥浆充满沟槽，触变泥浆液面通常保持高出地下水位 $0.5 \sim 1.0m$，其护壁机理为：泥浆相对密度大于地下水的相对密度，液面又高，所以泥浆的液柱压力足以平衡地下水土压力，成为槽壁土体的一种液态支撑；泥浆压力可以使泥浆渗入槽壁土体孔隙，在槽壁表面形成一层组织致密、透水性很小的泥皮，使土体表面胶结成整体，维护了槽壁的稳定；泥浆同时也起到了携渣、冷却与润滑作用。

2. 泥浆成分

固壁泥浆的主要成分是膨润土、掺和物和水。

膨润土是一种颗粒极细小，遇水显著膨胀，黏性和可塑性都很大的特殊黏土，其主要成分为 $SiO_2 \cdot Al_2O_3 \cdot Fe_2O_3$ 等，我国采用商品陶土粉加入适量的纯碱（Na_2CO_3），能获得稳定性较好的泥浆。

水是用量最大的成分，要求不含杂质，呈中性，pH 值为 $7 \sim 8$，盐含量在 $500mg/L$ 以下。

掺和物一般指化学处理剂、惰性物质等掺入物。

化学处理剂能使泥浆在调制、维护和再生中达到优质指标。化学处理剂种类繁多，大体可分为无机类与有机类两类。无机处理剂有碱类、碳酸盐类、氧化物、硫酸盐和磷酸盐类。我国常用无机处理剂为纯碱。有机处理剂又分为稀释剂（也称为分散剂，如丹宁液、拷胶液等）、降失水剂（又称为增粘剂，如煤碱液、腐殖酸、纤维素、木质素、丙烯酸衍生物等）、表面活性剂等。

惰性物质一般为重晶石粉、珍珠岩粉，方铅矿硫化铝、石灰石粉等，因为是不溶于水的物质，掺入可增加泥浆相对密度。有时还须掺入堵漏剂，如锯末（用量 $1\% \sim 2\%$）、稻草末、水泥（用量在 $17kg/m^3$ 以下）、蛭石末、有机纤维素聚合物等。

3. 泥浆配合比

一般应通过试验确定泥浆的配合比。

设计固壁泥浆的配合比时，主要控制相对密度、黏度、失水量、稳定性、pH 值等指标。相对密度以 $1.05 \sim 1.10$ 为宜；黏度与地质构造、有无地下水及出渣方式有关，常控制在

$20\sim25s$，砾石层可用到 $30\sim35s$；失水量一般控制在 10mL 以下；稳定性为 95%~100%；pH 值为 8~10；泥皮厚度为 1~1.5mm。

膨润土的含量一般都取 6%~8%（水质量为 100%），纯碱含量不超过 0.7%。某工程实际使用的配合比见表 2-3。其中 CMC（羧甲基纤维素）是一种糨糊状高分子化学处理纸浆，掺入后可增加泥浆黏度，提高泥皮的形成性能，抗盐、碱污染。

表 2-3　泥浆配合比举例

材料名称	投加比例	每 1m³ 泥浆材料用量	备注
酸性陶土	8%~10%	80~100kg	视陶土质量增减
纯碱	4%	4kg	
CMC	0.5%	0.5kg	配成 1.5% 浓液
水	余量 100%	加至 1m³	河水

2.7.4　施工接头

地下连续墙的接头形式很多，一般根据受力和防渗要求进行选择。施工接头是浇筑地下连续墙时连接两相邻单元墙段的接头，常用的接头有接头管（又称锁口管）接头、接头箱接头和隔板式接头等。

1. 接头管接头

结构形式及施工程序如图 2-45 所示，接头管的直径一般要比墙厚小 5cm，管壁厚 20mm 左右，接头管每节长 5~10m，也可根据需要接长，这是当前应用最多的一种接头。

2. 接头箱接头

如图 2-46 所示，这种接头是在两相邻单元槽段的交界处利用 U 形接头管放入开有方孔且焊有封头钢板的接头钢板，以增加接头的整体性。

3. 隔板式接头

按隔板的形状分为平隔板、榫形隔板和

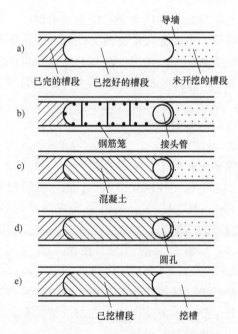

图 2-45　接头管接头结构形式及施工程序

a）挖出单元槽段　b）先放接头管，再放钢筋笼
c）浇筑槽段混凝土　d）拔出接头管　e）形成变形接头

V 形隔板三种（见图 2-47）。由于隔板与壁板之间难免会有缝隙，为防止混凝土渗漏，可采用在钢筋笼前后铺贴尼龙化纤布等措施。榫形隔板的隔板式接头的整体性较好。

结构接头最常用的方法是在地下连续墙内预埋连接筋，一般是先将设计的连接筋加热后弯折，预埋在墙内，待土体开挖后露出墙体时，再凿出预埋连接筋，弯成设计形状，与地下结构的钢筋连接。但预埋筋的直径不宜大于 20mm，以便弯折。另外，考虑连接处弯折过的钢筋强度降低及结构的薄弱环节，所以在设计时一般使连接筋有 20% 富余。

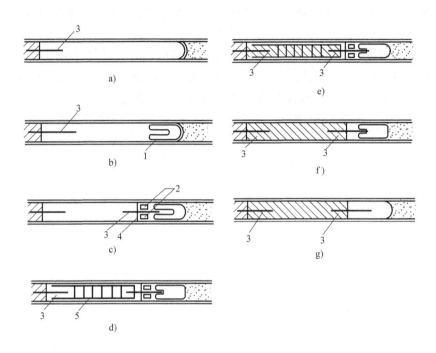

图2-46　钢板接头的施工程序

a) 单元槽成段槽　b)、c) 吊放U形接头管　d) 吊放钢筋笼　e) 浇筑混凝土　f) 拔出接头管　g) 拔出U形接头管
1—U形接头管　2—接头箱　3—接头钢板　4—封头钢板　5—钢筋笼

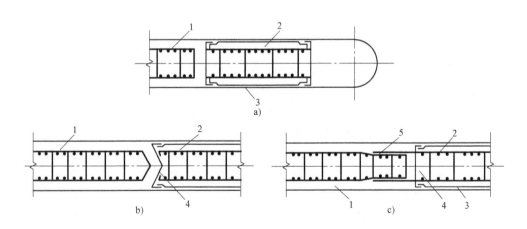

图2-47　隔板式接头

a) 平隔板　b) V形隔板　c) 榫形隔板
1—正在施工槽段的钢筋笼　2—已浇筑混凝土槽段的钢筋笼　3—化纤布　4—钢隔板　5—接头

2.7.5　施工质量标准

1. 修筑导墙

地下连续墙沟槽，近地表位置的土体极不稳定，因此挖槽之前必须沿地下连续墙纵向轴线位置开挖导沟、修筑导墙。导墙的作用是：为地下连续墙定线和定标高，为挖槽机械定

向；容蓄泥浆，稳定液位；防止槽壁顶部土体坍落；作为吊放钢筋笼、插导管和架设挖槽设备的支承点。

两片导墙之间的距离，可取地下连续墙的设计墙厚，也可大于设计墙厚30~50mm。导墙的厚度、深度和结构形式，根据地质条件、施工荷载、挖槽方法等而定。导墙厚度一般为10~20cm，深度一般为1~2m，顶部宜略高于地面，以阻止地表水流入导沟。对松软土层，较大的施工荷载或以泥浆循环出渣时，导墙的深度宜大些。隔板式接头的形式如图2-48所示。为了保证地下连续墙转角处的质量，在导墙纵横交接处做成T字形，或做成十字形交叉，即一边或两边各增加0.6~1.0m，以保证拐角断面的完整，如图2-49所示。

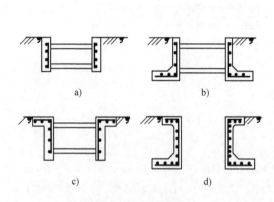

图 2-48　隔板式接头

a）平隔板　b）V形隔板　c）榫形隔板　d）工字形

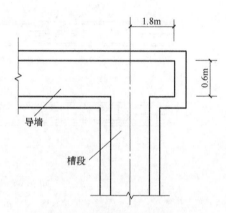

图 2-49　导墙在转角处的形式

2. 泥浆护壁

在地下连续墙的成槽过程中，为了保持槽壁稳定不坍塌，槽内必须始终充满触变泥浆。按设计固壁泥浆配合比制备泥浆。泥浆搅拌一般先在搅拌筒内加1/3水，开动搅拌机，在定量水箱不断加水的同时，加入膨润土、纯碱液，搅拌3min后，加入增粘剂（CMC）及硝腐碱液，继续搅拌5min，如直接使用，则搅拌时间应该延时1/2。多数情况，泥浆搅拌后应静置24h使用，以使膨润土颗粒充分经水膨胀。

泥浆的使用按挖槽方式大致分为静止方式和循环方式，循环方式又分为正循环和反循环两种。静止方式用抓斗挖槽，泥浆的使用为静止方式，随挖槽深度的增大，不断向槽内补充新鲜泥浆。直到浇灌混凝土将泥浆置换出为止，泥浆一直容贮在槽内。循环方式是用钻头和切削刀具挖槽，泥浆的使用属于循环方式，把槽充满泥浆的同时，用泵使泥浆在槽底与地面之间循环并排渣于地面。泥浆起护壁作用外，循环是排渣的手段。

管道把泥浆压送到槽底，泥浆在管道外面上升，并把土渣携出地面叫正循环；泥浆从管道的外面流入槽内，而后土渣和泥浆一起被吸抽至地面上来，叫反循环。反循环排土工艺对施工速度有直接影响，效率较高，施工中应注意选用。

泥浆经过处理，可以重复使用。一般通过振动筛可将较大土渣除去，再通过旋流器将泥浆中粉细砂除去，最后借助于沉淀过程做进一步的处理。

泥浆制备及其质量对施工质量、速度和成本均有很大影响，所以施工中应引起足够重视。

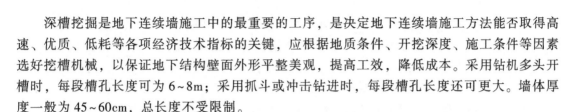

深槽挖掘是地下连续墙施工中的最重要的工序，是决定地下连续墙施工方法能否取得高速、优质、低耗等各项经济技术指标的关键，应根据地质条件、开挖深度、施工条件等因素选好挖槽机械，以保证地下结构壁面外形平整美观，提高工效，降低成本。采用钻机多头开槽时，每段槽孔长度可为6~8m；采用抓斗或冲击钻进时，每段槽孔长度还可更大。墙体厚度一般为45~60cm，总长度不受限制。

地下连续墙的混凝土浇筑是在充满泥浆的深槽内进行的，混凝土经导管由重力作用从导管下口压出，随浇筑的进行，混凝土面逐渐上升，泥浆随时被挤出，由泥浆泵抽至沉淀池。导管下口必须埋在混凝土面以下超过1.5m，若小于1.5m，可能发生被泥浆严重污染的混凝土卷入墙体内；插入太深又会使混凝土在导管内流动不畅，甚至造成钢筋笼上浮；插入深度应控制在1.5~2m范围，导管间距3~4m。

钢筋笼的尺寸取决于槽段尺寸。钢筋笼加工中要考虑混凝土导管插入位置，这部分空间上下贯通，周围需增设箍筋、连接筋，以进行加固。为防止钢筋卡住导管，纵向主筋应放在内侧，横向筋放在外侧，纵向筋底端稍向里弯曲，以免吊放时损伤槽壁表面。钢筋笼为整体吊放，要保证刚度足够，吊入槽段后，应用2~3根槽钢搁置固定在导墙上。

所用混凝土，除满足一般水工混凝土的要求外，还要求有较高的坍落度、较好的和易性及不易分离等性能。一般要求水胶比不大于0.6，坍落度以18~20cm为宜。粗骨料若为卵石，则应在370kg/m³以上，如为碎石并掺优良的减水剂，应在400kg/m³以上；如采用碎石末掺减水剂，则应在420kg/m³以上。

在混凝土浇筑过程中，应随时掌握混凝土的浇筑量、上升高度、导管下口和混凝土面的关系，以防止导管下口暴露在泥浆内，造成泥浆涌入导管的事故。

在混凝土浇筑面以上，存在一层被泥浆污染硬化的水泥浆。因此，混凝土的浇筑高度应超出设计墙顶标高30~50cm，待混凝土硬化后，用风镐将设计标高以上的部分凿去。

■ 2.8　降水设计与计算

城市地下工程明挖法施工中，若基坑底在地下水位以下，土质又具高渗透性，为保证工程质量及安全，需要把地下水位降到边坡面和坑底以下，以使施工处于疏干和坚硬土条件下。尤其遇到承压含水层，若不减压，则将使基底破坏，发生隆起和基底土的流失现象。

降低水位也是基坑加固的一种方法。特别是当软土层下有砂土层时，抽取砂层中的水，使上部软土层内产生负孔隙水压力，可大大增加其有效应力，达到抽水固结作用。

2.8.1　降水和排水方法

1. 集水坑排水降水法
集水坑降水法是沿坑底周围基础范围以外开挖排水沟，根据渗入基坑水量的大小，沿排水沟每隔20~40m挖一个集水坑，坑底应较基坑底低1~2m，并铺垫300mm厚的碎石层，抽水工作要持续到基础施工完毕进行回填土时为止。

土质为细砂、粉砂或亚砂土，板桩与排水相结合时不宜采用集水坑排水降水法。

2. 井点降水法
井点降水法是在基坑开挖前，预先在基坑四周埋设一定数量的滤水管，利用抽水设备抽水，使地下水位降落到坑底以下。井点降水法有轻型井点、喷射井点、深井点等方式。

（1）轻型井点　如图2-50所示，按井点布置图将滤管埋好，地下水从滤管中抽出，经一段时间，地下水位逐渐降落到坑底以下，抽水工作要持续到基础完工之后。这种方法可使所挖的土始终保持干燥状态，从根本上防止流砂的发生，改善了工作条件。同时，由于土内水分排出后，动水压力将减小或消除，密实程度提高，因此边坡角度可加大。

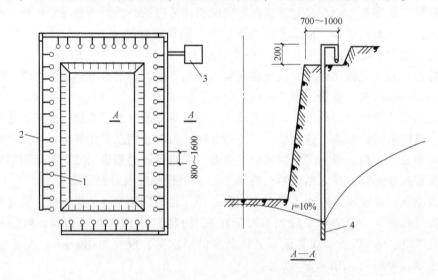

图2-50　轻型井点布置简图

1—井点管　2—总管　3—抽水设备　4—滤管

（2）喷射井点　图2-51所示为喷射井点的主要构造及工作原理，自高压泵输入的水流，

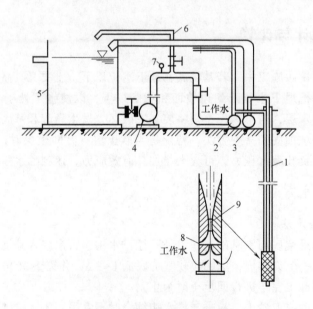

图2-51　喷射井点降水原理

1—井点管　2—供水总管　3—排水总管　4—高压水泵　5—循环水箱

6—调压水管　7—压力表　8—喷嘴　9—混合室

经输水导管到喷嘴，由于喷嘴处截面变小，流速骤增，于是喷嘴周围产生负压将所欲提升的地下水经吸入管吸入混合室排出井点。我国目前多采用图 2-51 所示的同心式喷射井点。

（3）深井点　深井点适用于水量大、降水深的场合。当土粒较粗、渗透系数很大，而透水层厚度也大时，一般用井点系统或喷射井点不能奏效，此时采用深井点较为适宜。其优点是降水的深度大，范围也大，因此可以布置在基坑施工范围以外，使其排水时的降落曲线达到基坑之下。深井点可以单用，也可和井点系统合用。

（4）其他方法

1）真空井点降水。当基坑处于渗透系数小的细粒粉土场合时，土中一部分水由于毛细管力的作用而不能用重力的方法抽出。此时用普通井点已不能成功地降水，因此必须采用真空井点降水。真空降水是在井点的顶部用黏土或膨润土封住，其厚度为 1~1.5m，以保持滤管和其填料内的真空度，使井点的水力坡降增加，这种情况的降水要求其井点的间距小，从而使地下水易于抽出。

2）电渗降水。对于更细颗粒的土，如一些粉土、黏质粉土和红粒黏土等用前面所述的方法均不能成功地降水，此时可用电渗降水。原理是：在上述土层中插入两个电极，通以直流电，则土中的水将与土分离，由阳极流向阴极，若将井点作为阴极，则可将分离的水抽出。

2.8.2　渗透变形破坏及其防止措施

如图 2-52 所示，2—2 和 1—1 两截面内试样的浮重（向下）$W' = AL\gamma'$，而向上的渗透力为 $i\gamma_w AL$（A 为试样断面面积，γ' 为试样的浮重度，i 为水力坡降），当储水器被提升至某一高度，使 $i\gamma_w AL$ 与 $AL\gamma'$ 相等时，得

$$i\gamma_w = \gamma' \tag{2-60}$$

即渗透力等于浮重度。此时有效应力 $\sigma' = 0$，表示土粒间不存在接触应力，即在渗流作用下，试样处于即将浮动的临界状态。如果储水器再提升，向上的渗透力大于土的浮重度，则土粒会被渗流挟带而向上浮动，这种状态称为渗透变形。

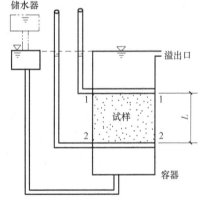

图 2-52　渗透变形试验原理

1. 渗透变形的基本形式

大量的研究表明，渗透变形包括流土和管涌两种形式。

流土是指在渗流作用下，黏性土或无黏性土体中某一范围内的颗粒或颗粒群同时发生移动的现象。流土发生于渗流处而不发生于土体内部。开挖基坑时遇到的流砂现象，就属于流土的类型。

管涌是指在渗流作用下，无黏性土体中的细小颗粒，通过粗大颗粒的空隙，发生移动或被水流带走的现象，它发生的部位可在渗流溢出处，也可在土体内部。

渗透变形的两种类型是在一定水力坡降条件下，土受渗透力作用而表现出来的两种不同的变形和破坏现象，在开挖施工中应避免发生。

2. 流土和管涌的临界坡降及其判断

（1）流土的临界坡降　流土的临界水力坡降 i_{cr} 可以通过公式 $i\gamma_w = \gamma'$ 得出

$$i_{cr} = \frac{\gamma'}{\gamma_w} \qquad (2\text{-}61)$$

因为 $\gamma' = \frac{(G-1)\ \gamma_w}{1+e}$，所以

$$i_{cr} = \frac{G-1}{1+e} \qquad (2\text{-}62)$$

式中　G——土粒的相对密度；

　　　e——土体的孔隙比。

式（2-62）是太沙基于 1948 年提出的计算公式，对砂土来说，$G \approx 2.66$，$e \approx 0.5 \sim 0.85$，则 i_{cr} 一般为 0.8～1.2。按式（2-62）算出的临界坡降应除以较大的安全系数，才可作为允许渗透坡降值。

（2）管涌的判断及其临界坡降　土是否发生管涌，首先取决于土的性质。一般来说黏性土只会发生流土而不会发生管涌，因此又称为非管涌土。无黏性土产生管涌必须具备两个条件：

1）几何条件。土中粗颗粒所构成的孔隙直径必须大于细颗粒的直径，这是产生管涌的必备条件。不均匀系数小于 10 的较均匀土，是非管涌土。对于不均匀系数 $C_u > 10$ 的不均匀砂砾石土，这种土既可以发生管涌也可以发生流土，主要取决于土的级配情况及细粒含量。试验成果表明，当细粒含量在 25% 以下时，渗透变形基本上属于管涌型；当细料含量在 35% 以上时，渗透变形属流土型；当细料含量在 25%～35% 之间时，则是过渡型。具体的变形形式还要看土的松密程度。我国有些学者提出，可用土的孔隙平均直径 D_0 与最细部分的颗粒粒径 d_s 相比较，来判断土的渗透变形的类型，提出如下经验公式：

$$D_0 = 0.25 d_{20} \qquad (2\text{-}63)$$

式中　d_{20}——小于该粒径的土质量占总质量的 20%。

试验证明，当土中有 5% 以上的细颗粒小于土的孔隙平均直径时，即 $D_0 > d_s$ 时，破坏形式为管涌；而如果土中小于 D_0 的细颗粒含量小于 3%，即 $D_0 < d_s$ 时，可能流失的土颗粒很少，不会发生管涌，则呈流土破坏。

2）水力条件。渗透力能够带动细颗粒在孔隙间滚动或移动是发生管涌的水力条件，可用管涌的水力坡降来表示。目前在重大工程中管涌临界水力坡降一般由渗透破坏试验确定。无试验条件时，可参考国内外的一些研究成果来确定。

3. 防止流砂现象的措施

在基坑开挖中，处理好土层和水的关系问题至关重要，特别是砂与砂土层，若不注意排水，极易导致地下水渗流而发生流砂现象，解决的办法有两种：一种是用长板桩、冻结法或地下连续墙来防止地下水渗流的进入；另一种方法是在基坑外将地下水位降低，并将地下水排走，使其不致危及基坑的开挖。

2.8.3　降水的基本理论

1857 年，法国 Dupuit 首先研究出地下水涌水的理论。当均匀地在井内抽水时，经过一定时间后，将形成降落漏斗。一般说，井的渗流属于三元非恒定流，但当渗流区广阔，地下水源丰富，而抽水量不大时，可近似地作为恒定渗流处理。为简化计算，若渗流区域的土为

各向同性均质土，可认为渗流运动对于井轴对称，按一维渗流处理。

1. 井点流量的确定

（1）完全承压井 图 2-53 是完全承压井在抽水时的情况。取井底不透水层水平方向为 Ox 轴，井轴为 Oy 轴，得

$$i = \frac{dy}{dx}$$

$$A = 2\pi x M$$

式中 i——水头梯度；

$\quad A$——断面面积；

$\quad x$——由井轴至任一点的水平距离；

$\quad M$——承压含水层厚度。

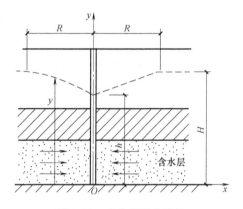

图 2-53 完全承压井渗流

代入达西基本方程，则井的流量为

$$Q = kiA = 2\pi x M \cdot k \frac{dy}{dx} = 2\pi Mkx \frac{dy}{dx}$$

式中 k——含水层的渗透系数。

分离变量积分得

$$2\pi Mky = Q\ln x + C \qquad\qquad (2\text{-}64)$$

当 $x = R$ 时，$y = H$，则式（2-64）变为

$$2\pi Mky = Q\ln x + 2\pi MkH - Q\ln R$$

整理后得

$$Q = \frac{2\pi kM(H-y)}{\ln \dfrac{R}{x}} = 2.73kM \frac{H-y}{\ln \dfrac{R}{x}}$$

当 $x = r =$ 井半径时，$y = h$，且令水位降低值 $H - h = s$，则渗流量为

$$Q = \frac{2.73kMs}{\lg \dfrac{R}{r}} \qquad\qquad (2\text{-}65)$$

（2）完全潜水井 图 2-54 为建在水平不透水层上的完全潜水井。由于井建在不透水层上，井底部无渗流量，渗流从井壁四周流入。设距井轴 x 处的圆柱形过水断面的高度为 y，过水断面面积 A 为 $2\pi xy$，断面上各点的水力坡降 $i = \dfrac{dy}{dx}$，则有

$$Q = 2\pi xyk \frac{dy}{dx}$$

$$2\pi y dy \frac{Q}{k} \frac{dx}{x}$$

积分得 $\qquad \pi y^2 = \dfrac{Q}{k}\ln x + C$

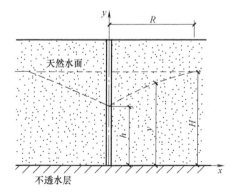

图 2-54 完全潜水井渗流

当 $x=r$ 时，$y=h$，得 $C=\pi h^2-\dfrac{Q}{k}\ln r$，代入上式有

$$y=h^2=\frac{Q}{\pi k}\ln\frac{x}{r}=0.7\frac{Q}{k}\lg\frac{x}{r}$$

当 $x=R$ 时，$y=H$，则渗流量为

$$Q=k\frac{H^2-h^2}{0.73\lg\dfrac{R}{r}} \tag{2-66}$$

（3）非完全潜水井　图 2-55 是非完全潜水井渗流。渗流除从井壁周围流入，同时还从井底流入井中，故非完全潜水井的渗流属于三维渗流。对非完全潜水井进行理论分析和计算尚有一定的困难，目前一般采用以下经验公式：

$$Q=k\frac{H^2-h^2}{0.73\lg\dfrac{R}{r}}\left(1+7\sqrt{\frac{r}{2H'}}\cos\frac{H'\pi}{2H}\right) \tag{2-67}$$

（4）井群　为更快更广泛地降低地下水位，在渗流区域打多口井同时抽水，这种同时工作的多口井称为井群。图 2-56 为直线状排列的三口井，每口井单独出流时的浸润线见图中虚线所示。当三口井共同抽水时，由于相互干扰，所成浸润面见图中实线所示。

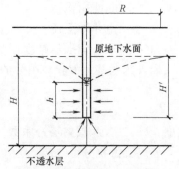

图 2-55　非完全潜水井渗流

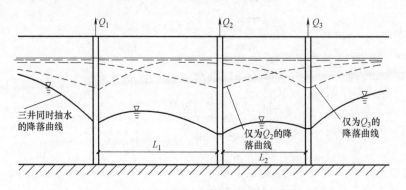

图 2-56　井群抽水水位降落合成示意图

三口井同时工作时的总抽水量，应根据势流叠加原理计算，而不等于各井单独工作时（在相同渗流边界条件下）的抽水量之和；同样，井群工作时，在渗流区域内某处形成的水位降落值，也不等于各井单独工作时在该处形成的水位降落值之和。

根据势流叠加原理，多井同时工作时，任意点 A 的势函数，等于各井单独工作在 A 点的势函数之和。如图 2-57 所示，整个井群的渗流量为

$$Q=1.366=\frac{k(H^2-h^2)}{\lg R-\dfrac{1}{n}\lg(x_1 x_2\cdots x_n)} \tag{2-68}$$

式中　　　　　　n——井群的数目；

h——渗流区域内任一点 A 处的含水层厚度；

H——原含水层厚度；

x_1、x_2、$\cdots$、x_n——各井至 A 点的距离；

R——井群的影响半径，可按单井的影响半径计算。

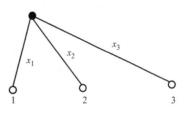

图 2-57 多井工作点的势函数

[**例**] 一井群由 8 个完全潜水井组成，等距离地排列在一半径为 30m 的圆周上。已知井群的影响半径 $R = 500$m，原地下水含水层厚度 $H = 10$m，土的渗透系数 $k = 0.001$m/s，各井的半径相同且比较小。如各井的出水量相同，并测得井群的总出水量 $Q = 0.02\text{m}^3/\text{s}$，求井群的圆心处地下水位降低值 Δh。

[**解**] 已知井群圆心距各井轴线距离为

$$x_1 = x_2 = \cdots = x_8 = x = 30\text{m}$$

则 $H^2 - h^2 = \dfrac{Q}{1.366K}\lg\dfrac{R}{X}$

$$h^2 = H^2 - \frac{Q}{1.366k}\ln\frac{R}{X}$$

$$= 10^2 - \frac{0.02}{1.366\times0.001}\lg\frac{500}{300} = 82.02$$

$$h = 9.06\text{m}$$

圆心处地下水位降低值为 $\Delta h = H - h = (10 - 9.06)\text{m} = 0.94\text{m}$

2. 影响半径的确定

影响半径与供水来源、渗透系数有关。求影响半径的公式很多，砂性土中常用的是 Sichardt 公式：

$$R = 3000S\sqrt{k} \tag{2-69}$$

式中 S——降水深度（m）；

k——渗透系数（m/s）。

在潜水层中 R 也可用下式计算：

$$R = \sqrt{x_0^2 + \frac{2ktH}{\mu}} \tag{2-70}$$

式中 t——井点抽水开始算起的时间（2~5d）；

k——渗透系数（m/d）；

H——潜水层厚度（m）；

μ——土的排水率，$\mu = n - W_{\max}\dfrac{\gamma}{10}$，其中，$n$ 为孔隙率；$W_{\max}$ 为最大分子吸湿量（kN/m^3）；γ 为土的重度（kN/m^3）。

2.8.4 降排水方案选择及设计中应注意的问题

降排水方案选择及设计涉及的问题很广，应综合考虑现场的地质、地形、地下水等条件，还应考虑工程的重要性、基坑几何尺寸、施工技术条件等来选择经济合理的降排水方案。

对于一般工程，明挖法施工，多采用明沟加集水井的方法降排水，其设备及工程费用较低，水可及时排出工地以外，此时，对于不同含水情况下的流量，计算方法为：

1）在含水层中进行明挖（见图2-58）。其流量为

$$q = \frac{k}{2R}(H^2 - h_0^2) \tag{2-71}$$

式中，$R = 2H\sqrt{kH}$。

2）水层上部潜水层中的明挖。图2-59为不透水层上部潜水层中的明挖，考虑到从坑底而来的渗流，其流量可用下式计算：

$$q = \frac{kH}{2}\left(\frac{H}{R} + \frac{\pi}{\ln\frac{d}{\pi b} + \frac{\pi R}{2d}} \right) \tag{2-72}$$

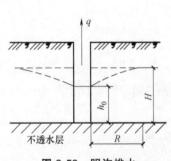

图 2-58　明沟排水

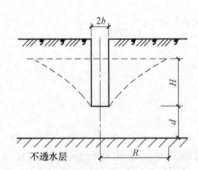

图 2-59　不透水层上部潜水层中明挖排水

3）不透水层上部承压水层中的明挖（见图2-60）。其流量可用下式计算：

$$q = k\left(\frac{2S-m}{R}m + \frac{\pi S}{\ln\frac{d}{\pi b} + \frac{\pi R}{2d}} \right) \tag{2-73}$$

选用抽水泵时，需按计算水量选用，并考虑一定的安全系数，否则遇大雨或暴雨时将会出现问题。

对于大型、重要工程，特别是在地质条件较差，含水层较浅，有承压水，地下水位较高的情况下，采用井点降排水方法为好，这样可从根本上防止流砂现象发生，改善工作条件。

在黏土中开挖，必要时应考虑采用电渗法降排水。

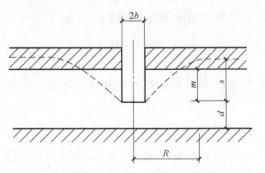

图 2-60　不透水层上部承压水层中的明挖排水

选择降排水方案及设计施工时，根据影响降水因素，还应注重如下问题：

1）气象条件。基坑降水应特别注意气象条件对地下水的影响，应了解当地降雨情况。

2）地质条件。抽水量应根据地质条件及施工经验确定。

3）场地条件。现场有无堆土，车辆频繁程度及载重量，附近民房及建筑物情况，地下管线及抽排水通道位置等。

4）坡面保护。随开挖的进行，应加强坡面的保护，以减少漏气，提高降排水效果，一般多采用塑料薄膜或钢丝水泥护坡。

5）供电保证。必须双路供电以免断电造成井点停转，引起塌坡，大型、重要工程尤须注意。

6）设备保证。井点泵必须有备用量，以免故障停止抽水。

7）对于不熟悉的地区，特别是大型、重要工程，务必通过现场抽水试验来确定渗透系数，并核对计算数据。

第3章 逆作法

在城市地下建筑施工工程中，埋深较浅，且不允许较长时间占用地面和交通路面的情况下，可以采用逆作法施工。逆作法是先建造地下工程的柱、梁和顶板，然后以此为支撑构件，上部恢复地面交通，下部进行土体开挖及地下主体工程施工的一种方法。

逆作法施工，边墙支护一般可采用地下连续墙或灌注桩，并尽可能把其作为主体结构侧墙的一部分。边墙作为挡土结构，主要承受横向荷载，同时承受水平构件传来的竖向荷载，中柱主要承受竖向荷载。逆作法施工，结构的底板滞后完成，此时顶板、楼板上的荷载传向地基有两种做法：①利用基坑两侧的挡墙传递竖向力。此时主体为一单跨结构，此方案的优点是作业程序少，施工占路时间短，一般适用于需严格限定封路时间或车站洞室、隧道宽度较窄及设置临时中间竖向支撑系统很不经济时。②设置中间竖向支撑系统与基坑两侧的挡墙共同传递竖向力。中间竖向支撑的设置有三种方式：一是在永久柱两侧单独设置临时柱；二是临时柱与永久柱合一；三是临时柱与永久柱合一，同时另增设临时柱。现大多采用第二种方式。当采用第二种方式时，在施工结构顶板前，需首先在永久柱的位置修建柱及其柱基。柱下基础可采用条基或桩基。采用条基时，首先用矿山法等暗挖方法，在建筑物底板下面，沿隧道纵向开挖小型隧道，在隧道内浇筑底梁，再从地表往下钻孔，架设临时柱。这种做法造价较高，因此工程中经常采用的是灌注桩基础。钻孔灌注桩多采用直桩。近年来在高层建筑的基础工程中采用大直径扩底桩墩基础，桩底扩头后可显著提高桩的承载力。

■ 3.1 逆作法分类与特点

3.1.1 逆作法分类

逆作法按不同方法分类有不同类型，一般按照上部建筑与地下室是否同步施工进行分类，逆作法可分为全逆作法和半逆作法两种。

1. 全逆作法施工

按照地下结构从上至下的工序，即先浇筑界面层楼板，再开挖该层楼板下的土体，然后浇筑下一层的梁板，再开挖下一层楼板下的土体，这样一直施工至底板完成。同时进行上部结构施工，这种地面以下结构采取逆作方式来完成，上部结构同步施工的施工方法称为全逆作法施工（见图 3-1）。

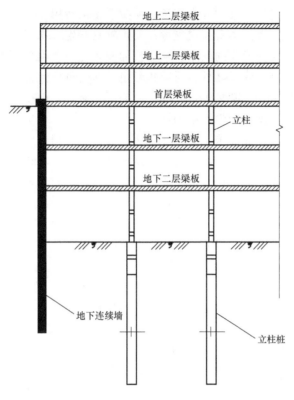

图 3-1　全逆作法示意

2. 半逆作法施工

半逆作法施工，是利用全逆作法施工的方法思路，结合常规顺作方法，将地下施工的局部空间、局部区域或浅层部位采取逆作法与顺作法组合的方式来完成施工的总称（见图 3-2）。

逆作法的基本特点体现在三个结合上：

1）水平结构构件与基坑支撑相结合，俗称"以板代撑"。

2）竖向结构与立柱桩相结合，俗称"桩柱合一"。

3）地下室外墙与围护墙体相结合，俗称"两墙合一"。

3.1.2　逆作法的特点

逆作法和传统顺作法施工相比，工序较少，可使建筑物上部结构的施工和地下基础结构施工平行立体作业。由于施工过程中减少了临时支撑、换撑、拆撑等施工步骤，一方面工期可以得到明显减少，另一方面可以解决特殊平面形状建筑或局部楼盖缺失所带来的布置支撑的困难，使结构

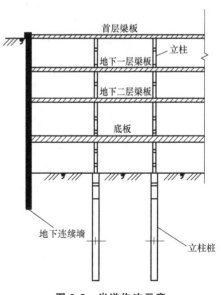

图 3-2　半逆作法示意

受力更加合理，节约大量的物资和人力资源，减少了施工费用。

逆作法可以利用结构楼板本身作内支撑，使边桩只产生一次变形（无拆撑变形），可以较好地解决支护结构侧向变形大的问题，从而使周围环境不会出现因变形值过大而引起的路面沉陷、基础下沉等问题，除此之外，对周边环境变形的可控性强，对邻近建筑的影响也较小。此外，逆作法的技术特点满足了封闭施工的原则，避免了因夜间施工噪声问题而延误工期，还最大限度地减少了施工扬尘污染的问题。

逆作法采取表层支撑、底部施工的作业方法，故在城市用地紧张的情况下，可以在维持地面道路正常使用的情况下，进行地下施工，从而避免了因堵车绕道而产生的损失。

采用逆作法施工，地下连续墙与地下原状土体黏结在一起，地下连续墙与土体之间黏结力和摩擦力不仅可用来承受垂直荷载，还可用来承受水平风荷载和地震作用所产生的建筑物底部巨大水平剪力和倾覆力矩，从而大大提高了抗震效应。

逆作法施工也有一定的局限性，其主要表现在：逆作法施工使施工人员在地下各层基本处于封闭状态下的环境进行施工，作业环境较差，地下通风与照明工程的投入也较大；利用地下结构楼板作为水平支撑，其位置受地下室层高的限制，无法调整高度，如遇较大层高的地下室，为了满足支护要求，有时需另设临时水平支撑或加围护墙的断面及配筋，因此不同程度增加了施工的难度及成本；作业空间狭小，开挖出的土方还需要在基坑内进行水平倒运，基坑中还分布有一定数量的中间支撑柱和降水用井点管，土方的外运又受到出土口限制，挖土施工难度较大；地下结构施工所需的材料难以利用大型机械吊运到位，大多需要靠人工搬运来完成，增加了大量二次搬运的人工成本，降低了地下室的施工效率；竖向支撑构件施工质量要求较高。逆作法施工中的动载、静载均作用于地连墙与支撑柱上，因此对于地连墙、支撑柱等的垂直度、预埋件位置及混凝土浇筑质量等要求极高；地下连续墙与内衬墙组成复合式结构做成结构自防水的地下室外墙，难以形成封闭的地下室外柔性防水层，此外基础底板与地连墙间的节点、底板与支撑桩柱间的节点、底板施工缝、内衬墙与顶板间的施工缝等均是刚性防水的薄弱环节，若措施不当，极易出现地下水渗漏问题。

■ 3.2　逆作法设计计算

逆作法施工多是采用自上向下的地下各层结构梁板作为水平支撑体系，基坑开挖到基底完成基础底板后，地下结构基本形成。逆作法施工中，地下主体结构在施工阶段发挥着不同于使用阶段的作用，其承载和受力机理与永久使用阶段迥然不同。例如，周边围护结构的受力情况不同，内部利用主体结构梁板替代临时水平支撑，基坑施工阶段采用格构柱或钢管柱进行竖向支撑等。逆作法施工阶段，结构整体性还不够完整，如果围护结构设计和主体结构设计脱离，将会导致逆作法实施过程中出现各种问题，因此在设计中需分别考虑施工阶段和永久使用阶段的受力和使用要求，兼顾水平和竖向的受力分析，有时还需要根据现场逆作法施工的要求对结构开洞、施工荷载和暗挖土方等施工情况进行专项设计计算。

逆作法设计主要包括三个方面的内容：

（1）总体方案设计　总体方案设计即施工流程设计，包括逆作法施工的时间顺序和空间顺序等。总体方案设计时应考虑以下几方面：工程的具体条件和要求、主体结构形式、施

工的可操作性等。

（2）结构构件设计 结构构件设计是根据逆作法的施工流程，分析结构在不同施工阶段的受力及变形机理，进行总体概念设计及结构构件设计验算。结构构件设计主要包括基坑围护结构、水平结构体系、竖向支撑体系和节点构造措施等内容。逆作法是一个分步施工的过程，结构的主要受力构件兼有临时结构和永久结构的功能，其结构形式、刚度、支撑条件和荷载情况随开挖过程不断变化，因此，结构构件设计时应进行不同施工工况下的内力、变形验算。

（3）监测方案设计 监测与工程的设计、施工同被列为深基坑工程质量保证的三大基本要素。因此，逆作法设计中的监测方案设计是必不可少的内容之一。通过实时的动态监测数据，不仅可以及时了解基坑支护体系及周边环境的受力状态及影响程度，根据动态信息反馈来指导施工全过程，还可以及时发现和预报险情的发生及险情的发展程度，为及时采取安全补救措施提供有力的数据支撑。同时，通过动态监测数据，还可以了解基坑的设计强度，为设计、施工更复杂的基坑工程积累经验。

3.2.1 总体方案设计

逆作法的设计是主体结构和基坑支护相互结合、设计与施工相互配合协调的过程。除了常规顺作法基坑工程需要的设计条件外，在设计前还需要明确一些必要的设计条件：

1）了解主体结构资料。通常情况下可实施逆作法的建筑结构以框架结构体系为宜，水平结构宜采用梁板结构或无梁楼盖。

2）明确是否采用上下同步施工的全逆作设计方案。上下同步施工可以缩短地面结构乃至整个工程的工期，但也意味着施工阶段的竖向荷载大大增加，在基础底板封闭前，竖向荷载将全部通过竖向支撑构件传递至地基中，因此上部结构能够施工多少层取决于竖向支撑体系的承载能力。

3）确定首层结构梁板的施工布局，提出具体的施工行车路线、荷载安排及出土口布置等。

因此，工程采用逆作法施工时，首先需要明确逆作法的形式，是采用半逆作法还是全逆作法施工，哪些部位采用逆作法施工，明确上述情况后，再考虑逆作法转换层设置在哪一层，这是逆作法施工图设计的前提条件。

3.2.2 结构构件设计内容

总体方案设计可以看作结构构件设计的前提与条件，该设计条件明确后，则可以开展逆作法的结构构件设计工作。逆作法基坑工程的结构构件设计内容主要包括基坑围护结构、水平结构体系、竖向支撑体系和节点构造措施等内容（见图3-3）。

1. 基坑围护结构

设计基坑围护结构时应结合基坑开挖深度、周边环境条件、内部支撑条件及工程经济性和施工可行性等因素综合确定。与常规的顺作法基坑工程类似，一般情况下，逆作法的基坑工程周边设置板式支护结构围护墙。围护结构应根据实际工况分别进行施工阶段和正常使用阶段的设计计算。基坑围护结构的设计应包括受力计算、稳定性验算、变形验算和围护墙体本身及围护墙体与主体水平结构连接的设计构造等内容。

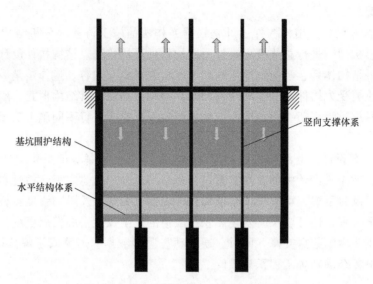

图 3-3　逆作法基坑工程设计内容

2. 水平结构体系

水平结构体系本身是主体结构的一部分。其设计应保证"支护-主体"相结合，逆作法基坑工程中的水平结构体系在满足永久使用阶段的受力计算要求时，还应根据逆作法实施过程中需要满足的传递水平力、承担施工荷载及暗挖土方等要求进行相关的节点设计，以确保水平受力的合理和逆作法施工的顺利进行。

3. 竖向支撑体系

竖向支撑体系是基坑逆作法实施期间的关键构件，在此阶段承受已浇筑的主体结构自重和施工荷载，在整体地下结构形成前，每个框架范围内的荷载全部由一根或几根竖向支撑构件承受。逆作法施工阶段的竖向支撑构件的设计包括平面布置、立柱桩的竖向承载力计算、沉降验算、立柱的受力计算、构造设计及立柱与立柱桩的连接节点设计等。

4. 节点构造措施

可靠的节点连接是结构整体稳定、安全的关键因素。在逆作法施工中，先施工的地下连续墙及中间支撑柱与自上而下逐层浇筑的地下室梁板结构通过一定的连接构成一个整体，共同承担结构自重及各种施工荷载，因此地下连续墙墙段之间、墙与梁板、中间支撑柱与梁板的连接是否可靠关系到结构体系能否协调工作，对于确保结构整体稳定和地下室功能得以实现起着重要作用。逆作法结构节点设计，通常应根据工程实际情况满足以下要求：满足施工阶段和永久使用阶段的受力和使用要求；现有的工艺手段与施工能力能满足节点形式和构造在工艺上的要求；满足抗渗防水要求。

3.2.3　结构构件设计计算

逆作法地下工程采用地下连续墙或桩体作为挡土结构，与结构梁（板）体系形成的水平支撑形成完整的支护体系。在逆作法施工时，采用"两墙合一"地下连续墙或临时围护结构两种类型的围护结构，其设计计算有着自身的特点、适用性和设计要求。

1. 施工阶段设计计算

无论是"两墙合一"的地下连续墙，还是临时性的围护结构，其设计与计算都需要满足开挖阶段对承载能力极限状态的设计要求。对于围护结构的设计计算，一般采用竖向弹性地基梁法。墙体内力计算应按照主体工程地下结构的梁板布置和标高及施工条件等要求，合理确定基坑分层开挖深度等工况，并按基坑内外实际状态选择计算模式，充分考虑基坑分层

开挖与结构梁板进行分层设置及换撑拆除等在时间上的先后顺序和空间上的不同位置，进行各种工况下完整的设计计算。

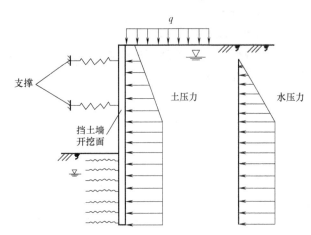

图 3-4　竖向弹性地基梁法计算简图

竖向弹性地基梁法取单位宽度的挡土墙作为竖向放置的弹性地基梁，支撑和锚杆简化为弹簧支座，基坑内开挖面以下土体采用弹簧模拟，挡土结构外侧作用已知的水压力和土压力，如图 3-4 所示。

（1）土压力　在逆作法的基坑工程中，围护结构外侧的土压力一般既可直接按朗肯主动土压力理论计算，也可按矩形分布的经验土压力模式计算，即开挖面以上土压力仍按朗肯主动土压力理论计算，但在开挖面以下假定为矩形分布，如图 3-5 所示。这种经验土压力模式在我国基坑支护结构设计中被广泛采用。

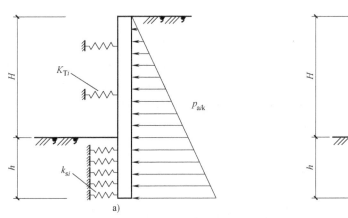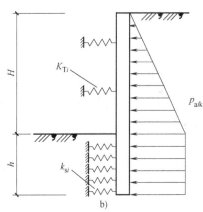

图 3-5　竖向弹性地基梁法中围护结构外侧作用土压力分布

a）三角形土压力模式　b）矩形土压力模式

（2）地基土的水平抗力　在竖向弹性地基梁法中，水平地基系数 K_h 通常是随土体深度 x 变化的系数，其通式为

$$K_h = A_0 + kx^n$$

式中　k——比例系数；

　　　n——反映地基反力系数随深度变化情况的指数；

　　　A_0——地面或开挖面处地基反力系数，一般 $A_0 = 0$。

当 $n = 1$ 时，$K_h = kx$，通常用 m 表示 k，即 $K_h = mx$，因此称为 m 法。其中，m 可由现场

试验或参考相关基坑规范和手册确定。

（3）内支撑刚度 逆作法工程采用结构梁板替代临时水平支撑，进行围护结构计算时，支撑刚度应采用梁板刚度。结构梁板上开设比较大的洞口时，应设置临时支撑，并对支撑刚度进行适当的调整。

2. 正常使用阶段的设计计算

采用"两墙合一"的地下连续墙作为基坑围护结构时，除需按照上述要求进行施工阶段的受力、稳定性和变形计算外，在正常使用阶段，还需进行承载能力极限状态和正常使用状态的计算。

与施工阶段相比，地下连续墙结构受力体系主要发生了以下变化：

1）侧向水土压力的变化。主体结构建成后，侧向土压力、水压力已从施工阶段恢复到稳定状态，土压力由主动土压力变为静止土压力，水位恢复到静止水位。

2）主体地下结构梁板、基础底板形成后，与墙体形成了整体框架，致使墙体的约束条件发生变化。此时，应根据结构梁板与墙体的连接节点的实际约束条件进行设计计算。

3）"两墙合一"的地下连续墙在正常使用阶段作为结构外墙，除了承受侧向水土压力以外，还要承受竖向荷载，大多数情况下，地下连续墙仅承受地下各层结构梁板的边跨荷载，需要满足与主体基础结构的沉降协调的要求。少数情况下，当有上部结构柱或墙直接作用在地下连续墙时，则地下连续墙还需要承担部分上部结构荷载，此时地下连续墙需要进行专项设计。

■ 3.3 桩基

桩基是在土质不良地区修建地下工程及建造高层建筑所采用的基础形式之一。

桩基一般包括若干根桩和承台两部分。桩在平面排列上可以为一排或多排，所有的桩顶部与承台连接形成整体。在承台上修建地下工程的结构部分。桩基础的作用是将承台以上结构物传来的外力通过承台传到桩身，最后传给较深的地基持力层。

因此，桩基设计正确，施工得当时，则具有承载力高，稳定性好，沉降量小且均匀的特点。

3.3.1 桩的分类

桩的种类很多，一般可做如下分类：按荷载传递方式分有摩擦桩、端承桩，但一般的桩都介于二者之间；按桩材料可分为木桩、钢桩、混凝土桩、钢筋混凝土桩，地下工程中多用钢筋混凝土桩；按桩的制作与施工可分为预制桩与灌注桩。

预制桩是在工厂或工程现场预先按设计将桩制备好，再用沉桩设备将桩置于需要的深度。钢筋混凝土预制桩一般为空心方形、圆形或十字形截面，方形截面边长为 $250 \sim 550mm$；预制钢桩用型钢制作，常见有钢管桩、宽翼工字钢桩等，钢管桩直径可达 $250 \sim 1200mm$。

沉桩方法有锤击法和振动法，但这两种方法产生的噪声与振动影响环境，近年来静力压桩机的使用解决了这个问题。

灌注桩桩身一般为圆形，常用桩径 $0.3 \sim 1.0m$，桩长 $15 \sim 30m$，有的可达 $50m$，成桩方式有钻挖孔成桩法、锤击套管法、爆扩法。

锤击套管法如图 3-6 所示。用打桩设备将带有桩尖、活瓣式桩靴的钢管打入土中，放钢筋笼，注混凝土，在逐步拔管过程中，不断注入混凝土，应注意一边灌注混凝土一边振动钢管以防止出现缩颈。也可利用振动打桩机，实施振动沉管灌注桩，如图 3-7 所示。

爆扩法用桩身爆扩成孔可解决因缺乏机械或土中夹杂大块石块难以直接钻成桩孔的问题，可先钻较小直径的孔，而后用炸药爆炸扩孔为所需直径，也可用于桩底爆扩成球形桩底，以提高承载力，如图 3-8 所示。

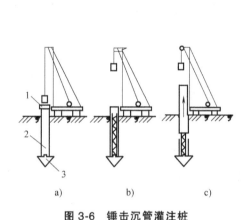

图 3-6 锤击沉管灌注桩

a）钢管打入 b）放钢筋笼 c）浇混凝土

1—桩帽 2—钢管 3—桩靴

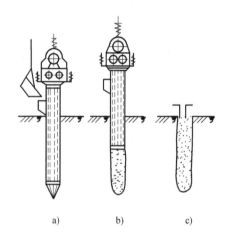

图 3-7 振动沉管灌注桩

a）沉管后浇混凝土 b）拔管

c）浇筑后放入钢筋笼

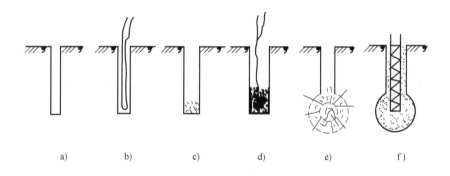

图 3-8 爆扩桩施工工艺

a）钻导孔 b）放大炸药管 c）炸扩桩孔 d）放下炸药包，灌注 50%扩大头混凝土

e）炸扩大头 f）放入钢筋笼并灌注混凝土成桩

3.3.2 桩的施工

施工前必须做好充分的准备工作，如编制施工方案，做好现场施工条件准备，测量放线及进行试桩等工作。

试桩数量不得少于两根，根据试桩结果确定成桩工艺、成桩设备及施工等各项参数。

1. 预制桩沉桩施工中的几个问题

（1）打桩顺序 打桩顺序安排不但影响施工速度，而且影响打桩质量。软土地带打桩或桩的数量多、间距小时，避免采用自外向内或从四周向中央的打桩顺序，以防止中部向上隆起，影响后面的桩的打入；黏性土层内打桩应避免沿一个方向长距离推进，以免造成不均匀沉降；桩基近邻有已建成的建筑物、挡土墙、护坡、板桩等构筑物时，应从邻近建筑物的桩位向远离方向的桩位安排打桩顺序；同一场地内基础深度不同或桩的长度不同时，宜以先深后浅，先长后短的顺序进行打桩。

（2）桩的起吊、运输　混凝土强度达到设计强度70%后，方可起吊。达到设计强度100%后才能运输与打桩。起吊时，吊点位置应符合设计图的规定。当吊点少于或等于3个时，其位置应按正、负弯矩相等的原则计算确定；当吊点多于3个时，其位置应按反力相等的原则计算确定。图3-9为常见的合理吊点位置。

（3）打桩

1）桩在起吊就位与打入过程中，应从相互垂直的两个方向用经纬仪控制其垂直度，桩帽、桩垫应与桩锤相适应，并与桩身处于同一直线，避免偏心；遇到桩顶、桩身严重开裂或破碎，贯入度剧变及桩身突然位移、倾斜时，应暂停打桩，查明原因，处理后再继续。

2）设计桩长超过单根桩节长度时，必须在打桩过程中接桩。接桩时，上、下两节桩的轴线须在同一直线上。常用接桩方法有硫黄胶泥锚接桩法、法兰盘接桩法、焊接法。

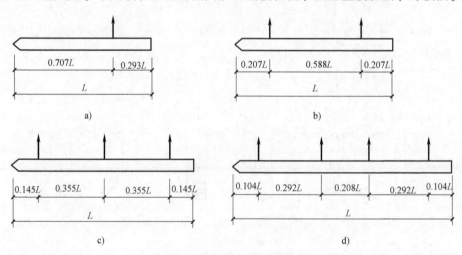

图3-9　吊点的合理位置

a）1个吊点　b）2个吊点　c）3个吊点　d）4个吊点

2. 灌注桩施工中的有关问题

（1）钻孔钻进方式

1）螺旋式连续排土钻进。

2）间歇取土回转钻孔。

3）水下回转连续钻进。

4）冲抓式钻进。

5）冲击钻孔法钻进。

（2）施工主要程序

1）钻进成孔。

2）必要时进行爆扩成孔。

3）清孔。清除孔底松土，是保证单桩承载力的重要措施之一。

4）放置钢筋骨架。地面绑扎成型，整体吊放入孔。

5）浇注混凝土。成孔后应尽快进行浇注，不应迟于钢筋骨架放入孔后 4h，水下浇注混凝土时，其坍落度为 16~22cm，干成孔混凝土坍落度为 8~10cm，地下水位高的情况下，应使用导管进行水下浇注。

3.3.3 桩基设计

单桩的承载力有轴向承载力及横向承载力，这里仅介绍单桩的轴向承载力。

单桩的轴向承载力是指单桩在外荷载作用下，不产生竖向过大变形、不丧失稳定性所能承受的最大荷载。

多数情况下单桩轴向承载力由土对桩的支撑能力来决定，只有桩端为岩层的端承桩才可能由材料的强度控制其承载力。

1. 按桩材料强度确定

在轴向压力作用下单桩轴向承载力设计值采用下式确定：

素混凝土桩 $$R = f_c A_p \tag{3-1}$$

钢筋混凝土桩 $$R = f_c A_p + f'_y A_g \tag{3-2}$$

式中 R——混凝土桩的单桩轴向承载力；

f_c——混凝土轴心受压设计强度；

A_p——桩的横截面积；

f'_y——纵向钢筋抗压设计强度；

A_g——纵向钢筋的横截面积。

2. 按土对桩的支撑能力确定

具体办法较多，常用静载荷试验法、经验公式法、静力触探法和动力分析法，现介绍前两种计算方法。

（1）静载荷试验法 采用与实际工程中所用材料、几何尺寸、断面形状完全一致的桩，按照设计条件，在施工现场埋入或打入试验桩。在桩顶逐级加载（见图 3-10），记录每级荷载 Q 下，桩的下沉量 S，直至桩基破坏为止。由试验结果绘出荷载沉降曲线（见图 3-11），根据 Q-S 曲线求桩的轴向承载力。

1）当 Q-S 曲线有明显的第二拐点出现时（见图 3-11 曲线①），取第二拐点所对应的荷载 Q_{i-1} 为极限荷载 R，则单桩轴向承载力的标准值 $R_k = \dfrac{R_u}{2.0} = 0.5 R_u$。其中 2.0 为安全系数。

《建筑地基基础设计规范》（GB 50007—2011）第二拐点定义为 Q-S 曲线陡降的起点，该点容易满足 $\dfrac{\Delta S_i}{\Delta S_{i-1}} \geqslant 5$ 且 $S_i > 40\text{mm}$ 的条件。

2）对于无明显陡降段的 Q-S 曲线（图 3-11 曲线②），规范规定了两种方法来确定极限荷载：①当某级荷载 Q_i 作用下，其沉降量 ΔS_i 与相应荷载增量 ΔQ_i 的比值 $\dfrac{\Delta S_i}{\Delta Q_i} \geqslant 0.1\text{mm/kN}$

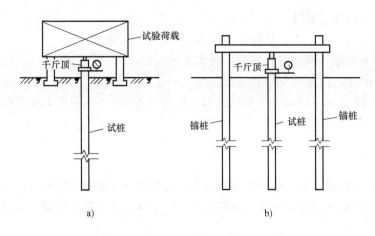

图 3-10 单桩静载荷试验装置示意

a）压重平台反力装置 b）锚桩反力装置

时，取 ΔQ_{i-1} 为 R_u；②取对应于桩顶总沉降量为 40mm 的荷载为极限荷载 R_u。将以上得出的 R_u 除以安全系数 2.0 后，即得单桩的轴向承载力标准值 R_k。

（2）经验公式法 单桩承载力的标准值为

$$R_k = Q_{pk}A_p + U_p \sum Q_{sik}l_i \qquad (3-3)$$

式中 R_k——单桩轴向承载力标准值；

Q_{pk}——桩端土承载力标准值，查表 3-1；

A_p——桩身的横截面面积；

U_p——桩身的周边长度；

Q_{sik}——第 i 层土对桩侧单位面积上摩擦力标准值，查表 3-2；

l_i——第 i 层土的厚度。

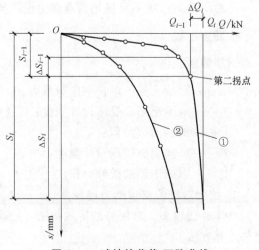

图 3-11 试桩的荷载-沉降曲线

表 3-1 预制桩桩端土承载力标准值 Q_{pk}　　　　　（单位：kPa）

土的名称	土的状态	桩尖入土深度		
		5m	10m	15m
黏性土	$0.5 < I_L \leqslant 0.75$	400~600	700~900	900~1100
	$0.25 < I_L \leqslant 0.5$	800~1000	1400~1600	1600~1800
	$0.0 < I_L \leqslant 0.25$	1500~1700	2100	2300
粉土	$e < 0.7$	1100~1600	1300~1800	1500~2000
粉砂		800~1000	1400~1600	1600~1800
细砂		1100~1300	1800~2000	2100~2300
中砂	中密、密实	1700~1900	2600~2800	3100~3300
粗砂		2700~3000	4000~4300	4000~4900

（续）

土的名称	土的状态	桩尖入土深度		
		5m	10m	15m
砾砂	中密、密实		3000~5000	
角砾、圆砾	中密、密实		3500~5500	
碎石、卵石	中密、密实		4000~6000	
软质岩石			5000~7500	
硬质岩石	微风化		7500~10000	

注：表中数值仅用作初步设计时估算；入土深度超过15m时按15m考虑。

表 3-2　预制桩桩周土摩擦力标准值 Q_{sk}

土的名称	土的状态	Q_{sk}/kPa
填土		9~13
淤泥		5~8
淤泥质土		9~13
黏性土	$I_L > 1$	10~17
	$0.75 < I_L \leq 1$	17~24
	$0.5 < I_L \leq 0.75$	24~31
	$0.25 < I_L \leq 0.5$	31~38
	$0.0 < I_L \leq 0.25$	38~43
	$I_L \leq 0$	43~48
红黏土	$0.75 < I_L \leq 1$	6~15
	$0.25 < I_L \leq 0.75$	15~35
粉土	$e > 0.9$	10~20
	$e = 0.7 \sim 0.9$	20~30
	$e < 0.7$	30~40
粉细砂	稍密	10~20
	中密	20~30
	密实	30~40
中砂	中密	25~35
	密实	35~45
粗砂	中密	35~45
	密实	45~55
砾砂	中密、密实	55~65

注：表中数值仅用作初步设计时估算；尚未完成固结的填土和以生活垃圾为主的杂填土可不计其摩擦力。

3. 群桩的承载力

当群桩为端承桩或桩间距大于 $3d$（d 为桩径）、桩数小于 9 根的摩擦桩群桩和条形基础下的桩不超过两排时，群桩的允许承载力等于单桩的允许承载力之和，群桩的沉降量与单桩独立工作时的沉降量相等。所以可以用单桩静荷试验时桩的沉降量作为群桩的沉降量，从而不必另行计算。

当为摩擦群桩，其中心距小于 $6d$ 且桩数 $n > 9$ 时，除了验算单桩的允许承载力之外，还必须验算群桩的承载力及沉降。目前尚无精确的计算方法，可近似地把桩基当作深平基看待，即将其看作一个深实体基础，计算时将桩台、桩群及桩间土看作一个整体，假想埋深为 D_f+l 的深基础（见图3-12），验算桩端处地基承载力是否满足要求。假定荷载由最外一圈的桩顶外缘以 α 角向下扩散。扩散角 $\alpha = \dfrac{1}{4}\varphi_{av}$（$\varphi_{av}$ 为桩长范围内各土层内摩擦角的加权平均值，即 $\varphi_{av} = \sum \varphi_i h_i / \sum h_i$）。扩散至桩端平面处，扩大面积为 A'，把 A' 作为整体深基础的底面积，

$$A' = B'L' = (B+2L\tan\alpha)(L+2L\tan\alpha) \tag{3-4}$$

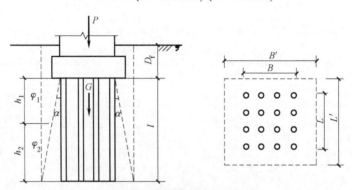

图3-12　群桩地基承载力验算

此时按天然地基承载力方法进行计算。应满足：

中心受载

$$p = \frac{P+G}{A'} \leqslant f \tag{3-5}$$

偏心受载

$$p_{max} = \frac{P+G}{A'} + \frac{M}{W} \leqslant 1.2f \tag{3-6}$$

式中　p、p_{max}——桩端平面处地基上作用的平均压力与最大压力；

　　　　f——桩端处经深度修正后的地基承载力设计值；

　　　　P——作用于桩基上的垂直荷载；

　　　　G——假想实体基础自重，包括作用在 A' 上的桩、承台及土的重力；

　　　　M——作用在假想实体基础底面的弯矩；

　　　　W——假想实体基础底面的截面模量。

如果桩端平面以下不深处有软弱下卧层，则还须对此下卧层进行强度验算。

有时还需对桩基进行变形验算，计算的方法一般是将群桩作为假想实体基础，并按式（3-5）和式（3-6）计算出作用在桩端平面处的压力，再用分层总和法计算出桩端下土的压缩层厚度范围内的变形值，将此值作为桩基的沉降量。

4. 桩基础的设计步骤

1）收集设计资料，选择持力层，确定桩的类型、断面及桩长。

2）确定单桩轴向承载力 R。

3）确定桩数 n 及平面布置形式。

4）群桩验算。

5）承台的设计与计算。

6）预制桩的构造与计算。

[**例**] 某桩基的地基土层分布和土的物理力学性质指标见表 3-3，已知该桩基地面标高为 46.50m，荷载为轴力 $P = 950kN$，弯矩 $M = 400kN \cdot m$，水平力 $H = 115kN$，试设计该桩基础。

表 3-3 地基土层分布和土的物理力学性质指标

层次	标高、地面标高/m	现场鉴别	层厚/m	土工试验成果
Ⅰ	46.50	杂填土	3.00	$\gamma = 18kN/m^3$，$f = 20kN/m^2$
Ⅱ	43.50	亚黏土 可塑	2.00	$\gamma = 19kN/m^3$，$G = 2.71$ $\omega = 26.2\%$，$I_P = 12$ $\omega_P = 19\%$，$\omega_L = 31\%$，$I_L = 0.6$ $E_s = 8500kPa$
Ⅲ	41.50	轻亚黏土 饱和、软塑	2.10	$\gamma_{mat} = 20.0kN/m^3$，$G = 2.7$ $\omega = 26\%$ $\omega_P = 18\%$，$\omega_L = 28\%$ $E_s = 7500kPa$
Ⅳ	39.40	饱和软黏土	1.20	$\gamma_{mat} = 17.7kN/m^3$， $\omega = 40\%$，$\omega_P = 24.1\%$ $\omega_L = 42.6\%$
Ⅴ	38.20	黏土 饱和、硬塑	7.8	$\gamma_{mat} = 20.5kN/m^3$，$\theta = 0.5$ $I_L = 0.25$，$I_P = 18$

[**解**]：

1）选桩的类型及截面尺寸。为了加快施工速度，选用预制钢筋混凝土打入桩基础。根据地质条件，以第 Ⅴ 层饱和硬塑黏土层作为桩尖的持力层。采用截面为 30cm×30cm 的预制钢筋混凝土方桩，$A_p = 0.3 \times 0.3 m^2 = 0.09 m^2$，$U_p = 4 \times 0.3m = 1.2m$。

2）确定承台埋置深度和桩的长度。根据地下水位和冻土深度的影响，考虑承台顶面到地表应有的保护层厚度，故承台底面埋深 $d = 1.3m$，承台顶面埋深为 0.3m，桩的长度选为 8m，桩尖进入持力层 1.0m。

3）确定单桩承载力。单桩的轴向承载力根据式（3-3）估算。

填土层：查表 3-2，取 $Q_{sk} = 11kPa$。

亚黏土：液性指数 $I_L = \dfrac{\omega - \omega_P}{\omega_L - \omega_P} = \dfrac{26.2 - 19}{31 - 19} = 0.6$，可塑，取 $Q_{sk} = 28kPa$。

轻亚黏土层：$I_L = \dfrac{\omega - \omega_P}{\omega_L - \omega_P} = \dfrac{26 - 18}{28 - 18} = 0.8$，软塑，取 $Q_{sk} = 22kPa$。

饱和软黏土层：$e = 1.2$，属淤泥质土，取 $Q_{sk} = 10kPa$。

黏土层：$I_i = 0.25$，硬塑，取 $Q_{sk} = 38kPa$。查表 3-1，取 $Q_{pk} = 1900kPa$。

$R_k = Q_{pk}A_p + U_p \sum Q_{sik}L_i$

则 $R_k = 1900 \times 0.09kN + 1.2 \times (11 \times 1.7 + 28 \times 2 + 22 \times 2.1 + 10 \times 1.2 + 38 \times 1.0)kN = 376.08kN$

初定桩数 $n \geq 3$ 根，有 $R = 1.2R_k = 1.2 \times 376.08kN = 451.3kN$

4）定桩的根数及布置。根据轴力和单桩轴向承载力粗估桩数：

$$n = \frac{P}{R} = \frac{950}{451.3} \text{根} = 2.1 \text{根}$$

考虑到承台及其上覆土重和 M、H 较大，取 $n = 5$ 根。

桩采用梅花式布置，桩距为 $S = 1.0\text{m}$，取边桩中心至承台边缘的距离 $d = 0.3\text{m}$，则有承台面积为 $1.6\text{m} \times 2.6\text{m}$。

承台及其上覆土重 $G = 1.6 \times 2.6 \times 20 \times 1.3\text{kN} = 108.16\text{kN}$

5）单桩承载力验算：

① 中心荷载：

$$P_1 = \frac{P+G}{n} = \frac{950+108.16}{5}\text{kN} = 211.6\text{kN} < R = 451.3\text{kN}$$

② 偏心荷载：

$$P_1 = \frac{P+G}{n} + \frac{M_y X_i}{\sum X_i^2} = \left(211.6 + \frac{(400+115\times3)}{4\times1.0^2}\right)\text{kN} = (211.6+137.5)\text{kN} = 349.1\text{kN} < 1.2R$$

$$P_1 = \frac{P+G}{n} - \frac{M_y X_i}{\sum X_i^2} = (211.6-137.5)\text{kN} = 74.1\text{kN} > 0$$

满足要求。

因为该桩基础的桩数 $n < 9$，桩距 $S > 3d$，按《建筑地基基础设计规范》（GB 50007—2011）可不必对群桩地基强度和沉降进行验算。

6）绘制平剖面图，如图 3-13 所示。

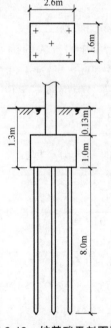

图 3-13　桩基础平剖面图

第4章　浅埋暗挖法施工技术

浅埋暗挖法是城市地下工程施工的主要方法之一。浅埋暗挖法的技术核心是依据新奥法的基本原理，施工中采用多种辅助措施加固周围岩土体，充分调周围动周围岩土体的自承能力，开挖后及时支护、封闭成环，使其与周围岩土体共同作用形成联合支护体系，是一种抑制周围岩土体过大变形的综合配套施工技术。

根据地下工程的结构特征及上面覆盖层的地质条件，浅埋暗挖的具体施工方法又可分为超前导管及管棚法、矿山（导洞）法、盾构法及顶管法等。浅埋暗挖法适用于不宜明挖施工的含水量较小的各种岩土地层，尤其是在城区地面建筑物密集、交通运输繁忙、地下管线密布环境下修建埋置较浅的地下结构工程。对于含水量较大的松软地层，采取降水或堵水等特殊措施后该法仍能适用，盾构法及顶管法对含水较大地层具有良好的适应性。

■ 4.1　超前导管及管棚法

超前导管及管棚法（Pipe Roof）或称伞拱法，是地下结构工程浅埋暗挖时的超前支护技术，其实质是在拟开挖的地下隧道或结构工程的衬砌拱圈隐埋弧线上，预先钻孔并安设惯性矩较大的厚壁钢管，起临时超前支护作用，防止土层坍塌和地表下沉，以保证掘进与后续支护工艺安全运作。

在交通繁忙的城市道路、铁路或建筑物下修建横贯隧道、地下仓库、车场等结构工程时，由于地面荷载很大，为防止施工时地表下沉影响地面正常活动，可采用超前导管或管棚超前支撑技术使地下隧道或洞室工程顺利实施暗挖掘进。管棚施工技术也适用于地下工程的特殊或困难地段，如软弱土层、极破碎岩体、塌方体及岩堆区等。当遇到流塑状软岩地层或岩溶区严重流泥地段，管棚结合围岩预注浆可成为有效的施工方法。

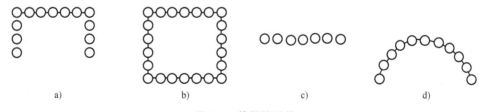

图 4-1　管棚的形状

a）门形　b）方形　c）一字形　d）半圆拱形

4.1.1　超前导管及管棚的布置形式

超前导管与管棚的布置形状一般都根据地下隧道或洞室形状及工程条件来确定。超前导管的直径和长度都小于管棚，布置也简单一些，适用于地下通道断面小、土层和地面环境较好的情况。管棚的常见布置形式如图 4-1 所示。

一字形布置适用于洞室跨度不大，仅上部土层易坍塌的地段；门形布置适用于大型洞室工程上部土层不稳定地段；半圆拱形适用于地铁或地下隧道土层不稳定段；方形布置适用于大型洞室工程松软土层段。

4.1.2　超前导管及管棚的设计要点

超前导管及管棚的施工设计应考虑具体工程的地层地质条件和地表环境与荷载特点，目前还没有严格的理论计算方法，主要采用工程类比和经验方法。

管棚施工通常应用的设计要点如下：

1）管棚长度应按地质条件选用，但应保证开挖后管棚有足够的超前长度。钢管长度一般为 10~45m，当采用分段连接时，选用长 4~6m 的钢管，纵向以螺纹连接，螺纹长度不应小于 15cm。

2）管棚钢管宜采用厚壁钢管，其间距按管棚用途（防塌、防水等）合理设计。目前常用管径为 80~500mm，钢管中心间距为 100~550mm。

3）管棚宜采取沿隧道或洞室开挖轮廓纵向近水平方向设置。为增加管棚刚度，通常要在钢管内灌入水泥砂浆、混凝土或设置钢筋笼后注入水泥砂浆。

4）纵向两组管棚间应有不小于 1.5m 的水平搭接段，管棚搭接处应设计钢支架。

《地下铁道工程施工质量验收标准》（GB/T 50299—2018）中规定的超前导管和管棚支护的设计参数见表 4-1。

表 4-1　超前导管和管棚支护设计参数值

支护形式	适用地层	钢管直径/mm	钢管长度/m		钢管沿拱布置间距/mm	钢管沿拱外插角	钻设注浆孔间距/mm	钢管搭接长度/m
			每根长	总长度				
导管	土层	40~50	3~5	3~5	300~500	5°~15°	100~150	1.0
管棚	土层或不稳定岩体	80~180	4~6	10~40	300~500	≤3°	100~150	1.5

4.1.3　超前导管与管棚施工

超前导管与管棚的施工方法基本相同，超前导管较短，可采用撞击或钻机顶入方式，而管棚要采用钻孔方式。一般施工工序包括开挖工作室、钻孔、安装导管或管棚、钢管内注浆及掘砌施工等。

1. 开挖工作室

在采用导管或管棚法施工的地下隧道或洞室的开端开挖工作室，以设立导管推进基地和钻眼施工空间。工作室的开挖尺寸应根据钻机和钢管推进机的规格确定，一般要超出隧道或洞室轮廓线 0.5~1.0m。开挖工作室采用普通施工方法，但要加强支护，一般需设受力钢支架。

2. 钻孔

管棚钻孔基本为水平钻进，一般应由高孔位向低孔位顺序进行。孔径根据棚管直径确定，一般比设计的棚管直径大 30~40mm，以便于顶进；孔眼深度要大于导管总长度。钻机选型由一次钻孔深度和孔径决定，国内目前多采用地质钻机。

架立钻机时，应精确核定孔位，使钻杆轴线与管棚设计轴线吻合，以保证钻孔不产生偏移和倾斜。钻孔过程中须及时测斜，钻孔的外插角允许偏差为 0.5%，若钻孔不合格或遇卡钻、塌孔时，应采用注浆法封堵后重钻。

3. 安装导管或管棚

根据钻孔深度可选用适宜的安装钢管技术。对于坍孔严重地段，可直接将管棚钢管钻入，使钻孔与安装一次完成。一般对于孔长小于 15m 的短孔，可用人工安装或用卷扬机顶进。深孔则用钻机顶进，在顶进过程中，必须用测斜仪严格控制上仰角度，一般为 1°~2°。接长管棚钢管时，接头要采用厚壁管箍，上满丝扣，确保连接可靠。

4. 钢管内注浆

钢管就位后，可用水泥砂浆或水泥-水玻璃浆液进行管内注浆充填，一般以浆液注满钢管为止。当围岩或土层松软破碎时，可在管棚钢管上事先钻小孔，使浆液能扩散至钢管周围。为了增加管棚强度，可于钢管内加钢筋笼后再注浆。

管棚钢管内注浆用泵灌注，钻孔封堵口设有进料孔和出气孔，浆液由出气孔流出时，说明管内已注满，应停止压注。

5. 掘砌施工

掘砌施工在管棚注浆结束 4~8h 后方可进行。用管棚法施工的地下隧道或洞室断面都比较大，所处地段的岩土层软弱破碎，多选用单侧壁导洞或双侧壁导洞掘进技术；由机械开挖或人工与机械混合法开挖，以尽量减小对周围岩土体的扰动。目前施工多选用小功率、小尺寸的小型挖掘机或单臂掘进机。图 4-2 为单侧壁导洞法开挖顺序。

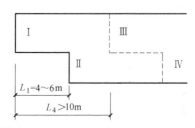

图 4-2 单侧壁导洞法开挖顺序

开挖时，工作面Ⅰ与Ⅱ的距离应保持在 4~6m，不应过大，工作面Ⅲ与Ⅰ的距离要大于 10m，以确保施工安全。通常采用的装渣运输方案，如图 4-3 所示，渣土由带运输机转入出渣矿车，由电动车牵引运出。

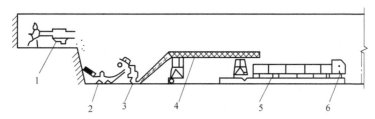

图 4-3 上、下台阶作业运渣方式

1—手推车 2—550 单臂掘进机 3—反铲挖掘机（用于仰拱开挖，置于其他设备另侧） 4—带运输机 5—出渣矿车 6—电动车

图 4-4 为一般管棚施工的隧道支护结构。钢拱架作初期支护，须具有较大的支护强度和刚度，以承受因开挖引起的松动压力，钢架纵向间距一般不大于 1.2m，两钢架之间应设置直径 20～22mm 的钢撑杆。钢架设置好后，应及时喷射混凝土。管棚钢管和钢撑的间隙为 15～25cm，填塞固定之。通常在混凝土喷层外敷设防水层后再进行二次模筑衬砌。二次模筑衬砌须在周围岩土体和初次支护变

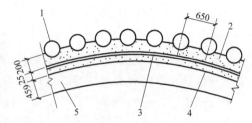

图 4-4 管棚施工的隧道支护结构
1—管棚（管内灌注水泥砂浆） 2—混凝土喷层
3—钢拱 4—防水层 5—混凝土支护

形基本稳定后进行，混凝土衬砌厚 35～45cm，每次施作衬砌长度 6～12m，可用模板台车施工，强度达 2.5MPa 后方可脱模。

4.1.4 管棚变位及控沉、防坍技术措施

在城市建筑物下松软土层中建筑浅埋隧道及地下洞室时，及时防止地面沉陷是目前地下工程实践中最现实和重要的问题之一。

超前导管与管棚法开挖施工中，开挖面一经形成，其前方地表将出现下沉，一般在开挖面前方 0.8～1 倍开挖直径距离上方的地表开始下沉，下沉发生的顺序是导管或管棚、上部土层及地表。因此，为使导管或管棚变位和地表下沉值控制在允许范围内，施工中要采取以下技术措施：

1）加强监测，及时反馈管棚下沉信息以指导施工。上部土层和支护的位移是地下工程各项动态变化的综合的、直接的反映，通常都将周边位移量测和拱顶下沉量测作为检测项目。若管棚拱顶位移-时间曲线出现反弯点，即位移数据出现反常的急骤增长现象，则表明土层与支护已呈不稳定状态，应加强支护，必要时应立即停止开挖并及时采取补强措施。

2）采用合理的开挖方式，变大跨为中跨和小跨，边开挖，边支护，步步为营。施工中应尽量减少对周围土体的扰动，优先采用掘进机械或人工开挖。

3）严格控制循环进尺，一般不宜超过 1.0m。开挖成形后应及时进行初次支护，扣紧各施工工艺的衔接，尽早进行仰拱和封底的施作。

为获取各开挖阶段地表下沉和土层内部位移的施工安全管理基准值，施工前，应根据地下工程结构特征和地层条件进行模拟数值计算，以指导安全施工。

总之，施工中加强监测，严密施工管理，及时采取正确有效措施完全能将地表下沉量控制在允许范围内。

4.1.5 超前小导管法施工实例

北京地铁某车站风道为 11.7m×14.1m（开挖面宽×高）的大断面双层隧道结构，隧道埋深 9.5m 左右，采用交叉中隔墙工法（又称 CRD 工法）施工。该工法是在中隔墙法（又称 CD 工法）的基础上加设临时仰拱，适用于地层较差和不稳定岩土体，且地面沉降要求严格的地下工程施工。其最大特点是将大断面施工化成小断面施工，各个局部掘进断面封闭成环的时间短，控制早期沉降好，每个步骤受力体系完整；结构受力均匀，变形小。

实际风道 CRD 工法施工工序分为 9 步，按 6 个导洞分步施工，做到步步封闭成环。严格遵循"管超前、严注浆、短开挖、强支护、早封闭、勤量测、速反馈、控沉降"的施工原则。具体施工步骤如下：

1）施作 1 号导洞超前小导管，注浆加固地层；开挖土体，施做初期支护，如图 4-5 所示。

2）开挖 2 号导洞土体，施做初期支护，如图 4-6 所示。

3）施作 3 号导洞超前小导管，注浆加固地层；开挖土体，施做初期支护，如图 4-7 所示。

4）开挖 4 号导洞土体，施做初期支护，如图 4-8 所示。

5）开挖 5、6 号导洞土体，施做初期支护，如图 4-9 所示。

6）拆除部分初期支护，施作Ⅰ部防水层及二次衬砌，如图 4-10 所示。

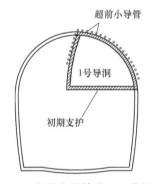

图 4-5 超前小导管施工 1 号导洞

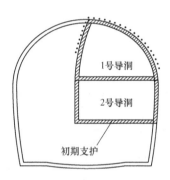

图 4-6 施工 2 号导洞

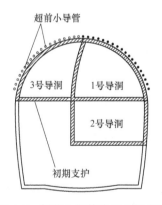

图 4-7 超前小导管施工 3 号导洞

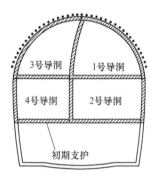

图 4-8 施工 4 号导洞

CRD 工法施工过程中，控制施工进尺及台阶长度，对控制地层变形有着直接的影响。一次施工进尺的间距越大，地面沉降瞬时值越大，且作用在结构上的荷载和内力的瞬时值也越大；另外台阶过长，各阶段有充分的变形积累时间，因此将导致过大的变形。但是台阶过短，对掌子面的稳定不利，且不便安排作业工序。在条件允许的情况下，既要尽量缩短台阶长度，又要考虑到喷射混凝土支护强度增长的要求，以便确定各部台阶长度。根据实际情况，确定各导洞开挖步距为 0.5m，各导洞纵向工作面施工间距 10m，开挖顺序及相互位置如图 4-11 所示。

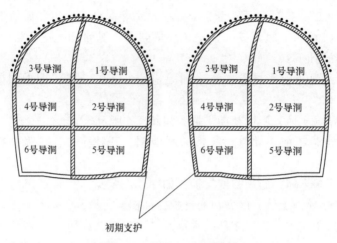

图 4-9　施工 5、6 号导洞

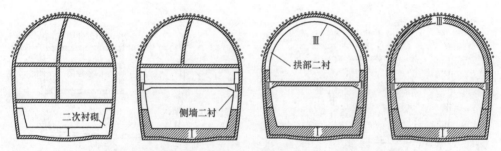

图 4-10　拆除部分初期支护，施作Ⅰ部防水层及二次衬砌

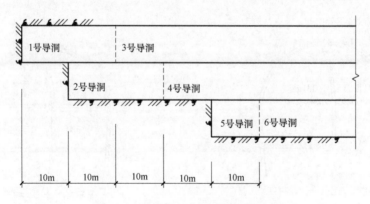

图 4-11　各导洞工作面相对位置示意

■ 4.2　矿山法

一般将置于基岩中的地下工程，并采用传统钻爆法或臂式掘进机开挖的方法统称为矿山法。它也是城市地下工程常用的暗挖施工方法，不影响地面正常交通与生产，地表下沉量小，适用于硬、软岩层中各类地下工程，特别是对于中硬岩石，矿山法具有其他施工方法难以比拟的优越性，图 4-12 为某城市岩石地层中采用矿山法修建的地铁隧道。

臂式掘进机受地质地层环境的影响较大，目前仅适用于松软破碎岩层，在中硬岩层中应用较少。本节重点介绍目前常用的钻眼爆破施工方法。

a) b)

图 4-12 岩石地层中采用矿山法修建的地铁隧道

a）矿山法光面爆破形成的隧道断面 b）施工成型的地铁隧道断面

4.2.1 钻眼爆破参数设计

采用钻眼爆破法开挖城市地下工程时，为了减少超挖或欠挖，严格控制对围岩的扰动，必须采用光面爆破技术；通常炮孔布置如图 4-13 所示。大断面分步开挖时，可考虑采用预留光爆层的光面爆破，如图 4-14 所示。

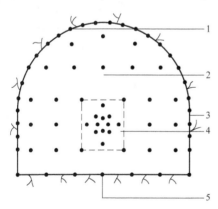

图 4-13 钻眼爆破炮孔布置

1—顶眼 2—崩落眼 3—帮眼

4—掏槽眼 5—底眼

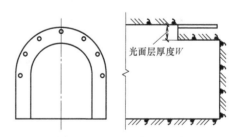

图 4-14 预留光爆层示意

光面层厚度 W

光面爆破的技术要点包括：

1）必须了解被开掘的地下工程的地质情况，如岩石的坚固性、地质构造特征及地压、涌水等。

2）根据围岩特点和地下工程的断面特征，制定光面爆破说明书，内容包括炮眼布置图、起爆顺序、周边眼装药结构图，以及与规范要求相适应的技术指标和质量要求等。

3）周边眼的最小抵抗线、眼间距和装药结构是影响光爆效果的三要素，必须合理进行设计。一般要严格控制周边眼的装药量，宜采用小直径、低爆速药卷，并尽可能使药量沿炮眼全长均匀分布。

4）采用毫秒爆破，顺序起爆，先起爆中部掏槽孔，再起爆辅助孔，最后起爆周边孔，使周边孔爆破时有最好的临空面。周边孔同段起爆的时间误差越小越好。

光面爆破和普通爆破的参数设计原则不同。普通爆破参数的设计原则：尽量减小装药的不耦合系数，充分利用炮孔体积，使每个炮孔能爆破最大体积的岩石。而光面爆破参数的设计原则是尽量不损坏围岩，在保证能形成炮孔间贯穿裂缝并克服孔底岩石黏聚力将岩石从岩体上分割下来的前提下，尽量减少装药量，将周边孔范围内的岩石爆下来，形成规整的轮廓面并尽可能多地保留半孔痕，半孔痕如图 4-12a 所示。

光面爆破的设计参数通常有不耦合系数 K、最小抵抗线 W、装药集中度 q、炮眼间距 E 和周边孔密集系数 m。

不耦合系数 K 是指炮孔直径与药卷直径的比值。光面爆破的周边孔通常采用不耦合装药结构以缓冲爆炸对孔壁的冲击作用。不耦合系数的大小采用工程类比法或经验法选取，一般为 $1.5 \sim 2.5$。合理的不耦合系数应使作用在孔壁上的压力低于炮孔壁的动抗压强度，周边孔起爆后所产生的孔间冲击应力互相叠加将形成沿炮孔中心连线的高应力带，当这一高应力带仅使炮孔中心连线产生贯通裂缝时，最为理想。

装药集中度 q 是指每米炮眼装药段的药量，反映装药在炮孔中的分布情况。集中度高，会引起围岩局部严重破坏，不利于光面的形成。设计时，可采用轴向空气间隔装药结构，使装药沿炮孔均匀分布。

周边孔密集系数 m 是指炮眼间距 E 与最小抵抗线 W 的比值。设计时，炮孔间距和最小抵抗线都不宜过大，否则，装药量偏大，会对围岩造成破坏。孔间距过大时，爆破后的周边会凸凹不平；过小时，可能产生超挖。最小抵抗线过大时，爆破后可能仅形成裂缝，而崩不下岩体或产生大块。因此，正确设计周边孔密集系数是十分重要的。

周边孔密集系数 m 是一个相对参数，设计时应根据岩石性质、地质构造和开挖断面的不同适当调整。一般情况下，取 $0.8 \sim 1.2$ 为宜。当岩石节理发育，裂缝方向不易控制时，需要减小孔间距，适当加大最小抵抗线值，密集系数可取接近 0.5。

实际中光面爆破参数的设计，应采用工程类比或根据爆破漏斗及现场爆破试验来确定，如无条件试验时，《地下铁道工程施工标准》（GB/T 51310—2018）推荐的光爆参数见表 4-2。

表 4-2　光面爆破参数设计参考值

爆破类别	岩石种类	单轴抗压强度 R_b /MPa	装药不耦合系数 K	周边眼间距 E /cm	周边最小抵抗线 W/cm	周边孔密集系数 $m = E/W$	周边眼装药集中度 q/(kg/m)
光面爆破	硬岩	>60	1.25 ~ 1.5	55 ~ 70	60 ~ 80	0.7 ~ 1.0	0.30 ~ 0.35
	中硬岩	30 ~ 60	1.5 ~ 2.0	45 ~ 65	60 ~ 80	0.7 ~ 1.0	0.20 ~ 0.30
	软岩	≤30	2.0 ~ 2.5	35 ~ 50	45 ~ 60	0.5 ~ 0.8	0.07 ~ 0.12
预留光爆层	硬岩	>60	1.25 ~ 1.5	60 ~ 70	70 ~ 80	0.7 ~ 1.0	0.20 ~ 0.30
	中硬岩	30 ~ 60	1.5 ~ 2.0	40 ~ 50	50 ~ 60	0.8 ~ 1.0	0.10 ~ 0.15
	软岩	≤30	2.0 ~ 2.5	40 ~ 50	50 ~ 60	0.7 ~ 0.9	0.07 ~ 0.12

注：表中参数适用于炮眼深度 $1 \sim 1.5 m$，炮眼直径 $40 \sim 50 mm$，药卷直径 $20 \sim 25 mm$。

对于中硬岩地下工程，可采用全断面一次爆破，炮眼深度可为 $3\sim5m$；对于软岩工程，可采用半断面或台阶法开挖，一般为 $1.0\sim3.0m$ 的浅孔爆破。通常地下工程应按设计尺寸严格控制开挖断面，不得欠挖，采用光面爆破的效果应达到表4-3的指标。

表4-3　光面爆破效果指标

验收规范指标		地下岩层条件		
		硬岩	中硬岩	软岩
爆破眼的眼痕率(%)		≥80	≥70	≥50
允许超挖值	拱部/mm	100,最大200	150,最大250	150,最大250
	边墙及仰拱/mm	100,最大150	100,最大150	100,最大150

4.2.2　光面爆破施工

城市地下工程往往掘进断面较大，根据岩石条件和断面大小，可将施工方法分为三类：即全断面施工法、分层施工法和导洞施工法。

围岩稳定或基本稳定，工程断面不很大时，可以采用全断面一次爆破；如断面较大，可采用预留光爆层爆破法，分次爆破，以减少爆破对围岩的震动影响。在岩层稳定或较稳定的条件下，断面高度较大时，可采用分层施工法，又称台阶施工法。根据台阶长度又分为长台阶法、短台阶法和超短台阶法等。图4-15为常见的正、反台阶施工。

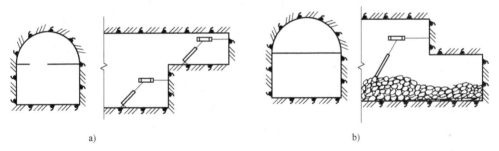

图4-15　正、反台阶施工
a) 正台阶工作面　b) 反台阶工作面

当地质条件复杂，工程断面较大时，可采用导洞施工法，即先掘一定深度（$1.5\sim2.5m$）的小断面巷道，再开帮挑顶或卧底，将洞室扩大到设计断面。图4-16是某隧道采用的导洞法施工开挖顺序。拱部扩大部分采用弧形导洞掏槽，而后进行光面爆破，其炮眼布置如图4-17所示，1~3号为掏槽眼，4~9号为崩落眼，10~26号为周边眼。

光面爆破施工主要把握好以下几方面：

1. 钻眼质量

采用光面爆破对钻眼质量要求特别严格，一般希望沿周边轮廓线布置炮眼。但由于钻眼工具和钻眼技术的限制，炮眼开口要偏离周边轮廓一定距离，炮眼倾斜一定角度，使眼底接近轮廓线。一般炮眼外斜率不应大于5%。周边眼要保证平直，彼此平行。目前钻眼设备有手持式风钻、气腿式风钻、各类凿岩台车和钻装机等。手持式风钻适用于浅孔（$1.5\sim2.5m$）爆破，当开挖高度大于2.0m时应采用支撑设备，保证打眼平直。钻车打眼质量较好，因钻臂上装有测角器可保证钻眼质量且动力强，可以实现深孔（$3\sim5m$）爆破。

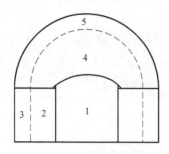

图 4-16　某隧道开挖顺序

1—下导洞　2—两侧扩部　3—墙部光面层
4—挑顶　5—顶部光面层

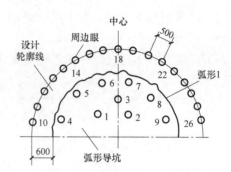

图 4-17　隧道拱部炮眼布置

2. 掏槽爆破方式

掏槽爆破是小断面地下工程实现光面爆破的重要一环。掏槽效果好坏，会直接关系到断面掘进的炮眼利用率和整个爆破效果。因此，掏槽方式的选择是至关重要的。

一般浅孔爆破多采用斜眼楔形掏槽，其特点是掏槽眼同自由面斜交。通常由 2~4 对相向的倾斜眼组成，每对炮眼底部间距为 10~20cm，掏槽眼口之间的距离取决于眼深及倾角的大小；掏槽眼同工作面的交角通常为 60°~75°。图 4-18 为常用的楔形掏槽爆破示意。

当采用中深孔爆破时，多选用直眼掏槽，又称为角柱形掏槽。直眼掏槽的布孔方式可以有多种，如图 4-19 所示。空眼的存在是直眼掏槽的特征之一，大量试验表明，空眼数目、空眼直径及空眼到装药眼的距离对直眼掏槽的效果影响很大。空眼的直径可等于或大于装药眼的直径，大直径空眼可形成较大的补偿空间，有利于掏槽范围内岩石的破碎。

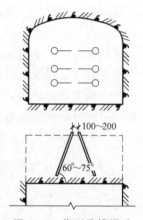

图 4-18　楔形掏槽爆破

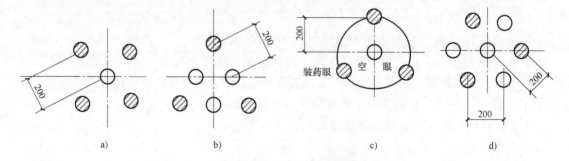

图 4-19　直眼掏槽爆破炮孔布置方式

螺旋掏槽是直眼掏槽的一种演变形式，其特点是各装药炮眼至空眼的距离不等而依次递增，如图 4-20 所示。各装药孔顺序起爆，后爆孔可利用先爆孔提供的自由面，大大改善了掏槽爆破效果。有时为了改善直眼掏槽的抛渣效果，可将空眼打深一点，并在延深部位布置抛渣药卷，将已炸碎的岩渣抛出槽腔。

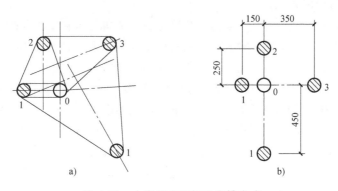

图 4-20 小直径空眼螺旋掏槽方式

总之，直眼掏槽是以挤压破碎为目的，炮眼间距不宜偏大。空眼壁提供爆破作用的自由面，最小抵抗线是从装药眼到空眼间的距离。掏槽炮眼互相平行，从眼口到眼底的最小抵抗线一样大，有利于岩石的破碎均匀和获得较深的爆破进尺。空眼的作用一方面是对爆破应力起集中导向作用，另一方面使岩石有足够的碎胀补偿空间，因此，实际施工时，一定要合理设计空眼参数。

3. 装药结构

光面爆破作业时，应根据岩石性质、炮孔深度和炸药品种等合理选择装药结构。目前，常用的装药结构主要有径向不耦合装药和轴向间隔装药两种，但根据间隔特征又可分多种形式。图 4-21 为国内常用的几种装药结构：图 4-21a 为标准药卷的空气间隔装药结构，根据炸药集中度，按一定间隔分成几段，药卷均匀分布在炮眼中。一般采用导爆索一次起爆。这种结构施工简便，通用性强，更适合于深孔爆破，但由于药卷直径大，靠近药卷的孔壁容易产生爆破裂隙。图 4-21b 为小直径药卷间隔装药结构。药卷直径为 20～25mm，间隔长 20～30cm，对围岩破坏作用小，适用于中硬岩、中深孔爆破。图 4-21c 为小直径药卷连续径向不耦合装药结构，常用于中深孔或浅孔爆破，是目前应用较多的一种。

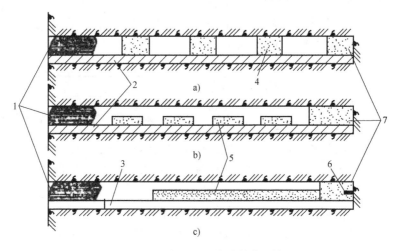

图 4-21 常用光面爆破装药结构

1—炮泥　2—导爆索　3—雷管脚线　4—φ32mm 药卷　5—φ25mm 药卷　6—雷管　7—φ32mm 药卷

4. 起爆顺序与传爆方向

在地下工程光面爆破作业中，常见的起爆方法有正向起爆和反向起爆两种。二者的区别在于雷管位置和爆轰波的传爆方向不同。从发挥炸药威力和提高爆炸能量利用率角度分析，反向起爆比正向起爆更为合理。由于岩石的抵抗和夹制作用随炮孔深度增加而增大，如图4-22所示，反向爆破增长了应力的波动作用时间和爆生气体的准静态作用时间，有利于爆生裂隙的产生与扩展。而正向起爆时，装药下部可能还未完全爆轰，上部爆生气体已经贯穿到裂隙中，较早造成能量损失。另外，反向起爆时，强爆炸应力波阵面传向自由面，使得在自由面反射后能形成强烈的拉伸应力波，提高了自由面附近岩石的破碎效果。而正向起爆时，强爆炸应力波传向岩体内部，应力波能量被无限岩体所吸收，降低了爆破效果。

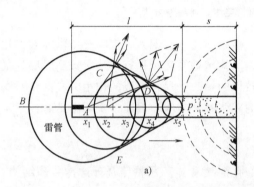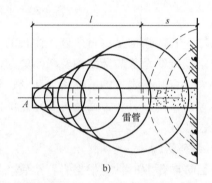

图 4-22　药包爆炸时的应力波传播

目前地下工程多采用反向起爆，但应特别注意炮泥要有足够的装填长度，一般不应小于200mm；决不允许无炮泥爆破。

地下工程光面爆破通常采用毫秒爆破技术，起爆顺序分正序起爆和反序起爆两种。正序起爆是先爆掏槽孔，再爆辅助孔（又称崩落孔），最后起爆周边孔；反序起爆则是先起爆周边孔，而后起爆掏槽孔和辅助孔，又称为预裂爆破。目前多采用前一种。当地下工程断面较大且围岩状况不太好时，可采用预留光爆层的分次爆破方式，其优点是可根据留下光爆层的具体情况调整装药结构，

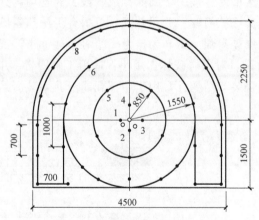

图 4-23　典型炮眼布置及起爆顺序

并可使周边孔的起爆误差减到最小，确保光面爆破效果和质量。图4-23为常见的地下巷道全断面一次爆破的炮眼布置与起爆顺序，各排炮眼间采用间隔起爆时，起爆段差需要合理设计。

根据工程实践，理想的起爆段差应随炮眼深度不同而不同，炮眼越深，段差应越大。对于地下工程中深孔爆破，一般为50~100mm，掏槽眼与崩落眼间，崩落眼和周边眼间距应取大值。

另外，为了减少爆破震动对围岩和地表的影响，地下工程掘进爆破除采用微差爆破降低

震动外，每段起爆炮孔的数目或药量也不宜过多，在选择起爆顺序和炮孔布置时，应使岩石能连续向平行炮孔的自由面方向崩落，使岩体吸收的爆炸作用的能量减到最小。

5. 爆破器材

光面爆破的周边眼应选择低猛度、低爆速、低密度和传爆性能好的炸药，以减小爆炸对围岩的破坏作用。目前国产光面爆破专用炸药见表4-4。

表 4-4 国产光爆专用炸药

炸药名称	药卷直径/mm	炸药密度/(g/cm³)	炸药爆速/(m/s)
EL-102 乳化油	20	1.05~1.30	3500
2 号岩石炸药	22	1.0	2100~3000
3 号岩石炸药	22	1.0	1600~1800

由于受炸药爆炸性能的限制，药卷直径必须在 20mm 以上才能稳定传爆。当光面爆破要求的装药集中度小时，需要采用间隔装药导爆索串联法来保证稳定传爆。地下工程的起爆网路分电爆网路和非电起爆网路。

电爆网路由电源、导线和毫秒电雷管组成，其连接方式分为串联、并联、串并联混合多种形式。具体采用何种方式应由起爆源、炮眼数目来决定。当采用照明线或动力输电线作起爆电源时，电压较低，应采用并联网路，当采用专门的发爆器起爆，炮眼数目又不太多时，则可采用串联网路。实际施工中应根据具体情况通过串并联的合理组合网路，确保每个电雷管达到准爆电流。总之，串联起爆时，通过每个雷管的电流相同；电爆网路计算、敷设、接线和检查测试比较简单；缺点是在电流较小的情况下，发火冲能小的雷管先行爆炸，可能炸断线路，使其他雷管拒爆。而并联起爆时要求电流较大，必须采用负载能力大的电源，而且线路连接、检查较困难。所以实际应用中多采用串联方式。

非电起爆法分导火索法、导爆索法和塑料导爆管法。地下光面爆破基本不采用导火索法；导爆索也仅用于周边眼小直径药卷的辅助传爆。塑料导爆管方法是新发展的一种安全可靠、操作方便的起爆系统，如图4-24所示。该起爆系统由导爆管、雷管和连接件组成。导爆管是一根细长的透明塑料管（内径 1.5mm，外径 3mm）内壁涂有一层炸药（每米 20mg 左右），当给予适当的起爆能时，内层炸药便以1900~2000m/s 的速度传爆。导爆管本身没有炸药的特性，不会因振动、冲击、摩擦或火焰作用而爆炸，对电也非常安全。在传爆过程中，管体不会破裂，即便把它握在手中也没有危险。

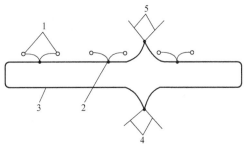

图 4-24 导爆管起爆网络
1—导爆管雷管 2—连通管 3—导爆管
4—外环线 5—内环线

非电起爆系统的雷管有瞬发、延期、毫秒和半秒等多种产品，完全可以实现时差控制爆破。采用适当的连接块和分路器可以实现多个炮孔的串并联接，一次可起爆的雷管数目不受限制，而且起爆可靠，操作方便。因此，导爆管起爆系统已逐步在地下爆破工程中推广应用。

6. 光爆质量要求

对于光面爆破质量的评价,目前还没有统一的指标。《地下铁道工程施工质量验收标准》(GB/T 50299—2018)规定,爆破后开挖断面不得欠挖,允许最大超挖值硬岩为 20mm,中硬与软岩为 25mm;周边爆破眼的眼痕率硬岩应大于 80%,中硬岩应大于 70%,软岩应大于 50%;爆堆的块度不应大于 300mm。

4.2.3 锚喷及衬砌支护

矿山法施工的地下工程,其支护形式应根据围岩特征,工程地质条件、埋置深度和工程用途等多种因素确定,一般采用锚喷与衬砌复合支护形式。

1. 锚喷支护

锚喷支护多作为初期支护,依据围岩稳定程度,可与开挖平行或交叉作业。喷射混凝土强度等级不低于 C20,最小喷射厚度不应小于 50mm,最大不应超过 250mm。对于大断面洞室采用分部开挖时,达到设计轮廓的部分要及时支护。锚喷支护的主要作用是在光面爆破之后,尽早将壁部围岩封闭起来,使其保持完整性,不再松动,充分发挥围岩的自承作用。实践已证明,正确地使用锚喷支护,对保证地下工程的施工进度和安全十分有效。

目前锚杆的种类很多,大体可分为三种:

第一种是全长黏结型锚杆,如普通水泥砂浆锚杆、早强水泥砂浆锚杆等。该类锚杆采用水泥砂浆(或树脂)作填充黏结料,不仅有助于锚杆的抗剪、抗拉及防腐蚀作用,而且具有较强的长期锚固力,有利于约束围岩位移。杆体结构简单,可以是钢筋、钢索或钢丝绳。缺点是砂浆凝固时间有一过程,不能及时发挥支护作用。该类锚杆多用于无特殊要求的各类地下工程中。

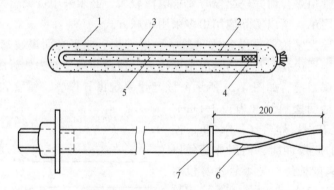

图 4-25 树脂锚杆及塑料袋药包

1—树脂、加速剂与填料 2—玻璃管 3—塑料袋 4—堵头
5—固化剂与填料 6—左旋麻花 7—φ38mm 挡圈

第二种是端头锚固型锚杆,有树脂锚杆(见图 4-25)和快硬水泥卷锚杆。该类锚杆采用高分子合成树脂或快硬水泥为黏结剂,把锚杆和岩石孔壁粘在一起,起锚固作用。安装容易,安装后可立即起到支护作用。缺点是杆体易腐蚀,影响长期锚固力。一般用于较好岩层中地下工程的临时支护。

第三种是摩擦型锚杆,如缝管锚杆、楔缝式锚杆和胀壳式锚杆,如图 4-26 所示。这是将一种沿纵向开缝的钢管装入钻孔后,对孔壁施加预应力的岩石锚杆,安装后能立即提供抗

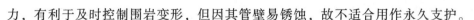

力，有利于及时控制围岩变形，但因其管壁易锈蚀，故不适合用作永久支护。

大量实践表明，采用树脂黏结（端头或全长）的锚杆较其他类锚杆有较大优越性。特别是全长锚固的树脂锚杆，不仅安装简易，能很快抑制围岩的变形，在大多数岩层中都能较好地锚固，而且不受风化腐蚀的危害，适用于任何岩层的地下工程。

各种锚杆均要求先钻孔，然后才能安设。通常用风钻或凿岩台车钻孔。锚杆设置好后，便可以喷射混凝土。

喷射混凝土可分为干喷、潮喷和湿喷三种方式。实际中，为减少粉尘和回弹，多采用湿喷或潮喷。喷射混凝土的施工要点包括：

1）在喷射混凝土之前，用水或风将待喷部位的粉尘和杂物清理干净。

2）严格掌握速凝剂掺加量和水胶比，使喷层表面平滑，无滑移流淌现象。

3）喷头与受喷面尽量垂直，并宜保持 0.6~1.0m 的距离，喷射机的工作风压应根据具体情况控制在适宜的压力状态，一般为 0.1~0.15MPa。

4）应分次喷射，一般 150mm 厚的喷层要分 2~3 次才能完成。

2. 衬砌支护

地下工程的永久支护都采用浇筑混凝土衬砌方式，在围岩和初期支护变形基本稳定后施作。实际施工中，多采用钢模台架或台车。

衬砌支护施工的要求：

1）混凝土的原材料必须同时按比例送入搅拌机中。

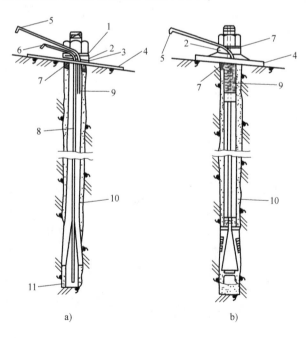

图 4-26 摩擦型锚杆

a）楔缝式锚杆 b）胀壳式锚杆

1—拧紧垫板 2—结合垫板 3—加力垫板 4—承托垫板

5—灌浆管尾端 6—排气管尾端 7—塞子 8—排气管

9—灌浆管 10—砂浆 11—收缩空间

2）当采用混凝土拌和站、搅拌车及泵送混凝土系统时，搅拌车在输送中不得停拌，混凝土自进入搅拌车至卸出的时间不得超过混凝土初凝时间的一半。

3）衬砌混凝土强度达 2.5MPa 时方可脱模。

4）浇筑过程中要用振捣器捣固，坍落度应为 8~12cm。另外，一次模筑混凝土衬砌循环长度不宜过长，一般为 6~12m，以防混凝土硬化收缩使衬砌产生裂缝。

总之，采用矿山法开挖的地下工程，基本工序是：钻孔、装药放炮、出渣，初期支护和永久衬砌。辅助工序有测量放线、通风、排水及必要的监测工作。钻孔、出渣是需工时最长的主要工序，支护是保证施工安全、快速的重要手段。施工机械化程度及先进性主要体现在这三道主要工序中。因此，这三道工序是矿山法施工管理的核心。

■ 4.3 盾构法

盾构法或掩护筒法是在地表以下土层或松软岩层中暗挖隧道的一种施工方法。自 1818 年法国工程师布鲁诺尔（Brunel）发明盾构法以来，经过二百多年的应用与发展，从气压盾构到泥水加压盾构及更新颖的土压平衡盾构，已使盾构法能适用于任何水文地质条件下的施工，松软的、坚硬的、有地下水的、无地下水的暗挖隧道工程都可用盾构法。

世界各国广泛应用盾构法修建水底公路隧道、地下铁道、水工隧道及小断面市政等隧道工程。美国仅纽约一地自 1900 年起用气压盾构就建了数十条水底隧道。苏联自 1932 年开始在莫斯科等地用盾构法修建地下铁道的区间隧道及车站。德国慕尼黑和法国巴黎地铁均用各种盾构施工。日本于 1917 年开始使用盾构技术修筑国铁奥羽线折渡隧道，到 20 世纪 60 年代，盾构法在日本得到迅速发展。在英国首创泥水加压盾构后，泥水加压盾构在日本也取得了很大进展，到 1978 年年初，日本已拥有 100 台泥水加压盾构，同时开发出了土压平衡式盾构和微型盾构，最小的盾构直径仅 1m 左右，适用于城市上下水道、煤气管道，电力和通信电缆隧道等工程。国际上近 30 多年来盾构技术无论是盾构机的设计、制造、运行控制技术，还是衬砌设计、制作方法、搬运组装及施工的全面质量管理与对环境影响预测等方面均有很大程度的突破。

a)   b)

图 4-27　盾构掘进机照片

a）北京地铁工程用 ϕ6.25m 土压平衡盾构　b）上海长江越江隧道工程 ϕ15.43m 泥水加压盾构

20 世纪 50 年代初我国在阜新海州露天矿用直径 2.66m 的盾构在砂土层里成功地开凿了一条疏水巷道。1957 年起在北京市区的下水道工程中采用过直径 2.0m 及 2.6m 的盾构。上海自 20 世纪 60 年代开始研究用盾构法修建黄浦江水底隧道及地下铁道试验段，先后在第四纪软弱含水饱和地层中用直径 4.2m、5.6m、10.0m 等多台盾构进行了水底公路隧道、地下人防通道引水和排水隧道及地铁的施工。20 世纪 80、90 年代，盾构法在全国大中城市地下工程中开始广泛应用，进入 21 世纪，盾构法已成为我国城市地铁隧道的主要施工方法，截至 2017 年底，国内市场的盾构机保有量已近 2000 台套。图 4-27a 为北京地铁隧道施工用的土压平衡盾构，图 4-27b 为用于上海长江越江隧道工程的目前最大尺寸的 $\phi15.43m$ 泥水加压盾构。2015 年 11 月，我国首台自主研发的盾构机在长沙下线，打破了国外近一个世纪的技术垄断。2020 年 5 月 10 日，国产盾构主轴承减速机工业试验成果发布，首批国产化 6m 级常规盾构 3m 直径主轴承减速机通过试验检测，标志着我国盾构核心部件国产化取得了新的重大突破。

盾构法施工之所以为世界各国广泛采用，除了近代城市地下工程发展的客观需要外，还由于该法本身具有以下突出的优越性：

1）施工安全、高效。在盾构设备掩护下，在各种复杂不稳定土层中，可安全进行土层开挖与支护工作，施工效率高。

2）属暗挖方式，对地表正常生产活动影响小。施工时与地面工程及交通互不影响，尤其是在城区建筑物密集和交通繁忙地段，该法更有优越性。

3）施工震动和噪声小，亦可控制地表沉陷，对施工区域环境影响较小；对施工地区附近的居民几乎没有干扰。

4.3.1 盾构的基本构造及分类

1. 盾构机体的构成

盾构是隧道施工时进行地层开挖及衬砌拼装时起支护作用的施工设备，由于开挖方法及开挖面支撑方法的不同，种类很多。但其基本构造是由盾构壳体及开挖系统、推进系统、衬砌管片拼装系统三大部分组成，如图 4-28 所示。

（1）盾构壳体及开挖系统　盾构壳体一般为钢制圆筒体，圆形利于承受地压。少数盾构采用半圆形、矩形或马蹄形壳体，虽更接近特定的隧道断面，但前进阻力分布不均，操纵不便，故一般不选用。

设置盾构壳体的目的是保护掘削、排土、推进、做衬等所有作业设备和装置的安全，故整个外壳用钢板制作，并用环形梁加固支撑。盾构壳体由切口环、支承环和盾尾三部分组成。

切口环处于盾构的最前端，装有掘削机械和挡土设备，故又称为掘削挡土部。施工时切入地层并掩护开挖作业。切口环前端制成刃口，以减少切土阻力和对地层的扰动。切口环的形状通常有阶梯形、斜承形和垂直形三种，其长度取决于工作面的支撑形式、开挖方法及人员活动和挖土机具所需空间等因素。

盾构开挖系统设于切口环中。早年采用的人工开挖方式的盾构，切口环的顶部比底部长，有的设有液压千斤顶操纵的活动前檐，以增加掩护长度。泥水盾构中的切削刀盘、搅拌器、吸头和土压平衡式盾构的刀盘、搅土器、螺旋运土机的进口等部件均设在切口环中。在

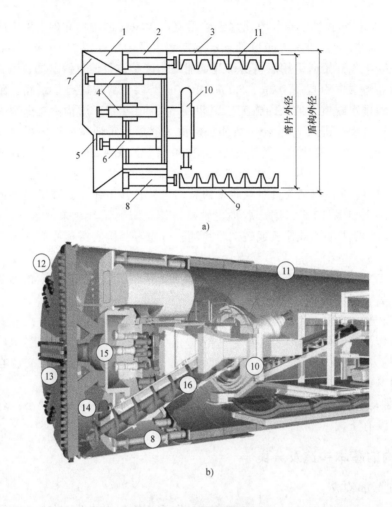

图 4-28　盾构构造示意

a) 盾构构造示意图　b) 土压平衡盾构构造示意图
1—切口环　2—支承环　3—盾尾　4—支撑液压千斤顶　5—活动平台　6—活动平台液压千斤顶
7—切口　8—盾构推进液压千斤顶　9—盾尾空隙 10—管片拼装器　11—管片　12—面板
13—刀盘　14—土舱　15—舱壁　16—螺旋排土器

局部气压或泥水加压及土压平衡式盾构中，因切口环部位的压力要高于常压，故在切口环与支承环间必须设密封隔板，又称为封闭式盾构。

开挖面支撑系统类型有液压千斤顶类、刀盘面板类和网格类。此外，采用气压法施工时由压缩空气提供的压力也可使开挖面保持稳定。开挖面支撑上常设有土压计，以监测开挖面土体的稳定性。

支承环位于盾构中部，为一具有较强刚性的圆环结构，是盾构的主体构造部。所有地层的土压力，液压千斤顶的支撑力，切口、盾尾、衬砌拼装的施工荷载均传至支承环并由其承担。支承环的外沿布置推进液压千斤顶。大型盾构的所有液压动力设备、操纵控制系统、衬砌拼装机具等均设在支承环位置。中、小型盾构则可把部分设备移到盾构后部的车架上。对于正面局部加压盾构，当切口环内压力高于常压时，支承环内要设置人工加压与减压闸室。

盾尾一般由盾构外壳钢板延伸构成，主要用于掩护隧道衬砌的安装工作。为了防止水、土及压浆材料由盾尾与衬砌的间隙进入盾尾，需在盾尾末端设置密封装置，通常又称为尾封。实际应用的尾封形式很多，通常使用钢丝刷、尿烷橡胶或两者的组合，如图4-29所示。盾壳外径与衬砌外径间的建筑空隙，在满足盾构纠偏要求的前提下应尽量减小。盾尾密封装置要随时将施工中变化的空隙加以密封，因此，材料要富有弹性，并耐磨损，耐撕裂，确保密封效果。

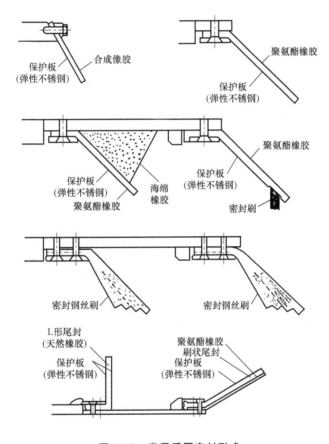

图4-29 常用盾尾密封形式

（2）推进系统 盾构的推进系统由液压设备和液压千斤顶组成。设置在支承环内侧的盾构液压千斤顶的推力作用在管片上，进而通过管片产生的反推力使盾构前进，如图4-30所示。液压系统的工作原理如图4-31所示，起动输油泵，将压力油供给高压泵，使油压升

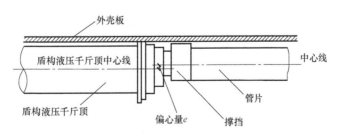

图4-30 盾构液压千斤顶与撑挡形式

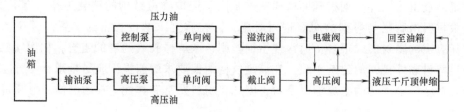

图 4-31　液压系统的工作原理

高至要求值；起动控制油泵，待控制油压升至额定压力后，由电磁控制阀将总管内高压油输入液压千斤顶，使其按要求伸出或缩回，驱动盾构。在小型盾构中，可采用直接手动的高压操纵阀，直接控制液压千斤顶动作，但安全性较差。

（3）衬砌管片拼装系统　衬砌管片拼装系统设置在盾构的尾部，由举重臂和真圆保持器组成。举重臂的功能是夹持管片或衬砌构件，将其送到需要安装的位置，可上举、旋转和拼装。一般都是液压驱动方式，有环式、空心轴式和齿条齿轮式三种。近年来国内外多采用环向回转式拼装机，如图 4-32 所示。在拼装衬砌时由液压马达驱动大转盘，控制环向旋转，其径向及纵向移动由液压千斤顶控制。因环式是空心圆形旋转，即使在驱动中也可确保作业空间，同时土、砂运出作业也不受影响。

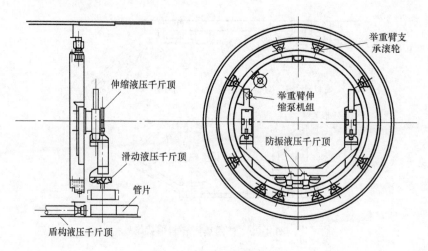

图 4-32　环式举重臂示意

当盾构向前推进时管片拼接环就从盾尾脱出，由于管片接头缝隙、自重力和土压作用，管片拼接环会产生变形而给后续施工带来困难。因此，需使用真圆保持器来修正和保持拼装后管环的正确位置。

除盾壳、推进系统、正面支撑系统、衬砌管片拼装系统、液压系统外，盾构还需一套复杂的操作系统控制盾构掘进机的工作状态。

2. 盾构的种类

盾构的分类方法很多，这里仅简要介绍以下几种。

（1）按盾构机的尺寸大小分类

1）微型盾构，指直径 $D \leqslant 2m$ 的盾构。

2）小型盾构，指 2m<直径 D≤3.5m 的盾构。

3）中型盾构，指 3.5m<直径 D≤6m 的盾构。

4）大型盾构，指 6m<直径 D≤14m 的盾构。

5）特大型盾构，指 14m<直径 D≤17m 的盾构。

自 1970 年以来，由于上下水道、电缆隧道等小直径地下隧道工程不断增加，促使微型盾构迅速发展。尤其在大城市中地下管线密集，开槽埋管无法施工时，用微型盾构暗挖法更显示其优越性。微型盾构的基本原理与普通盾构相同，但并非单纯将普通盾构按比例缩小，而有其自身的许多特点。例如，覆盖层较薄，一般不及 2.0m，衬砌结构会受上部集中荷载影响，施工于繁忙街区下方，工作井尽量少占地，应减小噪声等。

（2）按挖掘土体的方式分类

1）手掘式盾构。掘削和出土均靠人工操作，多用于地质条件较好的小型隧道开挖。其构造简单，配套设备较少，如图 4-33 所示。可根据工作面的地质条件或全部敞开开挖，或正面支撑开挖，随挖随撑。其优点是：

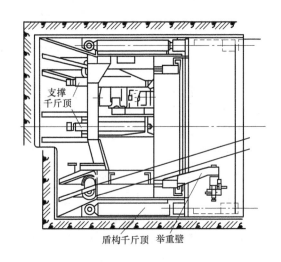

支撑千斤顶

盾构千斤顶　举重壁

图 4-33　手掘式盾构

① 开挖面是开放性的，施工人员随时可以观察地层的变化情况。

② 遇到各种地下障碍物时，比较容易排除处理。

③ 容易做到需要方向的超挖，对盾构纠偏有利，也便于隧道曲线段施工。

④ 设备简单，造价低。

手掘式盾构的缺点是施工人员劳动强度大，施工速度慢；用于含水不稳定地层中易产生流砂、涌土现象，施工安全性差。

2）半机械式盾构。由挖土机械代替人工开挖。该种盾构是在敞开式人工盾构机的基础上安装掘土机械，可以是反铲挖土机、螺旋切削机或软岩掘进机。掘土机械因造价相对全机械化盾构低得多，又可减轻劳动强度，效率较高，因此地下工程中应用较多。

3）机械式盾构。掘削和出土等作业均由机械装备完成。全机械化盾构分为开胸式、机械切削盾构和闭胸式机械化盾构。图 4-34 为机械切削盾构的构造示意，在盾构机的前端装有旋转刀盘，掘削下来的土砂由装在刀盘上的旋转铲斗，经过斜槽送到螺旋输送机上。机械式盾构的掘削能力强，掘削和排土连续进行，故工期缩短，作业人员减少。

（3）按稳定前方掘削面的形式分类

1）挤压式盾构。可分全挤压式和半挤压式两种。前者将开挖工作面用胸板封闭，把土层挡在胸板外面，避免水土的涌入，并省去出土工序。后者则在封闭胸板上局部开孔，当盾构推进时，土体从孔中挤入盾构，装车外运。图4-35为挤压式盾构。

挤压式盾构靠强大推力将前方土层挤入盾构四周外侧而向前推进，适于松软可塑的黏性土层或粉砂层（$N<10$），不能用于硬质地层。该方法对地层扰动较大，盾构通过时地层隆起，之后又会呈现沉降。因此，应尽量避开在地面建筑物下施工。

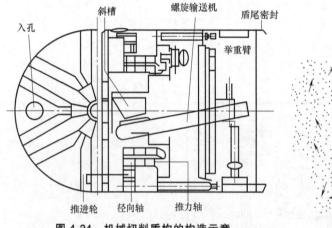
图4-34　机械切削盾构的构造示意

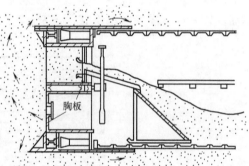
图4-35　挤压式盾构

网格式盾构是一种介于半挤压式和手掘式之间的盾构形式。它的前部不是胸板，而是钢制的开口网格。当盾构向前推进时，土被网格切成条状，进入盾构后运出；当盾构停止推进时，网格起到挡土作用，可有效地防止开挖面的坍塌。

2）局部气压盾构。在开胸式盾构的切口环和支承环之间装有隔板，使切口环部分形成密封舱，图4-36为局部气压盾构。舱内通入压缩空气，以平衡开挖面的土压力，维持其稳定。局部气压盾构是相对于在盾构隧道内全部通入压气的施工方法而言，它可以免除工作人员在压气下工作的弊病。但局部气压盾构至今还存在下列技术问题：密封舱部分的体积小，

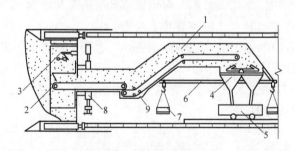
图4-36　局部气压盾构
1—气压内出土运输系统　2—胶带输送机　3—排土抓斗
4—出土斗　5—运土车　6—运送管片单轨　7—管片
8—衬砌拼装器　9—伸缩接头

压缩空气的容量少，若透气系数大的地层，难以保持开挖面气压的稳定；盾尾密封装置还做不到完全阻止舱内压缩空气的泄漏；管片间接缝存在压缩空气泄漏问题，有时管片外部泥水被一起带入隧道，增加了施工困难。因此，该方法一直未广泛推广应用。

3）泥水加压盾构。在盾构密封隔舱内注入泥水，由泥水压力抵住正面土压，用全断面机械化切削及管道输送泥水出土方式，完成盾构开挖掘进的全过程。图 4-37 是泥水加压盾构工作原理及结构示意。泥水加压盾构实现了管道连续出土，又防止开挖面的坍塌，大大改

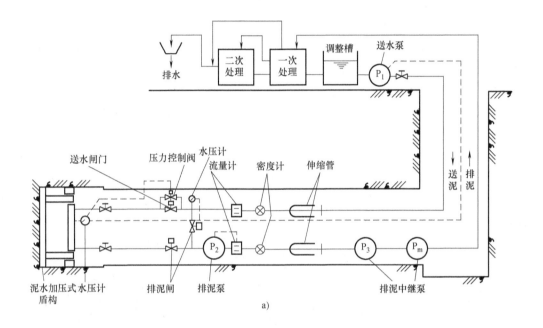

a)

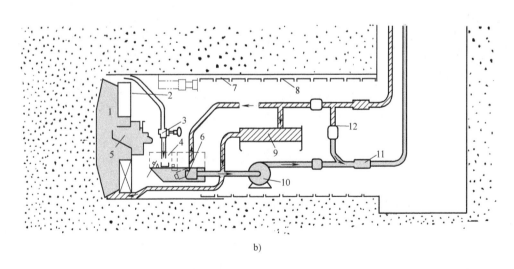

b)

图 4-37　泥水加压盾构

a）泥水加压盾构工作原理　b）泥水加压盾构结构示意

1—钻头　2—隔板　3—压力控制阀　4—集矸槽　5—斜槽　6—搅动器　7—盾尾密封

8—水泥浆　9—摩努型泵　10—砂石泵　11—伸缩管　12—紧急支管

善了盾尾泄漏。泥水加压盾构一般适合于在河底、海底等高水压力条件下的隧道施工，也适用于冲积形成的砂、粉砂、黏土层、弱固结的土层及含水量高、开挖面不稳定的地层等。泥水加压盾构在城市地下工程中，尤其在大断面隧道施工中广泛应用，如上海长江越江隧道工程采用直径达 15.43m 的泥水加压式的盾构（见图 4-37b）。

4）土压平衡盾构。又称为削土密闭式或泥土加压式盾构，是在局部气压及泥水加压盾构基础上发展起来的一种适用于含水饱和软弱地层中施工的新型盾构，广泛应用于城市地下工程施工中，如图 4-38 所示。

土压平衡盾构的头部装有全断面切削刀盘，在切口环与支承环间设有密封隔板，使切口部分形成浆化泥土密封舱。用流动性和不透水性的"作浆材料"，压注于切削下的土中使之成为可流动又不透水的浆化泥土，使其充满开挖面密封舱及相连的长筒形螺旋输送机。盾构推进时，浆化泥土的压力作用于开挖面，实现与土体静压与水压的平衡。推进中配合刀盘切削速度控制螺旋输送机的转速，保证密封舱内始终充满泥土，而又不过于饱满。

土压平衡盾构避免了局部气压盾构的主要缺点，又省略了泥水加压盾构中的处理设备，适用于含水量和粒度组成比较适中的粉土、黏土、砂质黏土等土砂可直接从切削面流入土舱及螺旋排土器的土质。但对含砂粒量过多的不具备流动性的土层，不宜选用。

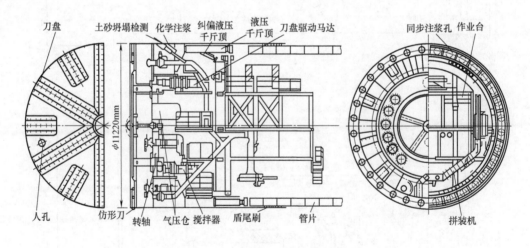

图 4-38　土压平衡盾构构造示意

5）盾构技术新发展。近年盾构技术在不断发展，如 CPS 盾构和超级盾构。CPS（Chemical Plug Shield）盾构法是向土压舱内掺入一些化学剂，使开挖土具有一定止水能力以保证开挖面稳定的一种适合于开挖深度大、水压高的土压平衡盾构施工法。该法在土压舱内掺入主剂和其他外加剂与开挖土进行搅拌，再将辅助剂注入螺旋式排土机内对土体进行改良，最后制成具有止水性能的土体。使用这种止水土体在开挖像具有高承压水的砂砾土层时，可抵抗高水压的作用，防止地下水和土砂的喷射，保证开挖面稳定。

国际上正在研制新一代超级盾构，它集中土压平衡盾构（Shield）和隧道凿岩机

（TBM，Tunnel Boring Machine）的优点；前方大刀盘既装有可开挖软黏土、粉砂的切刀和刮刀，又装有开挖坚硬岩体的高强度合金滚刀；在遇到软土介质时，是一台土压平衡盾构；遇到无地下水的岩石地层则转变成敞胸开挖凿岩机；盾构刀盘的轮辐上安装声发射的地质雷达，可随时探测盾构前方土层变化和施工障碍物，根据变化可随时更换刀具和开挖面支撑措施。

日本等国研制了子母式特殊盾构、H（水平）和V（竖向）特殊盾构、双圆和三圆盾构等，如直接采用三圆盾构施工地铁车站等技术得到了成功应用。

上海首次采用双圆盾构掘进机（DOT双圆盾构）建造了黄兴绿地站—翔殷路站—嫩江路站—开鲁路站双圆盾构工程，共三个区间，全长2688m，为软土条件下采用双圆盾构施工取得了成功的经验。

3. 盾构选型

盾构选型是否合理是盾构法施工成败的关键。地下工程采用盾构法施工时，要根据隧道的尺寸、地层条件和工程质量要求等来确定盾构壳体参数及其他技术参数。我国多个城市曾因所选盾构类型及参数与当地的地层适应性较差而造成掘进效率低下、设备损毁、地层塌陷等，由此带来巨大的损失，并延误工期。供盾构选型参考的土壤粒度分布曲线如图4-39a所示；不同盾构类型的图示及其对地层适应性分析如图4-39b所示。

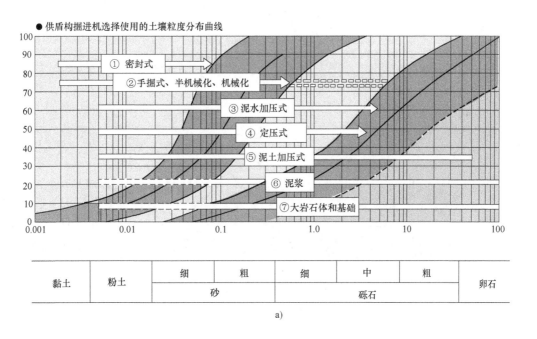

图4-39 不同地层条件下的盾构选型

a）盾构选型使用的土壤粒度分布曲线

类型	①	②		③
	密封式	手掘式	半机械化式	泥水加压式
说明	适合于软性、粉质、含砂量少的土质。出泥根据挖掘速度调节开孔大小而控制	适合于坚硬、无崩塌性土质或半坚硬土质。装配有半月型掘进面和用于支撑掘进面的千斤顶。如果土质条件需要，则可使用一些专用设备，例如可移动式防护罩、可移动式平台等	一种手动操作型机械设备。配备有反铲、臂式切刀之类工具，以满足土质条件的需要	适合于渗水砂土和砂砾(少量砂砾)土质。有的配备有石头箱和石头排除装置以便移走泥浆中的卵石
略图	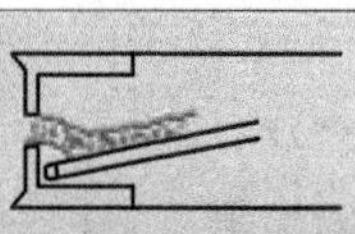	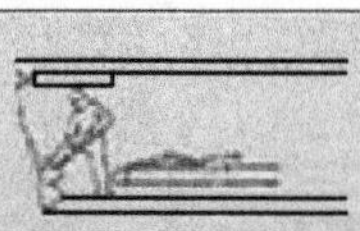	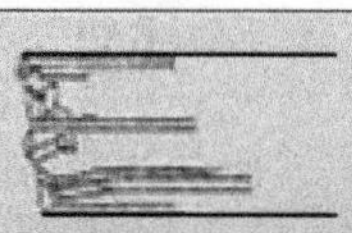	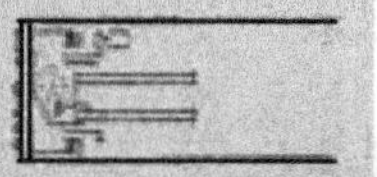
外观				

类型	④	⑤	⑥ 泥浆		⑦
	定压式	泥土加压式	双螺旋	带状螺旋	潜盾式钻掘机(SBM)
说明	适合于黏土和粘砂土质。主要特点之一是带有锥形阀门螺旋排出装置以便形成砂栓。也适用于部分气压操作	机械化潜盾机，配备有全方位辐条式切削，插于泥浆中可适用于不同断面。特点是转换变形功能和开放切削面构造	由于泥浆灌入切削仓，所以适合于渗水、砂砾卵石土质和超软土质及复杂地层。这种类型具有泥水加压式和定压式的优点，这样就适合于各种类型的地层		机械化潜盾机配备有钻头，可以破碎大岩石体和基础。建议用于黏土层，可崩塌含水层、大岩石体和基础
略图	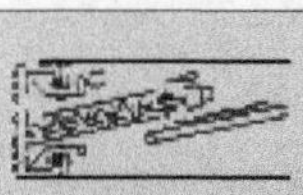	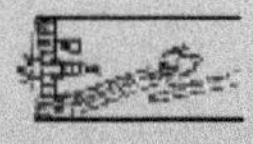	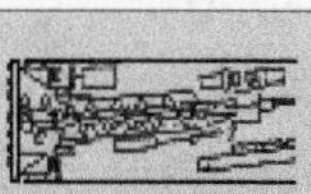	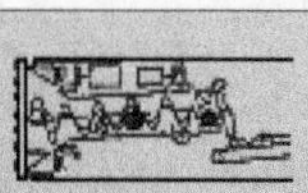	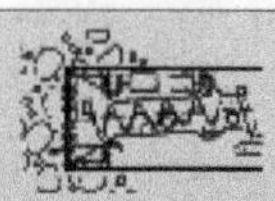
外观					

b)

图 4-39　不同地层条件下的盾构选型（续）
b）不同盾构类型对地层的适应性

4.3.2　盾构施工法的技术参数设计

1. 盾构壳体尺寸的确定

（1）盾构的外径 D 的确定　通常根据隧道边界和结构尺寸的要求进行设计和计算，如图 4-40 所示。

设计时，盾构的内径 D_0 应稍大于隧道衬砌的外径，即在盾构与衬砌之间必须留有一定的建筑空隙，其大小决定于盾构制造及衬砌拼装的允许误差。要考虑盾构偏离设计轴线时进行水平及垂直方向的纠偏和便于衬砌拼装工作的进行。建筑间隙在满足上述要求的情况下尽可能减小。为此，盾构外径的计算方法为

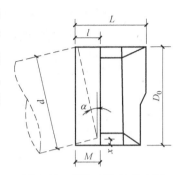

$$D = D_0 + 2\delta = d + 2(x + \delta) \tag{4-1}$$

图 4-40 盾构壳体外径计算

式中　d——衬砌外径（mm）；

　　　δ——盾壳厚度（mm）；

　　　x——盾构建筑间隙（mm）。

根据盾构纠偏和调整方向的要求，一般盾构建筑间隙为衬砌外径的 $0.8\% \sim 1.0\%$。建筑间隙 x 的最小值要满足：

$$x = ML/d \tag{4-2}$$

式中　L——盾尾内衬砌环上顶点能转动的最大水平距离，通常采用 $L = 0.0125d$；

　　　M——盾尾遮盖部分的衬砌长度。

由此得到：$x = 0.0125M$，一般取为 $30 \sim 60$mm。

根据国内外大量的施工实践，建筑间隙通常为 $0.008d \sim 0.01d$，则经验公式为

$$D = (1.008 \sim 1.010)d + 2\delta \tag{4-3}$$

（2）盾构机的长度 L　通常为前檐、切口环、支承环和盾尾长度的总和，如图 4-41 所示。

$$L = L_0 + L_1 + L_2 + L_3 \tag{4-4}$$

$$L_0 = M + M_1 + M_2$$

式中　L_0——盾尾长度，要求越短越好；

　　　M——盾尾遮盖的衬砌长度，一般为一环衬砌宽度的 $1.2 \sim 2.2$ 倍；

　　　M_1——盾构千斤顶顶块与刚拼完的衬砌环的间隙，一般为 $0.10 \sim 0.20$m；

　　　M_2——千斤顶缩回后露在支承环外的长度，一般为 $0.5 \sim 0.7$m；

　　　L_1——支承环长度，主要取决于千斤顶的长度，与衬砌环的宽度 b 有关；一般取衬砌环宽度 b 加 $0.20 \sim 0.30$m 的富余量；

　　　L_2——切口环长度，在机械化盾构中仅考虑容纳开挖机具即可，但在手掘式盾构中应考虑人工开挖的安全与施工方便，一般 L_2 的最大值为：$L_{2\max} = D\tan\psi$ 或 $\leqslant 2$m，ψ 为开挖土面坡度，一般多为 $45°$ 左右；

　　　L_3——盾构前檐宽度，并非所有盾构都有该项，一般手掘式盾构为开挖面的安全才设置，其长度取为 $0.3 \sim 0.5$m。

2. 盾构推进顶力计算

盾构的前进及方向的调整靠液压千斤顶推进来实现。因此盾构液压千斤顶必须具有足够的力量，以克服推进过程中所遇到的各种阻力。盾构推进中所遇阻力计算如下：

（1）盾构外表面与周围土层间摩擦阻力 F_1

$$F_1 = \mu_1 [2(p_v + p_h)LD] \tag{4-5}$$

式中　μ_1——钢与土间的摩擦系数，其值为 $0.4 \sim 0.5$；

p_v——盾构顶部的竖向土压力，$p_v = \gamma H$，H 为盾构覆盖土厚度，γ 为土的重度；

p_h——水平土压力值；

L、D——盾构的长度和外径。

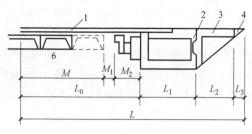

图 4-41 盾构长度计算
1—盾尾 2—支承环 3—切口环 4—前檐

（2）切口环切入土层阻力 F_2

$$F_2 = D\pi L(p_v \tan\varphi + c) \qquad (4\text{-}6)$$

式中　φ——土体的内摩擦角；

c——土体的黏聚力。

（3）衬砌与盾尾间的摩擦阻力 F_3

$$F_3 = \mu_2 GN \qquad (4\text{-}7)$$

式中　μ_2——盾尾与衬砌之间的摩擦系数，取 $0.4 \sim 0.5$；

G——单环衬砌重力；

N——盾尾中衬砌的环数。

（4）盾构自重产生的摩擦阻力 F_4

$$F_4 = \mu_1 G_0 \qquad (4\text{-}8)$$

式中　G_0——盾构自重。

（5）开挖面正面支撑阻力 F_5　若盾构推进时切口环不切入地层，则需要克服开挖面支撑上地层的主动土压力，取盾构 $1/2$ 直径高度处的地层所具有的主动土压力。

$$F_5' = p_h D^2 \pi / 4 \qquad (4\text{-}9)$$

若盾构推进时切口环切入地层，则切口环部分产生的阻力：

$$F_5'' = \pi p_p D_k \delta_k \qquad (4\text{-}10)$$

式中　D_k——切口环部分平均直径；

δ_k——切口环部分厚度；

p_p——被动土压力，$p_p = \gamma H \tan^2(45° + \varphi/2)$。

故在开挖地层时，要支撑开挖面的盾构阻力为：$F_5 = F_5' + F_5''$

对于闭胸挤压盾构，其正面阻力为

$$F_5^b = F_5 + p_p D^2 \pi / 4 \qquad (4\text{-}11)$$

总之，盾构阻力计算，应根据施工的实际情况而定。一般在设计确定盾构液压千斤顶的总顶力时，还应采用 $1.5 \sim 2.0$ 的安全系数。因此，盾构推进顶力的设计值应为

$$F = (1.5 \sim 2.0)(F_1 + F_2 + F_3 + F_4 + F_5) \qquad (4\text{-}12)$$

3. 盾构开挖面的稳定性分析

盾构法通常应用于松软土层中的隧道施工，为使开挖面保持稳定，有时要采取辅助施工措施，如气压法、泥水加压法等，需要估算使工作面稳定的主动压力。

气压盾构是以压缩空气来保持开挖面的稳定，其作用是阻止涌水，防止开挖面的崩坍。实际估算时，压缩空气的压力应取为：对于中小断面的盾构为 $D/2$ 处的地下水压力；对大断面盾构为 $2D/3$ 处的地下水压力。对于黏性土等透气性小的地层采用的压力可乘以 $0.5 \sim 0.7$ 的折减系数，但应考虑到漏气消耗的影响。

泥水盾构开挖面土层的稳定是由泥水压力和机械切削刀盘起支撑作用来保持的。泥水压

力主要在掘进中起支护作用，静水压与泥水压的相互作用如图 4-42 所示；泥水加压盾构作用的开挖面稳定分析如图 4-43 所示。当盾构底部处于地下水位以下的深度为 H 时，其水压力 p_s 为

$$p_s = \gamma_s H \tag{4-13}$$

而在盾构正面密封舱底部的泥水压力为

$$p_n = \gamma_n (H + \Delta h) \tag{4-14}$$

式中　p_n——泥水压力；

　　　γ_n——泥水相对密度；

　　　Δh——泥水超压等效高度。

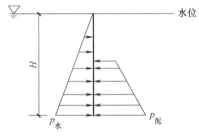

图 4-42　静水压与泥水压作用

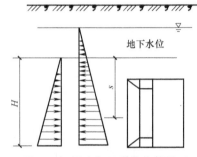

图 4-43　泥水加压盾构作用原理

一般设计时，Δh 取 2.0m，而 $\gamma_n > \gamma_s$，故开挖面任何一点泥水压力始终大于地下水压力，从而形成一个向外的水力梯度，保证了开挖面的稳定。

勃朗姆斯（Broms）和本那马克（Bennermark）提出软土开挖面的稳定性判据，表达式为

$$N_t = \gamma H / S_u \tag{4-15}$$

式中　N_t——开挖面稳定性判据；

　　　γ——土的相对密度（kN/m^3）；

　　　H——隧道埋深（m）；

　　　S_u——土的不排水剪切强度（KPa）。

由现场研究得出：$N_t = 1 \sim 4$，开挖面稳定，掘进无困难；$N_t > 5$，土很快挤满盾尾建筑空隙；$N_t > 6$，土涌入盾构；$N_t > 7$，无特殊措施，开挖面施工不安全。为维持正常施工，应保持 $N_t \leqslant 6$。

4. 盾构隧道衬砌内力计算

作用于每米长度衬砌上的主荷载有垂直和水平土压力、水压力、自重、上覆荷载的影响和地层抗力；附加荷载有内部荷载、施工荷载和地震影响等；特殊荷载包括平行隧道施工的影响、地层沉降的影响等，如图 4-44 所示。在不同施工阶段和特殊情况（如人防荷载）下，还需考虑相应荷载的影响因素。

（1）衬砌拱顶竖向地层压力

拱上部　　　　　　　　　　$$p_{v1} = \sum_{i=1}^{n} \gamma_i h_i \tag{4-16}$$

式中　γ_i——土的重度（kN/m^3）；

　　　h_i——衬砌顶部以上各土层的厚度（m）。

拱背部，近似地化为均布荷载：

$$p_{v2} = Q/2R \qquad (4\text{-}17)$$

式中　Q——拱背部总的地层压力，$Q = 2(l-\pi/4)R^2\gamma_i = 0.43R^2\gamma_i$；

　　　R——衬砌圆环计算半径（m）。

（2）侧向水平均匀土压力

$$p_{h1} = p_v \tan^2(45° - \varphi/2) - 2c'\tan(45° - \varphi/2) \qquad (4\text{-}18)$$

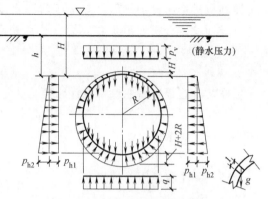

图 4-44　作用在衬砌上的荷载

式中　φ——衬砌环顶部以上各土层内摩擦角加权平均值；

　　　c'——衬砌环顶部以上各土层黏聚力加权平均值。

侧向水平三角形土压力：

$$p_{h2} = 2\gamma R\tan^2(45° - \varphi'/2) - 2c\tan(45° - \varphi'/2) \qquad (4\text{-}19)$$

式中　γ——侧向各土层平均相对密度；

　　　φ'——侧向各土层内摩擦角平均值；

　　　c——侧向各土层平均黏聚力。

（3）静水压力 p_s　它对隧道衬砌的受力状态影响很大，计算时，常将其分为沿圆环均布的径向压力 $H\gamma_s$ 和从圆环顶部向下呈月牙形变化的径向压力，如图 4-45 所示。

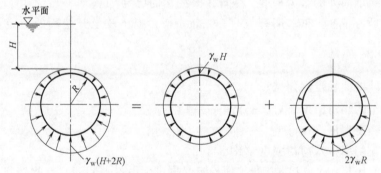

图 4-45　作用在衬砌上的静水压力计算

（4）自重 G　按初步设计的截面尺寸计算（取衬砌环宽 1m）：

$$G = F\gamma_h \cdot 1/b \qquad (4\text{-}20)$$

式中　F——衬砌构件的截面积（沿隧道纵向）；

　　　γ_h——衬砌材料重度；

　　　b——沿隧道纵向，衬砌环宽度。

按上述隧道外荷载的有关土力学理论及计算公式所得的结果比较粗糙。根据实际情况，衬砌外荷载的数值和分布与隧道埋设地层的水文地质情况、施工方法、衬砌本身的刚度等有密切关系，因此理论计算应和实际分析与测量结合，进行必要的调整。

现就确定荷载的有关问题分述如下，以供参考。

1）竖向土压力：按隧道顶部的全部土压（γH）计算，在软黏土中较为适合，但当在具有较大抗剪强度的土层中，且隧道的埋深又超过衬砌环外径（$H > D$）时，则竖向土压小于γH值。这时按所谓的"松动高度"理论，如图4-46所示，采用太沙基公式或普氏公式计算较普遍。

太沙基公式 $p_v = B_0(\gamma - c/B_0)[1 - \exp(-H\tan\varphi/B_0)]/\tan\varphi + p\exp(-H\tan\varphi/B_0)$ (4-21)

普氏公式 $p_v = 2B_0\gamma/3\tan\varphi$ (4-22)

2）侧向土压力：一般可按朗肯公式计算，但地层组成、施工方法、衬砌结构的刚度等对侧向主动土压力的影响很大。如当采用挤压盾构施工时，开始时侧向压力很大，往往大于顶部压力，因此，侧压系数要综合考虑多种因素，结合现场实测来确定。

3）侧向土抗力：当外荷载作用于隧道衬砌时，衬砌结构产生水平变形，地层则产生与其相对应的抗力。假定侧向抗力是一等腰三角形分布，即与水平直径上下成45°角，则：

$$p_k = ky \quad (4-23)$$

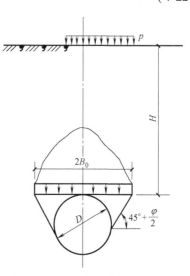

图4-46 竖向土压力荷载示意图

式中 k——衬砌圆环侧向地层压缩系数；

y——衬砌圆环在水平直径处的变形量。

变形量的计算尽管有多种方法，但仍是要研究的问题；通常采用经验公式：

$$y = (2p_u - p_{h1} - p_{h2} + \pi G)R^4/[24(\eta EJ + 0.0454kR^4)] \quad (4-24)$$

式中 EJ——衬砌圆环抗弯刚度；

η——刚度有效率，取0.25~0.80。

土介质的侧向抗力p_k的取用与否、其值的大小、抗力分布形式等对衬砌结构内力的计算结果影响较大，应用中要谨慎合理。

4）上覆荷载的影响：通常认为对衬砌的作用途径是上覆荷载通过地层中的土体应力变化传递给衬砌，即作用在衬砌上的土压力增加。布辛尼斯克（Boussinesq）和威斯特卡德（Westergaard）等人都给出了计算地层中应力传递的公式，也可用有限元法做数值解析计算；但由于问题的复杂性，计算结果出入较大，还需要大量实测和研究工作。

4.3.3 盾构隧道的衬砌设计

盾构隧道的衬砌一般为双层构造。外层称为一次衬砌，其作用是支撑来自地层的土压力、水压力，承受盾构的推进力及各种施工设备构成的内部荷载；内层为二次衬砌，其作用除进一步加强补充一次衬砌的作用外，通常还应具有良好的防渗、防蚀、防振、修正轴线和内装饰的作用。通常一次衬砌采用钢筋混凝土或球墨铸铁材料制作的管片，在现场拼装成环而成。二次衬砌多采用现场浇筑无筋或钢筋混凝土法制作。

1. 管片的构造与种类

盾构隧道的断面通常为圆形，根据断面大小沿圆周分割成多个弧状板块，该弧状板块即为管片。为了提高构筑速度，管片是在工厂按设计要求制作的预制件，运至现场拼装即可。管环通常由沿周向分割的 A 型管片、最后封顶的 1 块 K 型管片及其两侧的 B 型管片共 3 种管片构成，如图 4-47 所示。K 型管片有径向插入型和轴向插入型两种如图 4-48 所示。管片的构造因使用的材料、断面形状和接头形式不同而有多种形式，如图 4-49 所示，常用的有箱形管片和平板形管片。

箱形管片是由主肋和接头板或纵向肋构成的凹形管片的总称。钢制和球墨铸铁制凹形管片一般称作箱形管片；钢筋混凝土制凹形管片称作中字形管片。平板形管片指具有实心断面的弧板状管片，一般是由钢筋混凝土制作，有时会对管片的表面用钢板覆包或用钢材代替钢筋进行制作。

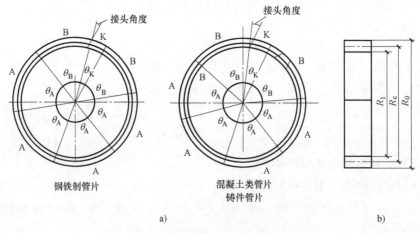

图 4-47　不同弧形管片连接成管环示意图
a）横断面　b）侧面

2. 管片的设计

（1）设计管片时需要遵循的原则

1）必须确保隧道构造的安全。管片拼装的一次衬砌必须保证能够承受从开工到竣工后的长期试验阶段的作用于隧道上的各种荷载作用。

2）降低成本，制作和施工容易。就盾构隧道而言，管片制作成本通常占总造价的 40%～50%，合理地设计管片是降低造价的关键一环。另外，需考虑管片制作工艺、拼装成管环工艺及形成一次衬砌施工的方便性。

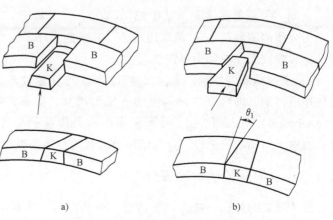

图 4-48　K 型管片种类及连接形态
a）径向插入型　b）轴向插入型

3）选择合理的构造形式。根据隧道的用途、土质条件及施工方法等因素选择管片的种类、构造形式及强度。一般中、小直径的水工隧道、电力与电信隧道等多采用钢筋混凝土管

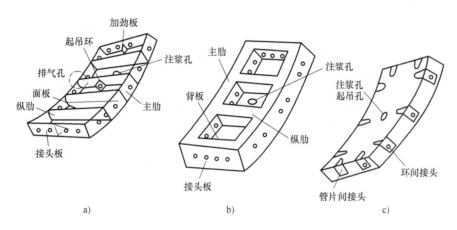

图 4-49　盾构管片的构造形式

a）箱形管片　b）中字形管片　c）平板形管片

片和钢管片；对铁路、公路等大直径隧道，以选用钢筋混凝土管片为主。

（2）管环的设计计算　在计算管环的断面应力时，应根据管片的种类、接头方式、接头的位置组合产生的接头效应等因素分析管环的结构特性。把管环看作具有均质刚度的环，还是具有多个铰支的环，或是具有转动弹簧和剪切弹簧的环，应根据隧道的用途、地质条件和衬砌构造特性来确定；目前多采用允许应力法进行设计计算。把管环视为刚度均匀环时，常采用 20 世纪 60 年代初提出的计算方法，图 4-50 为刚度均匀管环的荷载系统，竖向的地层反力假定为等分布荷载，水平向的地层反力则假定为自环顶部向左右 45°~135°区间的均布荷载（三角形）。考虑到管片接头抗弯刚度的降低，随后提出修正的计算方法，即考虑接头引起的管环抗弯刚度的下降系数（$\eta<1$），但仍认为整个管环的刚度是均匀的。

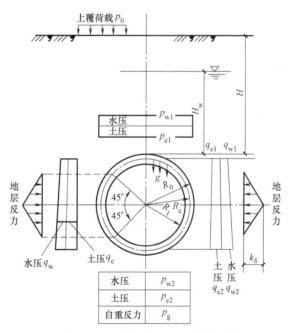

图 4-50　刚度均匀管环的荷载系统

新发展的多铰环计算方法，把管环认定为多铰连接，即把管片接头看作铰构造进行计算。多铰环自身为不稳定构造，但在周围地层土体的支承围护作用下成为稳定构造，适用于具有一定强度的良好地层；图 4-51 为多铰环设计计算简图。事实上各管片接头处存在一个能承担部分弯矩的弹性铰，它既非刚接，也非全部铰接，其担负弯矩的大小取决于接头刚度值。因此，有学者提出弹性铰环计算法，即在计算截面内力时可将管片接头看作弹性铰构造，计算模型如图 4-52 所示；计算需要的接头刚度值可由试验或经验综合分析确定。

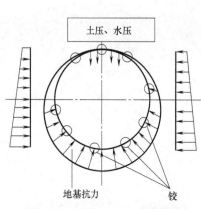

图 4-51　多铰环设计计算简图

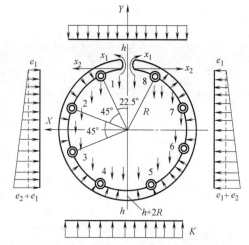

图 4-52　弹性铰构造设计计算简图

3. 二次衬砌设计

盾构隧道多采用现场浇筑混凝土的方法修筑二次衬砌，通常按加固目的可分为以下 3 种进行设计。

（1）围护结构的二次衬砌　只起加固、防水、防蚀、修正轴线摆动、防振及内装饰等辅助维护作用，可以认为不分担外荷载而只承受自重。盾构隧道几乎都是将一次衬砌的管片考虑为隧道的主体结构来设计的，二次衬砌通常都只做截面内力和应力的计算，厚度大多为 15～30cm。但二次衬砌使用内插管时，如果存在向一次衬砌内侧漏水，让外水压作用于二次衬砌的外侧时，可按外水压和自重采用允许应力法进行设计。

（2）起部分主体结构作用的二次衬砌　将二次衬砌和一次衬砌一道作为隧道主体结构，适用于因土质原因，在二次衬砌施工前，作用于一次衬砌上的荷载尚未达到极限值，二次衬砌完工后又出现新增荷载或局部作用有较大荷载；如周围开挖施工致使荷载发生变化，土压、水压的时效应和隧道周向刚度需要假定等。

设计计算时应根据一次衬砌与二次衬砌的接合面的形状，采用不同方法计算截面的内力和应力。当接合面较平滑时，由于两次衬砌与双层结构相似，假定荷载由管片与二次衬砌的抗弯刚度分担，则荷载分担系数 J 可按下式求取：

$$J=(E_2I_2/R_{c2}^4)/(E_1I_1/R_{c1}^4+E_2I_2/R_{c2}^4) \tag{4-25}$$

式中　J——二次衬砌荷载分担系数；

E_1、E_2——一、二次衬砌的弹性模量；

I_1、I_2——一、二次衬砌的断面惯性矩；

R_{c1}、R_{c2}——一、二次衬砌的计算半径。

当接合面凹凸不平并设有抗剪销时，由于接近整体构造，故可按整体结构计算。这种情况下，关于凹凸形状尺寸及抗剪销的设置密度，原则上应按它们具有足够的反力，能承受作用于接合面的剪力的状态设计。

（3）单独作主体结构的二次衬砌　将一次衬砌作为临时结构，二次衬砌作为主体结构进行设计，仅适用于自立性高的良好地层，实际应用较少。设计时，荷载和地层反力等均由二次衬砌承担，用允许应力法进行单独设计与验算。

4.3.4 盾构施工技术

盾构施工的特点是掘进地层、出土运输、衬砌拼装、接缝防水和盾尾间隙注浆充填等主要作业都在盾构保护下进行，同时需要随时排除地下水和控制地面沉降，因而盾构法施工是一项施工工艺技术要求高、综合性强的施工方法。盾构掘进机施工系统如图 4-53 所示。

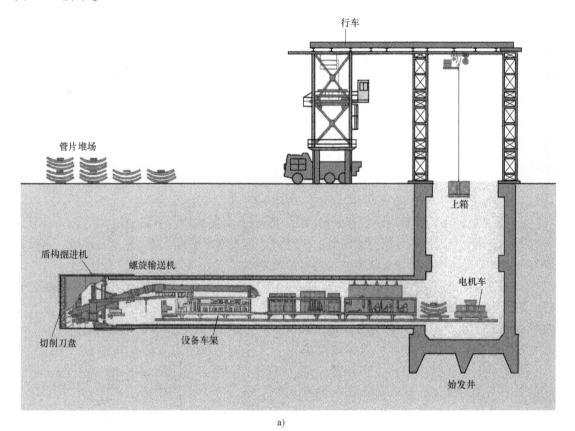

行车

管片堆场

上箱

盾构掘进机

螺旋输送机

电机车

切削刀盘

设备车架

始发井

a)

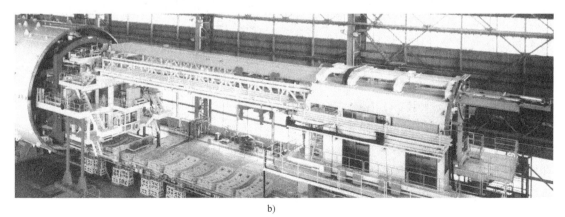

b)

图 4-53 盾构掘进机施工系统及内部装备系统

a) 盾构施工系统 b) 盾构掘进机的内部装备系统

盾构法施工的主要施工程序：

1）建造竖井或基坑，作为盾构施工的工作井。

2）盾构掘进机安装就位。

3）盾构出洞口处的土体加固处理。

4）初推段盾构掘进施工，即包括推进、出土、运土、衬砌拼装、盾尾注浆、轴线测量等。

5）盾构掘进机设备转换，即增加装有动力、电器、辅助工艺设备的后车架。

6）隧道连续掘进施工。

7）盾构接收井洞口的土体加固处理。

8）盾构进入接收井，并运出地面。

1. 盾构的安设与拆卸

在盾构施工段的始端，必须进行盾构安装和盾构进洞工作，而当通过施工区段后，又必须出井拆卸。盾构安装一般有以下几种方案：

1）临时基坑法：用板桩或明挖方法围成临时基坑，在其内进行盾构安装和后座安装并进行运输出口的施工，然后将基坑部分回填并可拔除板桩，开始盾构施工。此法适于浅埋的盾构始发端。

2）逐步掘进法：用盾构法进行纵坡较大、与地面直接连通的斜隧道施工。盾构由浅入深掘进，直到全断面进入地层形成洞口。该法对地面环境要求高，施工占地范围大，斜隧道距离长，施工成本高，适用于浅埋盾构隧道的始发端。

3）工作井法：是目前盾构隧道施工应用最多的施工方法。进发竖井即始发盾构机的竖井，故需从地表把盾构机的分解件及附属设备运入进发竖井，然后在井内组装盾构，设置反力装置和盾构进发导口；一般也作为施工人员进出，各种材料、设备的运输通道。

竖井的断面形状很多，可根据地层条件和使用目的来设计，目前应用较多的是矩形竖井或圆形竖井，其构筑工法有明挖工法、沉箱工法、沉井工法、人工挡土墙工法，包括钻孔灌注桩法、钢板桩工法、搅拌桩（SMW）工法和地下连续墙工法等。图4-54为压气沉箱工法，其基本原理是向沉箱下部的工作室内压送与地下水压相当的压缩空气，阻止地下水进入作业室，从而保证开挖作业在无水状态下安全进行。

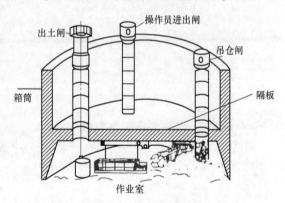

图 4-54 压气沉箱工法

在明挖始发井、沉井或沉箱壁上预留洞口及临时封门以备盾构始发，盾构在井内安装就位，如图4-55所示；待准备工作结束后即可拆除临时封门，使盾构进入地层，开始开挖掘进。盾构掘进完成后，需要有到达竖井，也称拆卸井，应满足起吊、拆卸工作的方便，但对其要求一般较始发井低，多数情况下可同时作为通风井使用。

2. 土体开挖与推进

盾构施工首先使切口环切入土层，再开挖土体。液压千斤顶将切口环朝前顶入土层，其

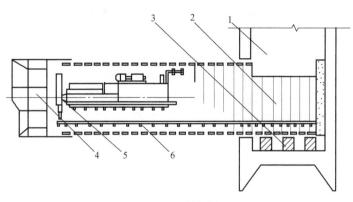

图 4-55 盾构进洞

1—盾构拼装井　2—后座管片　3—盾构基座　4—盾构　5—衬砌拼装器　6—运输轨道

最大距离是一个液压千斤顶的行程。盾构的位置与方向及纵坡度等均依靠调整液压千斤顶的编组及辅助措施加以控制，图 4-56 为盾构推进工艺。

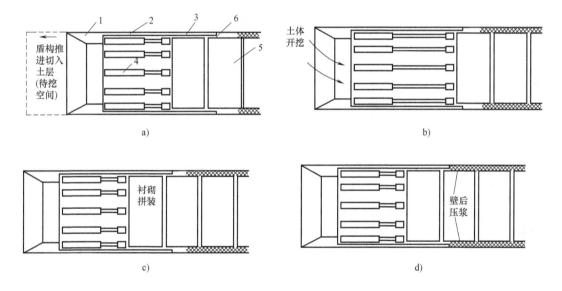

图 4-56 盾构推进工艺循环

a）切入土层　b）土体开挖　c）衬砌拼装　d）壁后压浆

1—切口环　2—支撑环　3—盾尾　4—推进液压千斤顶　5—管片　6—盾尾空隙

土体开挖方式根据土质的稳定状况和选用的盾构类型确定，具体开挖方式有以下几种。

1）敞开式开挖：在地质条件好，开挖面在掘进中能维持稳定或采取措施后能维持稳定，用手掘式及半机械式盾构时，均为敞开式开挖。开挖程序一般是从顶部开始逐层向下挖掘。

2）机械切削开挖：利用与盾构直径相当的全断面旋转切削大刀盘开挖，配合运土机械可使土方从开挖到装运均实现机械化，城市地下工程广泛采用机械开挖方式。

3）网格式开挖：开挖面用盾构正面的隔板与横撑梁分成格子，盾构推进时，土体从格子里以条状挤入盾构中，是盾构技术早年常用的出土方式。

4）挤压式开挖：用挤压式和局部挤压式开挖，由于不出土或部分出土，对地层有较大的扰动，施工中应精心控制出土量，以减小地表变形；常用于顶管等非开挖技术中。

3. 衬砌拼装与防水

软土层盾构施工的隧道，多采用预制拼装衬砌形式；少数采用复合式衬砌，即先用薄层预制管片拼装，然后复壁浇注内衬。

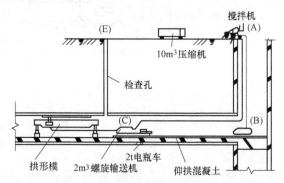

图 4-57　二次衬砌混凝土浇筑作业

预制拼装通常由称作"管片"的多块弧形预制构件拼装而成。拼装程序有"先纵后环"和"先环后纵"两种。先环后纵法是拼装前缩回所有千斤顶，将管片先拼成圆环，然后用千斤顶使拼好的圆环沿纵向向已安好的衬砌靠拢连接成洞。此法拼装，环面平整，纵缝质量好，但可能形成盾构后退。先纵后环因拼装时只缩回该管片部分的千斤顶，其他千斤顶则轴对称地支撑或升压，所以可有效地防止盾构后退。

二次衬砌施工前应采用喷水冲洗阀和真空泵抽吸法对一次衬砌内侧进行清扫，用背后注入速凝砂浆法堵漏，随后对管片接头螺栓进行重新紧固。

图 4-57 是二次衬砌混凝土浇筑作业，因预拌混凝土车无法开进浇注现场，施工中应将预拌混凝土的运输和浇筑作为一个系统考虑。二次衬砌施工模板有滑动模板和用散装模板装配成的拱架两种。图 4-58 为常用滑模作业示意，滑模的长度一般为 8~12m，依次将棒状液压千斤顶伸开立模，混凝土浇筑和养护之后，就要通过使棒状液压千斤顶依次退缩来脱模，滑模的荷载转移给桥式台车，再使用手动葫芦和绞车等将桥式台车转移到下一个浇筑现场。

含水土层中盾构施工，其钢筋混凝土管片支护除应满足强度要求外，还应解决防水问题。管片拼接缝是防水关键部位。目前多采用纵缝、环缝设防水密封垫的方式。防水材料应具备抗老化性能，在承受各种外力而产生往复变形的情况下，应有良好的黏着力、弹性复原

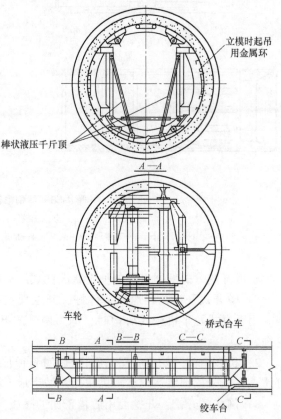

图 4-58　常用滑模作业示意

力和防水性能。特种合成橡胶比较理想，实际应用较多。衬砌完成后，盾尾与衬砌间的建筑空隙需及时充填，通常采用壁后压浆，以防止地表沉降，改善衬砌受力状态，提高防水能力。

压浆分一次压注和二次压注。当地层条件差，不稳定，盾尾空隙一出现就会发生坍塌时，宜采用一次压注，压浆材料以水泥、黏土砂浆为主体，终凝强度不低于 0.2MPa。二次压注是当盾构推进一环后，先向壁后的空隙注入粒径 3~5mm 的石英砂或石粒砂；连续推进5~8 环后，再把水泥浆液注入砂石中，使之固结。压浆宜对称于衬砌环进行，注浆压力一般为 0.6~0.8MPa。

4.3.5　盾构施工的地表变形

采用盾构法施工时，一般在地表均会有变形，这在松软含水地层或其他不稳定地层中尤为显著。地表变形的程度与隧道的埋深、直径、地层特性、盾构施工方法、地面建筑物基础形式等有关。

1. 地表变形的规律

盾构法施工时，沿隧道纵向轴线所产生的地表变形，一般在盾构前方约和盾构深度相等的距离内地表开始产生隆起，在盾构通过以后地表逐渐下沉，其下沉量随着时间的推移由增加而最终趋于稳定，其变形规律如图 4-59 所示。

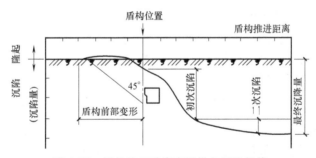

图 4-59　盾构施工地表变形纵向沉降规律

不同的盾构施工方法，其变形规律及影响范围大致相同，但变形量的差异很大。一般全闭胸挤压盾构推进时，地表隆幅最大，气压盾构或局部挤压盾构、土压平衡盾构等施工时，地表隆起现象相对较小。一般隆起越多，盾构过后沉降越大。施工时掌握得好，地表沉降量可控制在 50mm 左右。一般在市区进行盾构施工时，地面沉降的控制标准是地面下沉不超过30mm，地面隆起不超过 10mm；在沉降变形要求严格的建（构）筑物下施工时需要制定专门的控制标准及风险控制措施。

图 4-60 是土压盾构施工引起的地表沉降分析，盾构隧道施工引起地层沉降的类型及机理见表 4-5，具体分析如下。

（1）先期沉降　盾构推进的前方在地层滑裂面以远，可能产生微小的沉降。产生先期沉降的原因主要是盾构施工所引起的地下水（或孔隙水）的下降。因先期沉降量甚微，一般只有几毫米，而且不一定所有盾构都会产生这种沉降，故常不为人所关注。但是如果盾构施工辅以降低水位法，则静水平面在降水井点管四周形成漏斗状曲面，漏斗外围地下水流动补给而产生动水压头，出现土中有效应力增加，产生固结沉降。

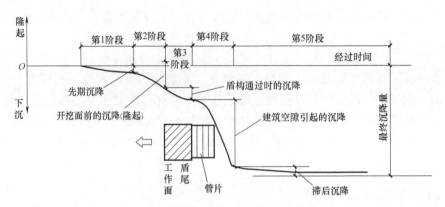

图 4-60　盾构推进时引起的地层沉降分析

表 4-5　地铁盾构隧道施工引起地层沉降的类型及机理

沉降类型	原因	应力扰动	变形机理
先期沉降	土体受挤压而压密	孔隙水压力减小,有效应力增加	孔隙比减小,土体固结
开挖面前的沉降(隆起)	工作面处施加的压力过大:上隆,过小:沉降	孔隙水压力增加,总应力增加	土体压缩,产生弹塑性变形
盾构通过时的沉降	土体施工扰动,出土量过多	土体应力释放	弹塑性变形
建筑空隙引起的沉降	土体失去盾构支撑,管片背后注浆不及时	土体应力释放	弹塑性变形
滞后沉降	土体后续时效变形	土体应力释放	蠕变压缩

（2）开挖面前的沉降（或隆起）　它是在盾构开挖面即将到达之前发生的下沉或隆起。开挖面的土水压力的不平衡是其发生的原因。当采用土压平衡盾构或泥水加压式盾构进行施工时，由于推进量与排土量不等的原因，开挖面土压力 p_z、水压力 p_w 与压力舱压力 p_j 产生不均衡，致使开挖面失去平衡状态，从而发生土体变形。开挖面土压力、水压力小于压力舱压时产生地层下沉，大于压力舱压时产生地层隆起。为了减少对开挖面土体的扰动，在盾构推进挖土和衬砌施工过程中，从理论上讲要保持 $p_z+p_w=p_j$，如图 4-61 所示。但是，由于压力舱的压力受到液压千斤顶推力、行进速度、螺旋出土器出土量等参数影响，完全保持平衡是不可能的，因此盾构推进对土体的扰动是不可避免的。

（3）盾构通过时的沉降　盾构在地层中推进，盾构外壳与地层之间必然会产生一个滑动面。邻近滑动面的地层中就产生了剪应力，当盾尾刚通过受剪的土体时，因受剪而产生的拉应力导致土体立即

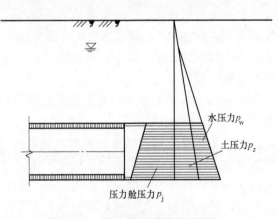

图 4-61　盾构推进时的正面受力

向盾尾的空隙移位。此外，盾构推进过程中时常要纠正其姿态，通常称之为纠偏。盾构纠偏意味着盾构轴线与隧道轴线产生一个偏角。盾构纠偏，使其保持与隧道轴线一致是以盾构经过之处压缩一部分土体，松弛另一部分土体来换取的，压缩的部分抵充了盾构的偏离，而松弛部分则带来了地面沉降。另一方面，当盾构掘进机曲线推进的时候，也会对土体产生较大的扰动，扰动后土体的物理力学参数必然发生变化，这种变化必然使土体产生弹塑性位移导致地面产生沉降。

(4) 建筑空隙引起的沉降　通常在盾壳内面至衬砌外径之间要留一定的空隙，这种空隙称之为建筑空隙。除几种特殊的盾构施工方法，如用胀开式管片和用压注混凝土衬砌的盾构外，通常盾构外径要比衬砌外径大 2% 左右。这是因为：一方面，盾尾壳板有一定的厚度，而壳板的厚度又因盾构的埋深、盾构直径、盾构长度和壳板材质而异；另一方面，为便于管片在盾壳内拼装及盾构推进时的不断纠偏，并且有时需要盾构在曲线上推进，也必须留有建筑空隙；当盾构施工的同步壁后注浆压力和注浆量不足时，这种建筑空隙必然会引起明显的地面沉降；当然也应避免过大的注浆压力和注浆量引起隆起破坏。

(5) 滞后沉降　地面沉降一般要在盾构通过相当长的一段时间后才能停止。在黏性土层中这种滞后的现象尤为明显，有时几个月，甚至几年，地面沉降才趋稳定。产生滞后沉降的主要原因有结构变形、固结变形和隧道渗漏泥水等。

1) 结构变形。衬砌结构脱出盾尾之后，受力条件发生变化。结构所受的外力又随注浆充填的方式、注浆压力、地质条件和施工质量有所变化。其中地层压力的调整历时较长，所带来的结构变形量最为明显。结构变形量还因结构材料、刚度而异，钢管片的允许变形量可达直径的 1%，钢筋混凝土管片的变形量可达 0.5%。

2) 固结变形。盾构推进时在其周围地层中会产生一个扰动圈，经扰动的土体因固结而导致地面沉降。如果固结的过程历时很久，那所引起的沉降也随之滞后。

3) 隧道渗漏泥水。隧道衬砌结构一般很难做到一点没有渗漏；当用钢筋混凝土做隧道衬砌时，还会存在着微量的肉眼观察不到的地下水的渗透。混凝土结构渗透的水量比蒸发量还小，甚至在混凝土表面看不见任何水渍。当隧道穿过含水丰富的黏性土层时，那就意味着其衬砌周围地层中土壤孔隙水压力的降低，其结果就是土体固结，导致地面沉降。

2. 引起地表变形的因素

盾构法施工中，引起地表变形的主要因素有以下几种：

1) 盾构掘进时，开挖面土体的松动和崩坍，破坏了地层平衡状态，造成土体变形而引起地表变形。

2) 盾构法施工中当采用降水疏干措施时，因地下水浮力消失，土体自重压力增加，地层固结沉降加速，会引起地表下沉。

3) 盾构尾部建筑空隙充填不实导致地表下沉。施工纠偏及弯道掘进的局部超挖，均会造成盾构与衬砌间建筑空隙的不规则扩大，而这些扩大量有时难以估计或无法及时充填，给地表下沉带来影响。

4) 施工速度快慢、衬砌结构的受力变形等都会导致表面的微量下沉。

总之，盾构法施工导致地表变形是一个综合性的技术问题，目前世界各国仍在进行研究。在城市地下工程中应用时，一定要采取多种辅助措施，选择好施工方法，否则，不能进入城市繁忙街道及密集建筑群下施工。

需要指出的是，确保盾构土压（或泥水压力）的平衡（见图4-61），确保合理的注浆压力和注浆量参数，严格控制出土量等对控制地面沉降是非常重要的，过量的排土量必然造成超挖，引起明显的沉降。我国多个城市都出现过盾构施工不当引发的喷砂、突泥、地下水喷涌，进而诱发地面塌陷和建（构）筑物垮塌等事故。因此，盾构法施工中地表变形问题应予以足够重视，特别是城市街道或建筑群下施工，更应采取各种技术措施，严防地表下沉或隆起危及地表建（构）筑物的正常使用。

3. 隧道施工地层变形的预测

预测地铁隧道施工沉降影响的方法有：经验公式法，随机介质理论法、弹塑黏性理论解析法，数值方法（有限元法、边界元法、有限差分法、数值半解析法）等。以Peck公式为基础的经验公式法，是基于"地层损失"提出的，成为后来研究地面沉降的基础，我国学者提出考虑固结沉降的修正Peck法成功应用于上海软土隧道工程。随机介质理论方法，广泛用于矿山地表塌陷预测分析；20世纪90年代后用于地铁工程，该法优点在于能预测出除地表垂直和水平位移外的其他变形，如倾斜、曲率、水平应变等，因建（构）筑物对均匀沉降的反应远不如差异沉降敏感，分析倾斜、曲率等指标就更显必要。

隧道施工引起的横向地层沉降是指隧道横断面方向的沉降，是相对于沿隧道纵轴向剖面的纵向沉降而言的。Peck通过分析大量地表沉降实测数据后，提出了地层损失的概念和估计盾构法施工引起地面沉降的实用方法。Peck假定，隧道（半径为R）推进引起地面沉降是在不排水情况下发生的沉降，地面沉降槽的体积等于隧道施工中产生的地层损失的体积，假设横断面上地面沉降曲线形状为图4-62中所示的正态分布曲线，Peck公式为

$$S_x = \frac{v_l}{\sqrt{2\pi}i} e^{-\frac{x^2}{2i^2}} \tag{4-26}$$

$$S_{max} = \frac{v_l}{\sqrt{2\pi}i} \approx \frac{v_l}{2.5i} \tag{4-27}$$

$$i = \frac{z}{\sqrt{2\pi}\tan(45° - \overline{\varphi}/2)} \tag{4-28}$$

式中　S_x——横断面上与隧道轴线距离为x地面点的沉降量；

　　　S_{max}——地面沉降量最大值，位于隧道中心线处；

　　　i——沉降槽宽度系数，取为地表沉降曲线反弯点与原点的距离；

　　　z——覆土厚度；

　　　$\overline{\varphi}$——土体内摩擦角加权平均值；

　　　v_l——由于隧道开挖引起的地层损失量。

在工程实践中，地层损失量V_l与盾构种类、操作方法、地层条件、地面环境、施工管理等因素有关，一般很难正确估计。因此，常根据施工条件直接类比而定。

目前，期望用单一方法完全准确预测不同施工阶段地层移动尚有困难，应该根据隧道施工前、中、后不同时期地层变形特性，对预测方法加以合理选择。基于位移实测反分析的预测，可不断地修正预测参数，能使预测趋于准确。

广州地铁某区间隧道采用土压平衡盾构施工，盾构刀盘直径6280mm，隧道埋深8～

14m，隧道管片外径为 6000mm，管片厚 300mm，管片环宽 1500mm；隧道穿越复杂地层条件，土质情况依次为：杂填土、淤泥；海相淤泥质土及淤泥质砂；粉质黏土、砾土；粉质黏土；粉土；中风化带、微风化带泥岩、泥质粉细砂岩。在该地铁某区段工程中，采用修正 Peck 法和随机介质法对盾构隧道施工纵向地表沉降预测与实测结果如图 4-63 所示。图 4-63 表明预测与实测结果吻合较好。采用科学的预测理论及预测方法可以较为准确地分析预测盾构施工引起的地层沉降，从而降低地下工程的施工风险。

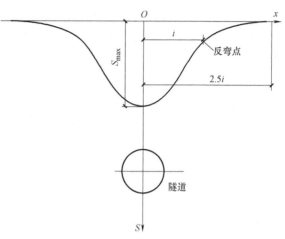

图 4-62　Peck 法地面沉降曲线

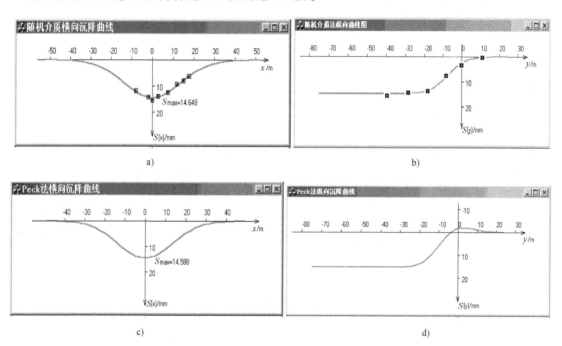

a)

b)

c)

d)

图 4-63　广州地铁某区间盾构隧道的地表沉降实测与预测分析

a) 反分析横向地表沉降与实测结果比较　b) 随机介质法纵向地表沉降曲线与实测结果比较

c) Peck 法横向地表沉降预测曲线　d) Peck 法纵向地表沉降曲线

4. 地表变形及隧道沉降的控制

盾构隧道本身的沉降是不可避免的。当隧道衬砌成环，离开盾壳后，便开始出现沉降现象，随时间推移沉降量逐渐减小，并稳定下来。引起隧道沉降的原因很多，主要有土体受扰动后的重新固结、防水处理不当导致的底部水土流失、土层在地下水压力作用下产生的塑性流动（淤泥黏土）或液化（粉细砂及细砂）。盾构法施工中做不到完全防止地表变形，但能够设法减少地表变形，使地表下沉得到控制，可以采取如下措施：

1）采用灵活合理的正面支撑结构，采用适当的压缩空气压力、泥土压力来平衡开挖面土层，采用膨润土、泡沫剂土体改良技术控制开挖面渗透及塑性流动特性等，以此保持开挖面土体的稳定。

2）采用技术上较先进的盾构工法，基本不改变地下水位，严格控制开挖面的挖土量，防止土体超挖。

3）加强盾构与衬砌背面建筑间隙的充填措施，保证及时注浆和充填材料适量，衬砌环脱出盾尾后立即压注充填材料。

4）提高隧道施工速度，减少盾构在地下的停搁时间，尤其要避免长时间的停搁。

5）为了减少纠偏推进对土层的扰动，应限制盾构推进时每环的纠偏量。

为了防止由于隧道下沉而使竣工后的隧道高程偏离设计轴线，影响隧道的正常使用，通常按经验估计一个可能的沉降值，施工时适当提高隧道的施工轴线，以使产生沉降后的轴线接近设计轴线。

■ 4.4　地下工程顶管法

顶管法是继盾构法之后发展起来的、可直接在松软土层或富水松软地层中敷设中、小型管道的一种施工技术。它无须挖槽或开挖土方，可避免为疏干和固结土体而采用降低水位等辅助措施，从而大大加快了施工进度。在特殊地层和地表复杂环境下施工，具有很多优点。

顶管法已有百年历史，在许多国家广泛用于短距离、小管径类地下管线工程的施工。中继接力顶进技术的出现，使顶管法发展成为顶进距离不受限制的施工方法。美国于 1980 年曾创造了 9.5h 顶进 49m 的纪录，施工速度快，工程质量比小盾构法好。目前，顶管法仍主要用于富水松软地层中的管道工程，用顶管法施工顶进距离超过 500m 的管道只有少数几个国家。对于顶管法在城市地下管线工程的广泛应用，仍需进一步的研究。

我国浙江镇海穿越浦江工程于 1981 年 4 月完成，φ2.6m 的管道采用五只中继环从浦江的一岸单向顶进 581m，终点偏位上下、左右均小于 1cm；1986 年上海基础工程公司用 4 根长度在 600m 以上的钢质管道先后穿越黄浦江，其中黄浦江上游引水工程关键之一的南市水场输水管道，单向一次顶进 1120m，并成功地将计算机控制中继环指导纠偏、陀螺仪激光导向等先进技术应用于超千米顶管施工中，这标志着我国长距离顶管技术已达到世界先进水平。图 4-64 为日本研制的矩形顶管掘进机。图 4-65 为我国自行研制的矩形顶管掘进机及施工完成的地下通道工程。

本节着重介绍具有发展潜力的长距离顶管技术。

4.4.1　顶管法的基本原理

顶管施工就是借助主顶设备及管道间的中继接力顶进设备的推力，将工具管与工程管在一定深度的工作坑内推进到地层中，直至到达终端工作坑后，将工具管起吊，工程管直接埋设在地层中，是一种非开挖的敷设地下管线的施工方法，图 4-66 为顶管法施工原理示意。为了克服长距离顶进力不足，管道中间设置一个至几个中继接力环，并在管道外周压注触变泥浆减少顶进摩擦。对于城市市政工程的管道，使用顶管法有其独特的优越性。

图 4-64　不同类型的矩形顶管掘进机

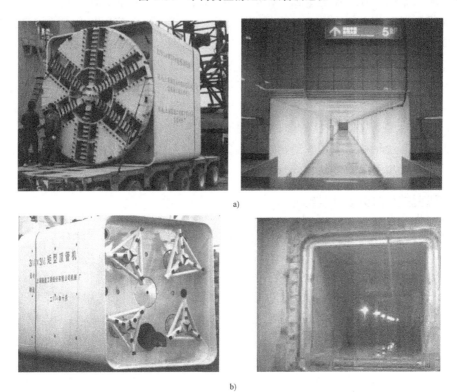

图 4-65　矩形顶管掘进机及施工的地下工程

a）3.8m×3.8m 矩形顶管掘进机及施工的地铁地下人行通道工程

b）3m×3m 矩形顶管掘进机及施工完成的地下通道工程

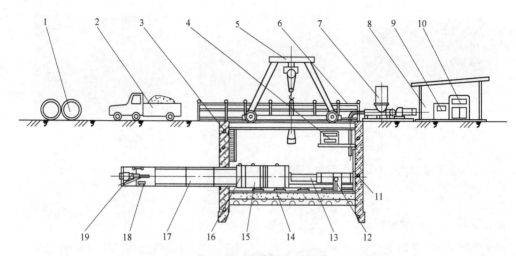

图 4-66　顶管法施工原理

1—混凝土管　2—运输车　3—扶梯　4—主顶油泵　5—行车　6—安全护栏　7—注浆泵　8—工作室
9—配电系统　10—操作房　11—后座　12—顶进测量计　13—主顶油缸　14—轨道
15—弧形顶铁　16—环形顶铁　17—工程管　18—运土装置　19—掘进机头

顶管施工中，前方顶进工作面的土体与上方土体的稳定是顶进技术必须解决的关键问题之一。目前最为流行的有三种平衡理论，即气压平衡、泥水平衡和土压平衡。

所谓气压平衡又分全气压平衡与部分气压平衡。全气压平衡应用得最早，是在顶进的工具管道或掘进工作面都充满一定压力的空气，以平衡地下水的压力；而局部气压平衡往往只在掘进的土仓内充满气压，达到平衡地下水压和疏干挖掘面土体中地下水的作用。

所谓泥水平衡是以含有一定量黏土且具有一定相对密度的泥浆水充满工具管或掘进机的泥水仓，并对它施加一定压力，以平衡地下水压力和土压力。实践证明，泥水可在挖掘面上形成泥膜，以防止地下水的渗透，同时施加的压力可平衡土压力和水压力。

所谓土压平衡就是利用工具管或掘进机前仓泥土的压力来平衡掘进面的土压力和地下水压力，是目前发展和应用较多的顶管施工技术。

4.4.2　顶管施工的分类及特点

顶管施工技术发展到今天，已有很多种类，分类方法也很多，这里仅介绍常用的分类方法及特点。

（1）按所顶工程管的口径大小分类　有大口径、中口径、小口径和微型顶管四种。

1）大口径指直径大于 2000mm 的顶管，施工人员能在管中站立和行走。管子自重大，顶进设备庞大，顶进技术难度大。目前已有直径 5000mm 的顶管。

2）中口径指直径在 1200～1800mm 之间的顶管，施工人员弯腰可在管内行走，目前占顶管应用的大多数。

3）小口径指直径在 500～1000mm 之间的顶管，施工人员只能在管内爬行，有时爬行也很困难。

4）微型顶管的口径很小，一般在 400mm 以下，最小的只有 75mm。这种管子一般都埋深较浅，穿越的土层有时较复杂，已成为顶管施工技术的新分支。

（2）按推进工程管前工具管和掘进机的作业形式分类　手掘式、挤压式和机械式三种。

1）手掘式是人在具有挖土保护和纠偏功能的工具管内挖土，只适用于能自立的土层，如果在含水量较大的砂土层中，则需要采用降水等辅助措施。其特点是地下障碍较多、较大时人工易于排除。

2）当工具管内的土是被挤出来再做处理时，即为挤压式，适用于松软黏土和砂土中，而且覆土深度较深；通常情况下不用任何辅助施工措施。

3）如果在推进管前的钢制壳体内有机械掘挖土体，则称为机械式。设有反铲类机械手挖土时又称为半机械式顶管，为了稳定掘进工作面，这类机械式顶管需要采用降水、注浆或压气等辅助施工手段。当采用掘进机时，又可区分为泥水式、泥浆式和土压式等，取决于稳定掘进面土体的方式。目前应用最广泛的是泥水式和土压式，特别是加泥式土压平衡顶管掘进机，可称得上是全土质型，即从淤泥质土到砂砾层，土层 N 值在 $0 \sim 50$ 之间，含水量在 $20\% \sim 150\%$ 之间都能适用；通常不用辅助施工措施。

（3）其他分类方法　按推进管材分钢筋混凝土顶管和钢管顶管。按顶进管道的轨迹分为直线顶管和曲线顶管，曲线顶管的技术较复杂，需要特殊技术措施。按工作坑与接收坑之间的距离来分，目前把一次顶进 300m 以上的距离称为长距离顶管。

4.4.3　顶管法的基本构成

顶管法的基本构成包括工作坑与接收坑、洞口止水圈、主顶设施、工具管或掘进机、中继环、工程管、吸泥与出土设备、注浆与测量系统。

1. 工作坑与接收坑

工作坑是安放所有顶进设备的场所，也是顶管工具管或掘进机的始发地；同时承受主顶油缸推力施加的反作用力。接收坑是接收工具管或掘进机的场所。通常管道从工作坑一节节推进，到接收坑中把工具管或掘进机推出，再提吊到地面，该段顶管顶进过程即告结束。有时在多段长距离连续顶管工程中，后段的工作坑可作为前段的接收坑。

2. 洞口止水圈

安装在工作坑的始发洞口和接收坑的进坑口，具有制止地下水和泥砂流到工作坑和接收坑的功能，需要专门的技术设计。

3. 主顶设施

主顶设施主要包括后座立油缸、顶铁、后座和导轨等，具体布置如图 4-67 所示。后座设置在立油缸与反力墙之间，其作用是将油缸的集中力分散传递给反力墙。通常采用分离式，即每个立油缸后各设置一块。

立油缸是顶进设备的核心，有多种顶力规格。常用压力在 $30 \sim 40$MPa、行程 1.1m、顶力 39.2MN 的组合布置方式，对称布置四只油缸，最大顶力可达 156.8MN。

顶铁主要是为了弥补油缸行程不足而设置的。顶铁的厚度一般小于油缸行程，形状为 U 形，以便于人员进出管道，其他形状的顶铁主要起扩散顶力的作用。

导轨在顶管时起导向作用，在接管时作为管道吊放和拼焊平台。导轨的高度约 1m，顶进时，管道沿橡皮导轨滑行，不会损伤外部防腐涂层。

4. 工具管（又称顶管机头）或掘进机

工具管或掘进机安装于管道前端，具有取土、控制顶管方向、出泥和防止塌方等作用。

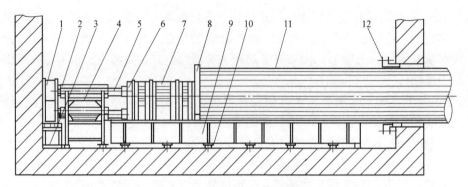

图 4-67　顶管法主顶设备布置

1—后座　2—调整垫　3—后座支架　4—油缸支架　5—主油缸　6—刚性顶铁　7—U 形顶铁

8—环形顶铁　9—导轨　10—预埋板　11—工程管道　12—穿墙止水圈

一般工具管的外形与管道相似，它由普通顶管中的刃口演变而来，可以重复使用。目前常用三段双铰型工具管，如图 4-68 所示。

前段与中段之间设置一对水平铰链，通过上下纠偏油缸，可使前段绕水平铰上下转动；同样垂直铰链通过左右纠偏油缸可实现（由中段带动）前段绕垂直铰链做左右转动。由此可实现顶进过程的纠偏。

工具管的前段与铰座之间用螺栓固定，可方便拆卸，这样根据土质条件可更换不同类型的前段。为了防止地下水和泥砂由段间缝隙进入，段间连接处内、外设置两道止水圈（它能承受地下水头压力），以保证工具管纠偏过程在密封条件下进行。

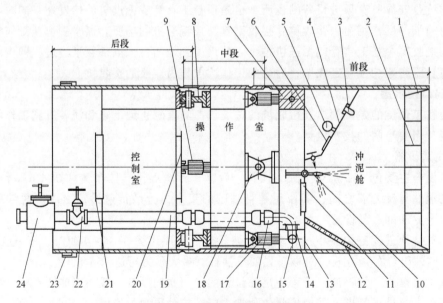

图 4-68　三段双铰型工具管

1—刃脚　2—格栅　3—照明灯　4—胸板　5—真空压力表　6—观察窗　7—高压水仓

8—垂直铰链　9—左右纠偏油缸　10—水枪　11—小水密门　12—吸泥格栅　13—吸泥口

14—阴井　15—吸管进口　16—双球活接头　17—上下纠偏油缸　18—水平铰链　19—吸泥管

20—气闸门　21—大水密门　22—吸泥管闸阀　23—泥浆环　24—清理阴井

工具管内部分冲泥舱、操作室和控制室三部分。冲泥舱前端是刃脚及格栅，其作用是切土和挤土，并加强管口刚度，防止切土时变形，冲泥舱后是操作室，由胸板隔开。工人在操作室内操纵冲泥设备。泥砂从格栅被挤入冲泥舱，冲泥设备将其破碎成泥浆，泥浆通过吸泥口、吸泥管和清理阴井被水力吸泥机排放到管外。

工具管的后部为控制室，是顶管施工的控制中心，用以了解顶管过程，操纵纠偏机械，发出顶管指令等。工具管尾部设泥浆环，可向管道与土体间隙压注泥浆，用以减少管壁四周摩擦阻力。

5. 中继环

长距离顶管采用中继环接力顶进是十分有效的措施，中继环是长距离顶管中继接力的必需设备。其实质是将长距离顶管分成若干段，在段与段之间设置中继接力顶进设备（中继环），如图4-69a所示，以增大顶进长度。中继环内成环形布置有若干中继油缸，中继油缸工作时，后面的管段成了后座，前面的管段被推向前方。这样可以分段克服摩擦阻力，使每段管道的顶力降低到允许顶力范围内。常用中继环的构造如图4-69b所示。前后管段均设置环形梁，在前环形梁上均布中继油缸，两环形梁间设置替顶环，供拆除中继油缸使用。前后管段间采用套接方式，其间有橡胶密封圈，防止泥水渗漏。施工结束后割除前后管段环形梁，以不影响管道的正常使用。

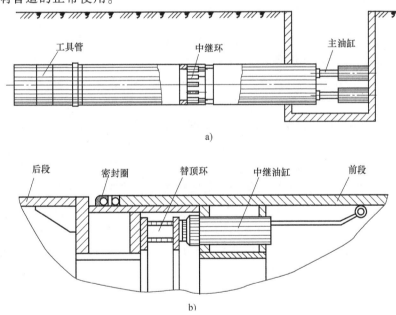

图 4-69　中继环布置

a）中继顶管示意　b）中继环构造

6. 工程管

工程管是地下工程管道的主体，目前顶进的工程管主要是根据地下管道直径确定的圆形钢管或钢筋混凝土管，通常管径为 1.5 ~ 3.0m，当管径大于 4m 时，顶进困难，施工不一定经济。

7. 吸泥与出土设备

管道顶进过程中，正前方不断有泥砂进入工具管的冲泥舱，通常采用水枪冲泥，水力吸泥机排放，由管道运输。水力吸泥机的优点是结构简单，其特点是高压水走弯道，泥水混合体走直道，能量损失小，出泥效率高，可连续运输。

在手掘式顶管施工中，大多采用人力或蓄电瓶拖车出土；在土压平衡或泥水平衡顶管施工中，一般都采用泥砂泵或泥浆泵用管道输送开挖的渣土。

8. 注浆与测量系统

注浆减阻是长距离顶管常采用的辅助措施，注浆系统由拌浆、注浆和管道组成。由注浆泵控制压力和流量，通过管道输送到各注浆孔中。

通常使用最普遍的测量装置是设置在工作坑后部的经纬仪和水准仪，测量管道的偏差，也有采用先进的激光定向仪进行偏斜控制。

4.4.4 顶力计算

顶管的顶推力随顶进长度增加而不断增大，但受管道本身强度的限制不能无限增大，因此采用管尾推进方法时，必须解决管道强度允许范围内的顶进距离问题和中继接力顶进的合理位置。管道顶进阻力，主要由正面阻力和管壁四周摩擦阻力两部分组成，即

$$R = \pi a D^2 / 4 + \pi f D L \tag{4-29}$$

式中　D——管道的外径；

　　　L——管道顶进长度；

　　　a——正面阻力系数，与工具管构造有关，施工时一般控制在 $a = 30 \sim 50 t/m^2$；

　　　f——管壁四周的平均摩擦系数（t/m^2）。

长距离顶管的正面阻力可认为是常数，管壁四周摩擦阻力与顶进长度成正比。为了减少管壁四周摩擦阻力，工程中采用管壁外压注触变泥浆方法，即在工具管尾部将触变泥浆压送至管壁外，在管周围形成一定厚度的泥浆套，使顶进的管道在泥浆套中向前滑移。实践证明，采用泥浆减阻后，摩擦阻力可大幅度下降。如在流砂层中，其摩擦阻力约为 $20 \sim 40 kN/m^2$，当采用泥浆减阻后，摩擦阻力可降低到 $5 kN/m^2$ 左右。当采用触变泥浆后，管壁四周的摩擦系数，基本与管道的覆土深度无关，与土层的物理力学性质关系也不大。管道弯曲是摩擦阻力增大的主要原因，管道弯曲时，管壁局部对土体产生附加压力，管壁与土体间的触变泥浆被挤掉。正常情况下，各种不同土层的摩擦阻力系数 f 为 $4 \sim 60 kN/m^2$。在长距离顶管施工中，由于工期较长，触变泥浆容易失水，沿顶进管程适当设置补浆孔，及时补给新配制的泥浆，对于减小阻力是很必要的。

顶管法设计时，应首先根据管道大小和地层特性估算顶力，根据顶进设备的能力确定中继接力顶进长度及其他辅助措施。

4.4.5 顶管法施工技术

顶管法施工包括顶管工作坑的开挖、穿墙管及穿墙技术、顶进与纠偏技术、局部气压与冲泥技术和触变泥浆减阻技术等。顶管施工目前已基本形成一套完整独立的系统。

1. 顶管工作坑的开挖

工作坑主要安装顶进设备，承受最大的顶进力，要有足够的坚固性。一般选用圆形结构，采用沉井法或地下连续墙法施工。沉井法施工时，在沉井壁管道顶进处要预设穿墙管，沉井下沉前，应在穿墙管内填满黏土，以避免地下水和泥土大量涌入工作坑中。

采用地下连续墙法施工时，在管道穿墙位置要设置钢制锥形管，用楔形木块填塞。开挖工作井时，木块起挡土作用。坑内要现浇各层圈梁，以保持地下墙各槽段的整体性。在顶管工作面的圈梁要有足够的高度和刚度，管轴线两侧要设置两道与圈梁嵌固的侧墙，顶管时承受拉力，保证圈梁整体受力。

工作坑最小长度的估算方法如下：

（1）按正常顶进需要计算

$$L \geqslant b_1 + b_2 + b_3 + L_1 + L_2 + L_3 + L_4 \tag{4-30}$$

式中 b_1——后座厚度，$b_1 = 40 \sim 65\text{cm}$；

b_2——刚性顶铁厚度，$b_2 = 25 \sim 35\text{cm}$；

b_3——环形顶铁厚度，$b_3 = 12 \sim 30\text{cm}$；

L_1——工程管段长度；

L_2——主油缸长度；

L_3——井内留接管最小长度，一般取 70cm；

L_4——管道回弹及富余量，一般取 30cm。

近似估算，一般为

$$L \geqslant 4.2\text{m} + L_1 \tag{4-31}$$

（2）按最初穿墙状态需要计算

$$L \geqslant b_1 + b_2 + b_3 + L_2 + L_4 + L_5 + L_6 \tag{4-32}$$

式中 L_5——工具管长度；

L_6——第一节管道长度。

近似计算为

$$L \geqslant 6.0\text{m} + L_5 \tag{4-33}$$

实际施工中，工作坑的长度应按上述两种方法计算，取其大者。

2. 穿墙管及穿墙技术

穿墙管是在工作坑的管道顶进位置预设的一段钢管，其目的是保证管道顺利顶进，且起防水挡土作用。穿墙管要有一定的结构强度和刚度，其构造如图 4-70 所示。

从打开穿墙管闷板，将工具管顶出井外，到安装好穿墙止水，这一过程通称穿墙。穿墙是顶管施工中一道重要工序，因为穿墙后工具管方向的准确程度将会给以后管道的方向控制和管道拼接工作带来影响。

为了避免地下水和土大量涌入工作坑，穿墙管内事先填满经过夯实的黄黏土。打开穿墙管闷板，应立刻将工具管顶进，这时穿墙管内的黄黏土被挤压，堵住穿墙管与工具管之间的环缝，起临时止水作用。当其尾部接近穿墙管，泥浆环尚未进洞时停止顶进，安装穿墙止水装置，如图 4-71 所示。止水圈不宜压得太紧，以不漏浆为准，并留下一定的压缩量，以便磨损

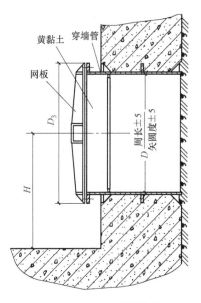

图 4-70 穿墙管构造

后仍能压紧止水。

3. 顶进与纠偏技术

工程管下放到工作坑中，在导轨上与顶进管道焊接好后，便可起动液压千斤顶。各液压千斤顶的顶进速度和顶力要确保均匀一致。在顶进过程中，要加强方向检测，及时纠偏。纠偏通过改变工具管管端方向来实现，必须随偏随纠，否则，偏离过多，造成工程管弯曲而增大摩擦阻力，加大顶进困难。一般管道偏离轴线主要是工具管受外力不平衡造成的，事先能消除不平衡外力，就能防止

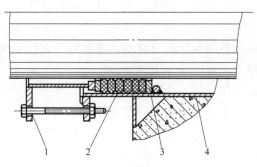

图 4-71　穿墙管止水

1—轧兰　2—盘根　3—挡环　4—穿墙管

管道的偏位。因此，测力纠偏法的核心就是利用测定不平衡外力的大小来指导纠偏和控制管道顶进方向。

4. 局部气压与冲泥技术

在长距离顶管中，工具管采用局部气压施工往往是必要的。特别是在流砂或易坍方的软土层中顶管，采用局部气压法，对于减少出泥量，防止塌方和地面沉裂，减少纠偏次数都具有明显效果。

局部气压的大小以不塌方为原则，可等于或略小于地下水压力，但不宜过大，气压过大会造成正面土体排水固结，使正面阻力增加。

局部气压施工中，若工具管正面遇到障碍物或正面格栅被堵，影响出泥，必要时人员需进入冲泥舱排除或修理，此时由操作室加气压，人员则在气压下进入冲泥舱，称气压应急处理。

管道顶进中由水枪冲泥，冲泥水压力一般为 1.5~2.0MPa，冲下的碎泥由一台水力吸泥机通过管道排放到井外。

5. 触变泥浆减阻技术

管外四周注入触变泥浆，在工具管尾部进行，先压注后顶进，随顶随压，出口压力应大于地下水压力，压浆量控制在理论压浆量的 1.2~1.5 倍，以确保管壁外形成一定厚度的泥浆套。长距离顶管施工需注意及时给后继管道补充泥浆。

顶管法的应用毕竟有它的局限性，对于城市地下管线工程，一定要根据地质地层特征和经济性等多种因素综合分析，切忌盲目上马。

第5章　特殊与辅助施工方法

■ 5.1　沉井法

5.1.1　概述

沉井法是通过不稳定含水地层的一种特殊施工方法，是在地下建筑物设计位置上，预先制作好沉井的刃脚和一段井壁，在其掩护下边掘进边下沉，随下沉在地面相应接长井壁，直至沉到设计深度。

沉井在深基础施工中具有独特的优点：占地面积小，技术比较稳妥可靠；与大开挖相比挖土量小，节省投资，不需要特殊专业设备，操作简便；沉井井壁既可作为各类地下构筑物的结构，也可作为构筑物的围护结构，沉井内部空间还可得到充分利用。随着施工机械与施工技术的不断革新，沉井法在国内外得到了广泛的应用和发展。

国外沉井的发展不但深度大，平面尺寸也很大。如苏联1963—1964年建造了两座长为78.6m、宽为28.6m、深为26.0m的矩形沉井；瑞士日内瓦圆柱形地下车库，可停放530辆汽车，施工中沉井直径为57m，深为28m。

我国沉井施工技术也取得很大成就。如桥梁墩台基础、取水构筑物、污水泵站、地下工业厂房、大型设备基础、地下仓（油）库、人防掩蔽所、盾构拼装井、船坞坞首、矿用竖井，以及地下车道和车站等大型深埋基础和地下构筑物的围壁，均采用过沉井法施工。例如，我国陆地上某大型钢筋混凝土圆形沉井直径达68m，下沉深度为28m；某矩形沉井长为48.5m、宽为21.5m、高为20.6m，采用无承垫木施工，分节制作，一次下沉；某煤矿沉井采用预制砌块拼装，触变泥浆润滑套助沉，井壁厚80cm，沉井下沉深度达82m，目前矿用沉井的最大下沉深度达192.75m；在桥梁墩台基础沉井方面也有新发展，面积数百平方米的大（重）型沉井的下沉深度也都超过50m；我国第一条江底隧道两端长达数百米的引道工程，成功地采用连续沉井法施工；其他，如双壁沉井、震动沉井、钢壳浮运沉井及钢丝网水泥浮运沉井等，也都是比较成功的。1944—1972年，日本采用壁外喷射压缩空气的办法（即气囊法）降低井壁与土之间摩擦阻力，先后下沉了8个沉井，最大的下沉深度达到200.3m。由于这种方法构造比较复杂，高压空气消耗量也大，因此，从20世纪50年代以后，多采用向井壁与土之间压入触变泥浆降低侧面摩擦阻力的方法。据统计，西欧到1961

年下沉了约 450 个沉井；国外某公司 1975 年前施工的 105 座沉井中有 36 座采用触变泥浆助沉，井壁厚度一般为 40~50cm。在沉井法施工中，就如何降低井壁侧面摩擦阻力等问题，国内外的学者、专家、工程技术人员做了很多研究工作。

沉井法的应用，历史悠久且较广泛，具体施工方法名目繁多，通常将沉井法分为两大类：不淹水沉井与淹水沉井。

不淹水沉井有普通沉井、壁后河卵石沉井、壁后泥浆沉井、震动沉井等。不淹水沉井方式多采用人工掘进，吊桶提升，自重下沉。工作面开挖超前小井，以排除井内涌水。除普通沉井法外，其他沉井壁后均放置减阻介质。涌水量较小，无承压水，流砂层厚度较薄，又无粉细砂层的情况下可采用不淹水沉井法施工，由于下沉深度不大、安全性较差，不淹水沉井法适用范围受到限制。

淹水沉井是井内灌满水，采用高压水枪水下破土和用压气排渣这种方法平衡井内外的水压差，只要保证井内水位始终高于地下水位，一般不会发生涌砂、冒泥连锁反应。在地面操作，劳动条件好，作业安全，井壁质量较好，成本较低。因此对于沉井较深，涌水量大，流砂层厚及不含有较大砾卵石层的冲积层中，通常可采用淹水沉井法施工。淹水沉井，在沉井井壁四周与土体之间的环形空间内灌注触变泥浆或者施放压缩空气，使土层与井壁隔离，达到减阻目的，并可利用套井导向防偏、纠偏；沉井下端由钢刃脚插入土层，靠井内出土、井壁自重克服正面阻力而下沉，工人不需下井。淹水沉井有壁后泥浆和壁后压气淹水沉井。

壁后泥浆淹水沉井（见图 5-1），一般用水力掘进，压气排渣，壁后由触变泥浆减阻。虽增加了泥浆配制系统，封底固井施工也较复杂，但较压气沉井简易可靠，应用较广泛。

壁后压气淹水沉井，一般用抓斗或钻机掘进，壁后施放压缩空气减阻，可靠性较高，可以人为控制，机动灵活，还可利用施放压缩空气的不同顺序帮助纠偏。沉井结束后，井壁与土层的固着力容易恢复。但需要高压空气压缩机，耗费的管材较多，有时气龛内的喷气孔容易堵塞。

沉井由刃脚和井壁两部分组成。

5.1.2 刃脚

刃脚位于沉井最下端，其作用是：切入土层，破坏原状土的结构，克服沉井正面阻力；封闭与阻止壁后流砂或泥浆涌入井筒内。刃脚结构应具足够强度，以承受土层压力、侧压力、一定剪应力及突沉时的冲击力。

1. 刃脚的形状与规格

刃脚的形状如图 5-2 所示，常用刃脚有三种：

1）锐尖刃脚，夹角一般小于 25°，锋利

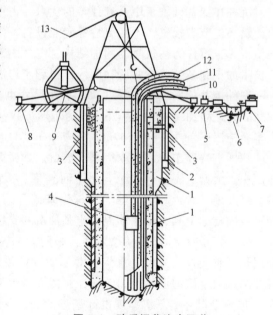

图 5-1 壁后泥浆淹水沉井

1—泥浆　2—套井　3—导向木　4—混合器

5—泥浆泵　6—泥浆池　7—搅拌机

8—绞车　9—抓斗　10—水枪供水管

11—排渣管　12—供气管

13—稳车提吊钢绳

易入土层，阻力较小，但不适用于含砾、卵石的地层，强度稍小，易损坏。

2）踏面刃脚，阻力大，但稳定性较好，适用于松散无障碍物体的冲积层。

3）钝尖刃脚，强度大，适用于各种冲积层，多采用圆弧形钝尖刃脚，其夹角大于30°，高 2.0m 左右。过高，侧面阻力增大；过低，易流失泥浆。

刃脚外径略大于井壁外径，与井壁形成刃脚台阶，用以储存减阻介质。台阶宽度与所穿过主要土层和减阻介质有关，如用壁后压气减阻时台阶宽度取 0.1m 左右，壁后泥浆减阻时取 0.2m 左右。

2．刃脚结构

有钢刃脚与钢靴刃脚两种结构形式。

1）钢刃脚骨架用两排角钢或轻型钢轨焊接组成，刃尖一般采用 11kg/m 的钢轨制作。骨架内、外侧均用 6~8mm 厚的钢板全部围包焊牢。这种刃脚强度大，整体性好，不易变形，用于深度大的沉井。

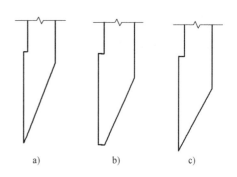

图 5-2　刃脚的形状
a）锐尖　b）踏面　c）钝尖

2）钢靴刃脚钢筋骨架下部，用钢板与钢轨或者圆钢焊接成钢靴刃尖，钢靴钢板高为 0.5~1.5m，厚为 6mm。刃尖用 9kg/m 钢轨或者 $\phi18\sim\phi28$mm 圆钢。这种刃脚有一定强度，省钢材，但立模较困难，易变形。

3．刃脚部分的挠曲计算

（1）刃脚向外挠曲　设沉井已沉全部深度的一半，并且已接高其余各节井壁，如图 5-3a 所示。

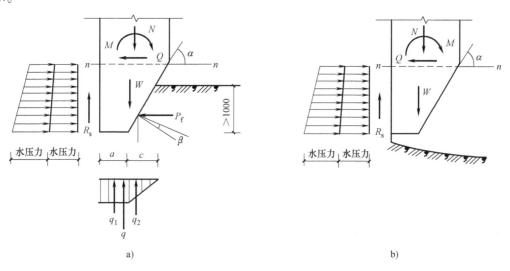

图 5-3　刃脚部分挠曲计算

1）假设刃脚此时插入土中 1m 以上，井壁外侧的土压力和水压力总和按不大于静水压力的 70%计算。

2）井壁上的摩擦力 R_s：

$$R_s = 0.5E_a \tag{5-1}$$

或

$$R_s = FA \tag{5-2}$$

式中 E_a——井壁外侧总的土压力；

F——单位面积上的摩阻力；

A——井壁与土接触的总面积。

两者应取较小值。

3）刃脚下土的反力 q：

$$q = W - R_s = q_1 + q_2 \tag{5-3}$$

$$q_2 = \frac{c}{c+2a} q_1 \tag{5-4}$$

式中 W——沉井自重，采用淹水沉井时，应扣除浸入水中部分的浮力；

q_1、q_2——刃脚支承反力的分力；

a——刃脚踏面宽度；

c——刃脚斜面切入土中部分的水平投影。

4）刃脚斜面上的水平推力 P_t，取：

$$P_t = q_2 \tan(\alpha - \beta) \tag{5-5}$$

式中 α——刃脚斜面与水平面所成的夹角；

β——刃脚斜面与土之间的摩擦角，一般取 $10° \sim 30°$。

（2）刃脚向内挠曲 假设沉井已下沉接近设计标高时，井墙自重全部由外侧土的摩擦力来承担，而此时外侧最大土压力和水压力可能使刃脚产生向内挠曲，如图 5-3b 所示。但因刃脚自重 W 及刃脚外摩擦力 R_s 相对而言均很小，故一般常忽略不计。

当刃脚部分符合双向板的受力条件时，也可按三边嵌固、底端自由的双向板计算。

4. 圆形沉井的刃脚内力计算

最不利的两种情况计算刃脚内力如下（见图 5-4）。

1）沉井下沉至设计标高，刃脚全部切入土层，井内排干淹水情况下，受侧压力 P 和水平推力 P_h 作用，刃脚内产生的环向应力按拉梅公式计算：

$$\sigma_0 = \frac{R_1 r_0 (P_h - P)}{R_1^2 - r_0^2} \cdot \frac{1}{\rho^2} + \frac{P_h r_0^2 - PR_1^2}{R_1^2 - r_0^2} \tag{5-6}$$

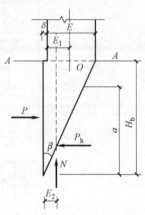

图 5-4 按悬臂梁计算刃脚内力

式中 σ_0——环向应力；

R_1——刃脚外半径；

r_0——刃脚斜面的中点半径；

P_h——土层对刃脚斜面单位面积的水平推力；

P——土层对刃脚压力；

ρ——计算点到井的中心线距离（m），$\rho = r_0$ 时，σ_0 为最大。

2）当沉井通过含水砂层，出现涌砂事故时，刃脚外侧所受地压短时为零，即 $P = 0$，仅有 P_h 作用的情况下，刃脚内产生的环向应力为

$$\sigma_L = \frac{P_h r_0^2}{R_1^2 - r_0^2} \left(1 + \frac{R_1^2}{\rho^2}\right) \tag{5-7}$$

5. 刃脚配筋

当求得作用在刃脚上各种外力（圆形沉井为环向力）后，可配置刃脚内外侧竖直钢筋，最小配筋率均不得小于刃脚根部总截面积的 0.1%，且此钢筋应伸入刃脚根部以上 0.5L 长（L 为外墙的最大计算跨度），并在刃脚全高按剪力及构造设横向连连筋。

如圆形沉井，由式（5-6）及式（5-7）求得，若 $\sigma_0 \leqslant \dfrac{f_c}{\gamma_k}$，$\sigma_L \leqslant \dfrac{f_y}{\gamma_L}$ 时，可按构造要求配置环向钢筋。其中，f_c 为混凝土轴心抗压强度设计值，γ_k 为综合分项系数，f_y 为钢筋强度设计值，γ_L 为强度系数。若 $\sigma_0 > \dfrac{f_c}{\gamma_k}$ 时，环向钢筋面积 A_g 为

$$A_g = \left(\frac{\gamma_k \sigma_0 - f_c}{f_y} \right) A \tag{5-8}$$

式中　A——刃脚 1m 高处的纵向截面积。

若 $\sigma_L > \dfrac{f_y}{\gamma_L}$ 时，要计算抗拉钢筋，则环向抗拉钢筋截面积 A_c 为

$$A_c = \frac{\gamma_L P_h \gamma_0}{f_y} \tag{5-9}$$

5.1.3　井壁

1. 井壁结构与构造

沉井井壁的结构形式应根据工程的需要来决定。井壁的平面形状有圆形、矩形、双孔矩形或多孔矩形等。井壁的竖直剖面形式有内外等径、外等径内变径、外变径内等径等。

对于单孔圆形井壁结构，浅沉井一般多采用内外等径式井壁，较深沉井可采用外等径内变径式井壁，以减小井壁体积，提高井筒断面利用率，节省材料，减少掘进工作量。井筒略偏斜不影响使用。

井壁可为整体现浇钢筋混凝土、预制钢筋混凝土、大型砌块、钢或铸钢结构等，后两种国外曾采用。我国多用整体现浇钢筋混凝土井壁，双层钢筋，混凝土强度不低于 C20。

井壁厚度应根据下沉能力与强度计算确定。通常下沉深度在 100m 以内的沉井，壁厚为 0.7~1.0m；下沉深度大于 100m 时，壁厚为 1.0~1.2m。

沉井井壁四周作用着土压力和水压力。竣工后，沉井下部承受水压力，上部有构筑物重量。使用阶段有设备荷载和使用荷载。所以沉井的受力是个空间体系，但实际上计算其内力和配筋时多简化成平面体系，而以构造措施来保证整体强度。

现就沉井结构计算的要点做简要说明。

2. 井墙（壁）厚度及沉降系数

沉井下沉是靠在井筒内不断取土，使沉井自重克服四周井壁与土的摩擦力和刃脚下土的正面阻力而实现的，所以在设计时首先要确定沉井在自重作用下，是否有足够重量得以顺利下沉。一般在设计时先估算井墙（壁）外部与土的摩擦力，然后按下沉系数确定井墙（壁）厚度（沉井下沉系数为 1.10~1.25）。

土体对井墙（壁）侧面的单位摩擦力，与墙（壁）材料及其表面粗糙程度、土的种类

及其物理力学性能有关。

沉井侧面摩擦力分布如图 5-5 所示，一般从地表到 5m 深，单位摩擦力由零增长至最大值，深 5m 以后，保持常数值。

井墙（壁）与土体之间的侧面摩擦力，一般根据已有测试资料估算；对下沉深度在 20m 以内，最大不超过 30m 的沉井，可参照表 5-1 选用。

表 5-1　土对井墙的单位面积摩擦力

项次	土的种类	侧面单位摩擦力 $f(10^4 \text{N/m}^2)$
1	砂类土及砂	1.5~2.5
2	粗砂及砂卵石	2.0~3.0
3	黏性土	2.5~5.0
4	淤泥质黏土	1.5~2.0
5	泥浆润滑套	0.3~0.5

3. 井墙（壁）竖向强度的计算

（1）不淹水沉井　将沉井看作支承于四个固定承垫上的梁。

1）矩形沉井如图 5-6a 所示，其计算公式如下：

$$M_支 = \frac{qL_2^2}{2} - 9\left(\frac{B}{2} - b\right)\left(L_2 - \frac{b}{2}\right) \tag{5-10}$$

$$M_中 = \frac{1}{8}qL_1^2 - M_支 \tag{5-11}$$

$$Q_1 = qL_2 + q\left(\frac{B}{2} - b\right) \tag{5-12}$$

$$Q_2 = \frac{1}{2}qL_1 \tag{5-13}$$

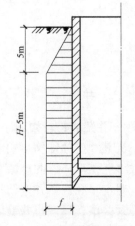

图 5-5　沉井侧面摩擦力分布

式中　$M_支$、$M_中$——支座弯矩、跨中弯矩；

Q_1、Q_2——支座外侧的剪力、支座内侧的剪力；

q——井墙（壁）的单位长度重力；

B——沉井短边的长度；

L_1——长边两支座间的距离，一般可取（0.7~0.8）L；

L_2——长边支座外的悬臂长度，一般可取（0.10~0.15）L；

L——沉井长边的长度（m）；

b——井墙（壁）的厚度。

当矩形沉井长与宽接近相等时，也可考虑在两个方向都设置支承点。

2）圆形沉井直径较小时，一般按四点支承考虑，沉井直径较大时，可增加支承点，但一般以偶数为宜。计算竖向强度时，按连续水平圆弧梁处理，这种梁在垂直均布荷载作用下的弯矩、剪力和扭矩，如图 5-6b 及表 5-2 所示。

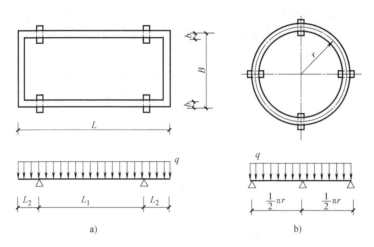

图 5-6 沉井竖向强度计算

表 5-2 水平圆弧梁内力计算

圆弧梁 支点数	弯矩		最大剪力	最大扭矩
	在两支点间的跨中	在支座上		
4	$0.03524\pi qr^2$	$-0.06831\pi qr^2$	$\pi rq/4$	$0.03524\pi qr^2$
6	$0.01502\pi qr^2$	$-0.02964\pi qr^2$	$\pi rq/6$	$0.03524\pi qr^2$
8	$0.00833\pi qr^2$	$-0.01653\pi qr^2$	$\pi rq/8$	$0.03524\pi qr^2$
12	$0.00366\pi qr^2$	$-0.00731\pi qr^2$	$\pi rq/12$	$0.03524\pi qr^2$

（2）淹水沉井 应按最不利情况考虑（即土层中有障碍物时矩形沉井支承点位于长边的两端点或支承于长边的中点，圆形沉井支承于直径上的两个支点）来验算井墙的拉应力。

4. 井墙平面框架的计算

把井墙看作水平向框架进行计算。

（1）按沉井下沉方法分析

1）采用淹水沉井时，井墙外侧的水压力值按 100% 静水压力计算，井墙内侧水压力值一般按 50% 静水压力计算；

2）采用不淹水沉井时，在透水的土层（如砂土）中，井墙外侧水压力值按 100% 静水压力计算，在不透水的土层（如黏性土）中，井墙外侧水压力值一般按 70% 静水压力计算。

（2）按沉井平面形状分析

1）矩形沉井水平框架的计算原则：

① 计算时，因结构强度设计中考虑安全系数，则纠偏作用所增大的施工荷载可不考虑。

② 将沉井按高度分为数段，每段按水平框架考虑，其荷载系均匀地以同一强度作用于沉井四周，每段最下一点的荷载强度应根据每段井墙的下沉深度采用。

③ 水平荷载为固定荷载。框架水平计算荷载采用主动土压力，在地下水位以下应考虑土的浮重及土和水的共同作用。

④ 沉井的水平框架可以是正方形或矩形。为了减小水平框架的计算跨度和井墙厚度，可采用井内设有隔墙的双孔（格）和多孔（格）的连续框架。

⑤为了不影响施工人员的操作和竣工后的使用，也可采用横向支撑与壁柱组成的竖向框架代替隔墙，竖向框架可以是单层的或多层的，也可以竖向框架和隔墙同时使用。

2）圆形沉井井壁的计算：

①土压力计算。圆形沉井在施工过程中，由于多种因素影响，实际井壁周边土压力为不均匀分布，如图5-7所示，分布规律常可用正弦函数来表示，其计算式为

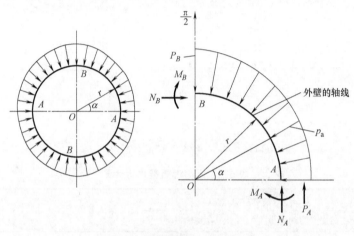

图5-7 井壁周边土压力分布

$$P_2 = P_A(1 + \sin\alpha \cdot \omega')$$

式中　　　P_2——由 P_A 渐变为 P_B 时，井壁上任何一点的土压力；

　　P_A 及 P_B——互相垂直于沉井直径的土压力；

$\omega' = \omega - 1 = \dfrac{P_B}{P_A} - 1$——不均匀系数。

②井壁中的内力计算：

$$M_A = -0.1488 p_A r^2 \omega' \tag{5-14}$$

$$N_A = P_A r (1 + 0.7854\omega') \tag{5-15}$$

$$M_B = +0.1366 P_A r^2 \omega' \tag{5-16}$$

$$N_B = P_A r (1 + 0.5\omega') \tag{5-17}$$

式中　r——沉井中心至外壁中线的半径（m）。

③沉井井壁厚度计算：

a. 按厚壁圆筒强度要求计算壁厚。

素混凝土井壁　　　　　$$E = r\sqrt{\dfrac{[f_c]}{[f_c] - \sqrt{3}\,p} - 1} \tag{5-18}$$

钢筋混凝土井壁　　　　$$E = r\sqrt{\dfrac{[f_z]}{[f_z] - \sqrt{3}\,p} - 1} \tag{5-19}$$

式中　E——井壁厚度；

　　r——沉井内半径；

　$[f_c]$——混凝土抗压强度；

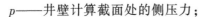

p——井壁计算截面处的侧压力；

$[f_z]$——钢筋混凝土材料抗压强度；

$$[f_z] = \frac{f_c + \rho_{min} f_y}{\gamma_k}$$

ρ_{min}——钢筋混凝土构件纵向受力钢筋的最小配筋百分率，查表 5-3；

f_c——混凝土抗压强度设计值；

f_y——钢筋抗拉强度设计值；

γ_k——钢筋混凝土结构强度系数。

表 5-3 钢筋混凝土构件纵向受力钢筋的最小配筋百分率 ρ_{min}

受力类型			最小配筋百分率（%）
受压构件	全部纵向钢筋	强度等级 500MPa	0.50
		强度等级 400MPa	0.55
		强度等级 300MPa、335MPa	0.60
	一侧纵向钢筋		0.20
受弯构件、偏心受拉、轴心受拉构件一侧的受拉钢筋			0.20 和 $45f_t/f_y$ 中的较大值

注：1. 受压构件全部纵向钢筋最小配筋百分率，当采用 C60 以上强度等级的混凝土时，应按表中规定增加 0.10。

2. 板类受弯构件（不包括悬臂板）的受拉钢筋，当采用强度等级 400MPa、500MPa 的钢筋时，其最小配筋百分率应允许采用 0.15 和 $45f_t/f_y$ 中的较大值。

3. 偏心受拉构件中的受压钢筋，应按受压构件一侧纵向钢筋考虑。

4. 受压构件的全部纵向钢筋和一侧纵向钢筋的配筋率以及轴心受拉构件和小偏心受拉构件一侧受拉钢筋的配筋率均应按构件的全截面面积计算。

5. 受弯构件、大偏心受拉构件一侧受拉钢筋的配筋率应按全截面面积扣除受压翼缘面积 $(b'_f - b) h'_f$ 后的截面面积计算。

6. 当钢筋沿构件截面周边布置时，"一侧纵向钢筋"是指沿受力方向两个对边中一边布置的纵向钢筋。

b. 按重率计算井壁厚度。沉井自重与沉井井壁外侧面积的比值，称为重率（W）。重率是决定沉井能否顺利下沉的主要因素之一。国外 $W = 20 \sim 26\text{kPa}$。沉井较浅，软土层中取小值；下沉较深时取大值。

因为

$$W = \frac{G_B}{\pi\left(\dfrac{D+d}{2}\right)H} = \frac{\dfrac{\pi}{4}(D^2 - d^2)H\gamma}{\pi\left(\dfrac{D+d}{2}\right)H} = \frac{D-d}{2}\gamma$$

所以

$$E = \frac{W}{\gamma} \tag{5-20}$$

式中 G_B——沉井井壁总重力（kN）；

d、D——井壁内、外直径（m）；

H——沉井深度（m）；

γ——钢筋混凝土的重度，一般 $\gamma = 25\text{kN/m}^2$。

c. 按下沉条件验算井壁厚度。

$$G \geqslant KT \tag{5-21}$$

$$T = T_1 + T_2 + N$$

式中 G——沉井总重力，等于刃脚、井壁、触变泥浆重力之和（kN）；

K——沉井下沉系数，一般取 1.15；

T——沉井结构受到的总阻力；

T_1——刃脚外侧阻力，为侧面积与单位摩擦阻力的乘积；

T_2——井壁外侧阻力，按减阻介质确定，查表 5-4；

N——沉井正面阻力。

表 5-4　泥浆减阻单位摩擦力

成井深度/m	50	100	150
单位摩擦阻力 f/kPa	3～5	5～8	8～10

当刃脚斜面全部切入土层时：

$$N = \frac{\pi}{4}(D_1^2 - d^2)R_j$$

当刃脚切入土层深度为 a 时：

$$N = \pi a \tan\beta (D_1 - a\tan\beta)R_j$$

式中 R_j——土层的抗压强度，黏土层取 250～500kN/m²；

β——刃脚的锋角；

D_1——刃脚的外直径。

（3）沉井水平（环向）钢筋的计算

1）位于刃脚根部以上，其高度等于墙厚的一段，如图 5-8 所示。因这段井墙（框架）是刃脚悬臂的固定端，除承担该段的土压力和水压力外，尚须承担由刃脚竖向传来的剪力（即悬臂部分的荷载），故应按此外力计算水平钢筋。

2）其余各段井墙中水平钢筋的计算，一般以井墙断面变化处为界，或将井墙分成数段。取每一段中最下端单位高程上的荷载，计算其水平钢筋。水平钢筋双面匀布于全段上。钢筋直径为 14～18mm，间距为 300～330mm。

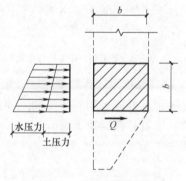

图 5-8　刃脚根部计算

5. 井墙的竖向拉断计算与竖向配筋

井墙竖向拉断计算，是假设下沉过程中，刃脚踏面脱空，沉井被上部土体挤紧，井壁处于悬挂状态下，出现的竖向拉力。同时，考虑构造需要，如沉井受扭偏斜纠偏等作用，配置竖向钢筋是必需的。计算时，一般可按沉井自重的 25%～65% 计算最大拉断力；或按最不利位置，即在最大拉断力发生在井墙接头（即施工缝）处来计算。最大拉力 $N_{\max}$ 可由下式求得，如图 5-9 所示。

$$N_{\max} = G\left(\frac{H_3}{H} + \frac{H_2^2}{4H^2}\right) \tag{5-22}$$

$$x = \frac{H_2^2}{2H} \tag{5-23}$$

配筋为

$$A_g = \frac{\gamma_k N_{max}}{f_y} \tag{5-24}$$

式中　N_{max}——沉井承受的最大拉力；

　　　　G——沉井总重力，淹水沉井按悬浮重力计；

　　　　H——沉井全深；

　　　　H_2——沉井入土深度；

　　　　H_3——刃脚高度；

　　　　x——沉井受最大拉力处离刃脚台阶的高度；

　　　　A_g——沉井竖向钢筋总截面积；

　　　　γ_k——强度系数，取 1.5；

　　　　f_y——钢筋强度设计值，HPB300 级热轧钢

　　　　　　　筋 $f_y = 0.21\text{kN/mm}^2$。

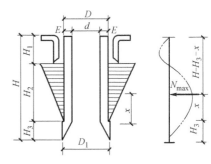

图 5-9　沉井井壁吊挂力计算

另外，按照构造需要，当混凝土强度等级为 C20 以下，可按混凝土截面的 0.1% 配置；当混凝土强度等级为 C20～C40 时，可按 0.15% 配置。竖向构造钢筋应沿井墙周围内外两面均匀布置，直径不小于 14mm，间距为 300～330mm。

5.1.4　底板

1. 荷载计算原则

1）沉井在干封底的情况下，此时井内结构可能尚未最后完成，故底板应按施工阶段最不利条件和底板以下最大水压力进行计算。

2）采用水下混凝土封底，仍应按底板标高以下的最大水压力考虑，然后按照单向板或双向板计算底板的配筋。

3）墩台基础工程的沉井，应按整个构筑物的自重及其所承担的上部荷载来计算作用于沉井底部的地基反力。但在计算沉井底部地基反力时，可不计井墙侧面摩擦力的作用，且这类沉井的井孔一般多用混凝土填充，故也不再考虑静水压力对沉井底部的作用。

2. 沉井封底厚度的计算

（1）沉井下封底的计算　沉井下沉完毕后，即可进行封底。如果沉井的刃脚是停留在不透水的黏土层中，如图 5-10 所示，则可采用干封底法施工，但必须注意不透水黏土层的厚度。

此时，必须满足下式要求：

$$F\gamma'h + cUh > F\gamma_w H_w$$

式中　F——沉井的底部面积；

　　　　γ'——土的浮重度；

　　　　h——刃脚下面不透水黏土层厚度；

　　　　c——黏土的黏聚力；

　　　　U——沉井刃脚踏面内壁周长；

　　　　γ_w——水的重度；

　　　　H_w——透水砂层的水头高度。

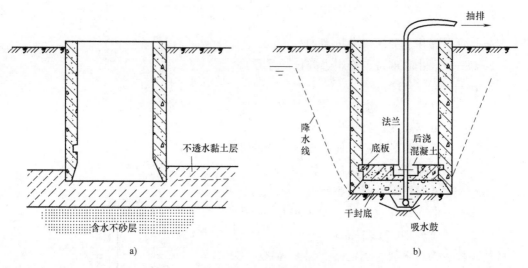

图 5-10　沉井干封底

（2）水下封底混凝土厚度计算　土的渗透系数较大或出现流砂，采用干封底不可能时，必须进行水下混凝土封底。封底厚度，除应满足沉井抗浮要求外，要按照素混凝土的强度来计算。

1）对水下封底的要求：

① 水下混凝土的厚度，应按施工中最不利的情况考虑，即按地下水头高度减去封底混凝土的重量作为计算值。

② 封底混凝土内应力最好不出现拉应力，若两 45°分配线在封底混凝土内或底板面相交，不会出现拉应力；若两 45°分配线在封底混凝土底板面以上不相交，如图 5-11a 所示，则应按简支的双向板、单向板或圆板计算，板的计算跨度 l 按图 5-11b 中所示 A、B 两点间的距离确定。

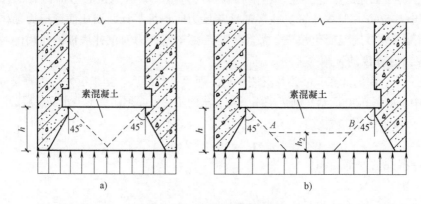

图 5-11　水下封底混凝土

当沉井刃脚较短时，则应尽量挖深锅底中央部分，如图 5-12 所示，也可形成倒拱。

2）水下封底计算方法一般均按简支板计算，当井内有隔墙或底梁时，可分格计算。

① 按周边简支圆板，承受均布荷载时，板中心的弯矩 M 值可按下式计算：

$$M_{\max} = \frac{pr^2}{16}(3+\mu) = \frac{pr^2}{16}\left(3+\frac{1}{6}\right) = 0.198pr^2 \tag{5-25}$$

式中　p——静水压力形成的荷载；

　　　r——圆板的计算半径；

　　　μ——混凝土的横向变形系数（泊松比），一般等于 $\frac{1}{6}$。

② 按周边简支双向板，承受均布荷载时，跨中弯矩 M_x、M_y，如图 5-13 所示，可按下式计算：

$$M_x = a_1 p \cdot l_1^2 \tag{5-26}$$

$$M_y = a_2 p \cdot l_1^2 \tag{5-27}$$

式中　a_1、a_2——弯矩系数，按表 5-5 采用；

　　　p——同前；

　　　l_1——矩形板的计算跨度（取小跨）。

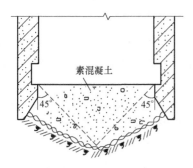

图 5-12　沉井锅底倒拱

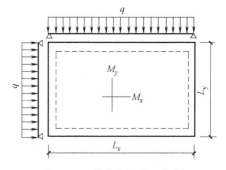

图 5-13　简支支承的双向板

素混凝土封底厚度为

$$h = \sqrt{\frac{3.5KM}{bf_t}} + D \tag{5-28}$$

式中　K——安全系数，按抗拉强度计算的受压、受弯构件为 2.65；

　　　M——板的最大弯矩；

　　　b——板宽，一般取 100cm；

　　　f_t——混凝土抗拉强度；

　　　D——考虑水下混凝土可能与井内土掺混的墙加厚度，一般增加 30~50cm。

表 5-5　弯矩系数

l_1/l_2	a_1	a_2	l_1/l_2	a_1	a_2	l_1/l_2	a_1	a_2
0.50	0.0994	0.0335	0.70	0.0732	0.0410	0.90	0.0516	0.0434
0.55	0.0927	0.0359	0.75	0.0673	0.0420	0.95	0.0471	0.0435
0.60	0.0860	0.0379	0.80	0.0617	0.0428	1.00	0.0436	0.0436
0.65	0.0795	0.0396	0.85	0.0564	0.0432			

5.1.5 抗浮计算

目前工业性用途的沉井作为地下构筑物的围护结构，要求使用空间越来越大，所以大型沉井的抗浮问题比较突出。为了满足沉井的抗浮要求，可采取加厚井壁或增加底板厚度等措施，但混凝土用量大，不够经济、合理，给施工也带来困难。

以往不计井壁侧面反摩擦力时，其 K 值取：

$$K = \frac{沉井自重}{浮力} \geqslant 1.1$$

考虑侧壁摩擦力时，其 K 值取：

$$K = \frac{沉井自重 + 侧壁摩擦力}{浮力} \geqslant 1.25$$

近年来，各设计、科研、施工单位对沉井的抗浮问题做了很多探讨和测试。归纳起来，有如下观点：

1）这么重的混凝土沉井埋在地下根本浮不起来。但在一些沉井、沉箱工程中均曾有上浮的实例，在一些蓄水池及地下室工程中，因江河或地下水水位上升而出现构筑物上浮的也时有所闻。

2）黏性土透水性差，在短期内水压力比静水压力小，可采取加快施工速度并将水压力折减的办法（如按静水压力的 85%~90% 计算），而不做抗浮计算。这虽有一定的理论和试验数据为依据，但应持慎重态度。

3）《地基基础设计标准》（DGJ 08-11—2018）编制说明中，建议验算沉井上浮稳定时，应计入井壁及摩擦力，因下沉所取摩擦力值往往偏大；而验算沉井上浮时，反摩擦力较下沉时摩擦力计算值小，故建议反摩擦力取摩擦力一半，如上海地区下沉时摩擦力一般取 20kPa，验算沉井上浮时，反摩擦力取 10kPa。《地基基础设计标准》第 112 条还规定："沉井应按各个时期实际可能出现的地下水位（或河水位）验算抗浮稳定，在不计井壁与土的摩阻力的情况下，抗浮安全系数采用 1.05。"

5.1.6 沉井施工

1. 沉井的制作方案与接高措施

（1）沉井制作时的分节高度

沉井井墙各节竖向中轴线，应与前一节中轴线重合或平行。高度，首先应保证稳定性要求，不应大于井宽，并有适当重量使其顺利下沉。沉井制作方案有三种：一节制作，一次下沉；分节制作，多次下沉；分节制作，一次下沉。要根据具体施工情况进行选择。

1）一次制作、一次下沉方案。一般中、小型沉井，沉井高度不大，可采用一次制作、一次下沉的施工方案。该方案工期短、施工简单方便。

2）分节制作、多次下沉方案。将井墙沿高度方向分为几段，每段称为一节。第一节高度一般为 6~10m，地面上浇筑，待达到设计强度后，井内出土下沉。在井墙顶面露出地面尚余 1~2m 时，停止下沉，制作第二节井墙，混凝土达到设计强度的 70%，即可挖土继续下沉。如此类推，循环进行。该方案优点为：沉井分段高度小，重量较小，对地基要求不高，施工操作方便；其缺点为：工序多、工期长，易产生倾斜和突然下沉，造成质量事故。

3）分节制作、一次下沉方案。在沉井位置，分节制作井墙，全高浇筑完毕，各节达到所要求的强度后，连续不断挖土下沉直到设计标高。我国目前采用分节制作、一次下沉，全高已达 30m 以上。其优点是可减少脚手架、模板、下沉设备（如水力机械等）的拆除、安装次数，便于滑动模板施工，消除多工种交叉作业，有利缩短工期，但沉井自重大，对地基承载力要求较高，需用大型起重设备，高空作业多，安全要求高。

（2）沉井接高措施　井墙接高，关键是掌握地基土的稳定性，若下沉系数小于 1，便可以认为地基是稳定的。常用井内灌水或填砂等临时措施来提高地基的承载力，如图 5-14 所示。地基承载力计算可取 $0.8Q_u$（Q_u 为土的极限承载力），其计算简图如图 5-15 所示。工程中多采用下式计算：

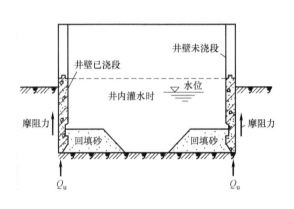

图 5-14　沉井接高时稳定地基的措施

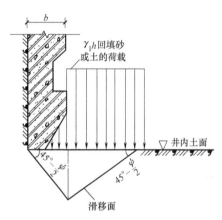

图 5-15　土体破坏的滑动面

$$Q_u = \gamma_1 h m_1^2 + \gamma b \sqrt{\frac{m}{2}} (m^2 - 1) + 2c \sqrt{m} (m+1) \qquad (5-29)$$

式中　γ_1——井内回填砂或土的重度；

　　　h——井内刃脚踏面以上砂或土的高度；

　　　m_1—— $m_1 = \tan^2 \left(45° + \dfrac{\varphi_1}{2} \right)$，其中 φ_1 为回填砂或土的内摩擦角；

　　　γ——原地基土的重度；

　　　b——井墙厚度；

　　　m—— $m = \tan^2 \left(45° + \dfrac{\varphi}{2} \right)$，其中：$\varphi$ 为原地基土的内摩擦角；

　　　c——原地基土的黏聚力。

2. 连续沉井施工

平面长度较大的沉井，分成数段分别下沉，或多个独立沉井相互靠近，将其连接起来可形成一条通道或连续基础的施工工程，称为连续沉井施工。

（1）沉井的下沉次序　为保持土压力的均衡对称，一般采取间隔下沉为好。图 5-16 所示为一排独立沉井，即先下沉①和③号，再下沉沉井②。其优点：

1）沉井所承受的土压力和荷载对称，下沉过程中倾斜的可能性小，且便于纠偏。

2）间隔下沉，施工场地间隙大，便于机械化施工。

3）沉井受力对称，沉井水平位移较小，结构计算方便。

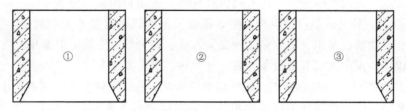

图 5-16 连续沉井下沉次数

（2）沉井的形式 连续沉井可分为圆形和矩形两种：

1）圆形连续沉井：

① 法国敦刻尔克市（Dunkerque）的矿业码头采用连续沉井修建，圆形沉井直径为 19m，相邻沉井在直径的端部（切点处）略作伸长，如图 5-17b 所示，组成一个直径为 60cm 的直井。沉到设计标高后，清除直井内泥土，灌混凝土，将各沉井连成一体。

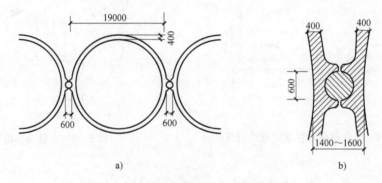

图 5-17 敦刻尔克港码头的连续沉井

② 哈佛港（Havre）某码头采用直径 11m 的圆形连续沉井建造，接缝宽度为 1.5m，接缝由两根钢筋混凝土桩组成，如图 5-18b 所示。桩体外部预留两个空槽，以形成一个直径为 70cm 的中孔和两个断面为 20cm×40cm 的侧孔。然后，利用空气吸泥机清除孔道中泥土，用导管法向中孔浇注水下混凝土，两侧孔用装在塑料袋中的混凝土填充。

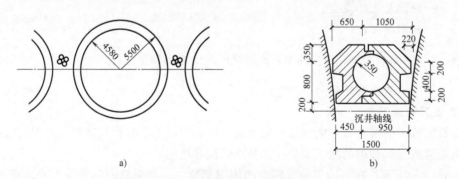

图 5-18 哈佛港码头的圆形连续沉井

2）矩形连续沉井。上海市第一条黄浦江江底隧道引道段采用矩形连续沉井施工，每个沉井长 20m 左右，宽约 8m，沉井下沉深度为 7~10m，如图 5-19 所示。单个沉井的两端用钢板和型钢组成的钢封板封闭，待沉井下沉至设计标高后，将临时钢封板拆除，连续沉井即成为一个整体的通道。

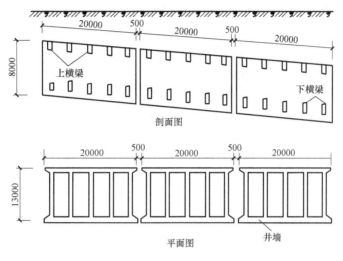

图 5-19 矩形连续沉井

① 沉井接缝。两井墙间预留接缝，如图 5-20 所示。井墙外侧预留 50cm 的缝隙，井墙内侧预留 150cm 的缝隙，待沉井下沉至设计标高后，清除接缝间的泥土，浇筑接缝处的混凝土，并采取必要的防水措施，如图 5-21 所示。在沉井两端沿接缝四周埋入橡胶止水带，做成变形缝。橡胶止水带中间有一直径为 5cm 的空腔，允许有 300% 的变形，即允许其拉伸到 15cm。

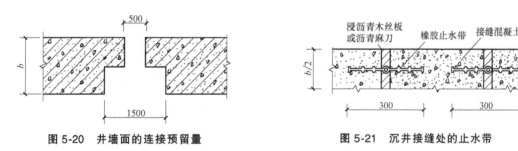

图 5-20 井墙面的连接预留量　　　　图 5-21 沉井接缝处的止水带

这种接缝法的优点：抗渗性能好，能达 8 个大气压；弹性好，抗拉强度高；耐久性好，耐酸耐腐蚀，除油类或强氧化剂侵蚀的工程外，一般工程均能使用；施工方便，质量可靠。这种接缝法的缺点：价格高；不能用于温度高于 60℃ 及低于 0℃ 的工程；损坏后不能修理和更换。

② 沉井之间的刚性连接。为避免沉井与沉井之间的不均匀沉降，加强连续沉井的整体性，在沉井底板上增加刚性连接，能够承担两井间的一定错动力。某连续沉井曾按井重的 1/3 进行配筋计算，放置 44 根直径 32mm 的螺纹钢筋，效果甚好。

某隧道两端引道由 39 个连续沉井组成，均准确地下沉到设计标高，四角平均标高与设计标高的误差均在规范规定的点 10cm 以内。沉井的位移，除个别沉井的平面位移稍大，但不影响使用，其余沉井的平面位移均在规范规定的下沉深度的 1% 以内，完全符合设计要求。

■ 5.2 沉管法

5.2.1 概述

1. 水底隧道的应用及其施工方法

水底隧道是渡越江河、港湾的方法之一。水底隧道的单位长度造价比桥梁高，但在跨越港湾或海轮经过的江河时，水底隧道所显出的优越性有时比建桥更为经济、合理。

水底隧道有五种主要的施工方法，即围堤明挖法、矿山法、气压沉箱法、盾构法及沉管法。其中，矿山法不适用于软土地层，气压沉箱法适用于较窄的河道，围堤明挖法较经济，但围堤明挖法对水路交通的干扰较大，因此采用不多。水底隧道的建设大多采用盾构法和沉管法施工。

盾构一般外径尺寸为 10m 左右，可容纳双车道通过。如需建造四车道的水底隧道，则需平行地建造两条盾构隧道。如需建造六车道的水底隧道，则需平行地建造三条盾构隧道。沉管法则不受上述尺寸限制。

沉管法曾称预制管段沉放法，是先在隧址以外（如临时干坞、造船厂的船台设备等）制作隧道管段（每节长 60~140m，多数为 100m 左右），两端用临时封墙密封，运到隧址指定位置上（这时已预先在设计位置挖好水底沟槽），定位就绪后，向管段内灌水下沉，然后将沉毕的管段在水下连接，覆土回填，进行内部装修及设备安装以完成隧道。用这种沉管法建成的隧道，即称沉管隧道。

盾构法和沉管法的比较见表 5-6。

表 5-6 盾构法与沉管法的比较

项目	盾构法	沉管法
地质条件	遇到砂质土层时，须采用气压或泥水加压施工	不怕流砂，基本上不受地质条件限制
水流速度	无关	水流很急时，须用水上作业台施工
水上交通	无关	须在短时间内采取一些局部的航道管理措施
隧道埋深	最深可达水下 30m 左右	最深纪录达水下 61m
容纳车道数	在一个隧道断面内只能容纳 2 车道，遇 4~6 车道时，须建多条隧道	在一个隧道断面内可同时容纳 4~6 车道，最多达 8 车道，尤适用于城市道路水底隧道
漏水情况	接缝太多，难以做到不漏水	易实现滴水不漏
工程质量	覆盖较厚，隧道较长，工程总量相应较大	覆盖厚度仅 0~1.5m，隧道较短，工程总量相应较小
现场工期	现场工期较长，因大部分工程量在隧址上完成	现场工期较短，因一半以上工程量在隧址以外的临时干坞中完成
工程单价	单位面积造价较高，单位效益造价更高	单位面积造价较低，单位效益造价尤低
运营费用	不利于采用通风新技术，常年电耗较大	利于采用通风新技术(如诱导通风方式)，大幅度地降低了运营费用

由表 5-6 可见沉管法比较有利。特别是 20 世纪 50 年代后，水力压接法（水下连接）和压浆法（基础处理）先后问世，世界各国水底隧道建设几乎都采用这种比较经济、合理的沉管法。2018 年 10 月建成的港珠澳大桥全长 55km，其中海中主体工程长 29.6km，按双向 6 车道高速公路标准建设，采用桥岛隧结合方案。沉管隧道是大桥的控制性工程，全长 6704m，是世界最长的公路沉管工程，管程长 5664m，共 33 节，标准节尺寸为 180m×37.95m×11.4m，每节重达 8×10^{5}kN。沉管埋于海床面以下 23m 的长度达 3km，是目前世界上唯一的深埋沉管隧道工程。

2. 沉管隧道的分类

沉管隧道按断面形状分为圆形与矩形两大类。

（1）圆形沉管　施工时多数利用船厂的船台制作钢壳，制成后沿着船台滑道滑行下水，然后在漂浮状态下系泊于码头边上，进行水上钢筋混凝土作业。这类沉管的横断面，内部均为圆形，外表有圆形、八角形或花篮形，如图 5-22 所示。

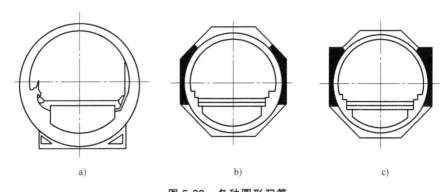

图 5-22　各种圆形沉管
a）圆形　b）八角形　c）花篮形

圆形沉管可安置两个车道。其优点是：

1）圆形断面，受力合理，衬砌弯矩较小，在水深较大时，比较经济、有利。

2）沉管的底宽较小，基础处理比较容易。

3）钢壳既是浇筑混凝土的外模，又是隧道的防水层，这种防水层不会在浮运过程中被碰损。

4）当具备利用船厂设备的条件时，工期较短。在管段需用量较大时，更为明显。

其缺点是：

1）圆形断面空间，常不能充分利用。

2）车道上方必定余出一个净空限界以外的空间（在采用全横向通风方式时，可以作排风道利用），使车道路面高程压低，从而增加了隧道全长，也增加了挖槽土方数量。

3）浮于水面进行浇筑混凝土时，整个结构受力复杂，应力很高，故耗钢量巨大，沉管造价高。

4）钢壳制作时，焊条电弧焊不能避免，焊缝质量要求高，难以保证。一旦出现渗漏，难以弥补、截堵。

5）钢壳本身存在防锈抗蚀问题，迄今未得到完善、可靠的解决办法。

6）圆形沉管只能容纳两个车道，若需多车道，则必须另行沉管。因此，各国现在多用矩形断面。

（2）矩形沉管　荷兰的玛斯（Maas）隧道，1942年建成，首创矩形沉管。这类沉管多在临时干坞中制作钢筋混凝土管段。矩形管段内能同时容纳2~8车道，如图5-23所示。其优点是：

图 5-23　矩形折拱形结构

a）六车道的矩形沉管　b）八车道的矩形沉管

1）不占用造船厂设备，不妨碍造船工业生产。

2）车道上方没有非必要空间，空间利用率较高。车道最低点的高程较高，隧道全长较短，挖槽土方量少。

3）建造4~8车道的多车道隧道时，工程量与施工费均较省。

4）一般不需钢壳，可大量地节省钢材。

其缺点是：

1）必须建造临时干坞。

2）矩形灌筑混凝土及浮运过程中，必须采取一系列严格控制措施。

3. 沉管隧道的设计和施工

沉管式水底隧道的设计，主要内容有几何设计、通风、照明供电、给水排水设计、内装修、运营与安全设施设计等。其设计质量直接影响隧道的施工与使用，应做到设计思想明确，综合考虑先进性、合理性、安全性和经济性（包括建设费与运营费）。20世纪60年代以后的水底隧道设计，都十分重视几何设计的革新，几乎每一条隧道均有创新与改进。几何设计常常成为水底隧道工程设计成功与否的关键。隧道截面尺寸首先取决于交通用途与交通条件，其次取决于沉管浮运和沉放两个重要阶段的要求，总体几何设计最初只能确定管段的内净宽度及车道净空高度。沉管结构的外轮廓尺寸，必须通过浮力设计才可最终确定，既要满足一定的干舷，又要保证一定的抗浮安全系数要求。所以沉管结构的外廓尺寸中，高度往往超过车道净高与顶底板厚度之和。

管段长度的确定需考虑经济条件，航道条件，管段本身纵、横断面形状，设备及施工技术条件，轴向应力等因素。

在设计沉管隧道时，必须充分考虑施工工艺要求。随着近年来沉管施工技术的不断革新，设计时更须与之密切配合。沉管隧道施工的主要内容与工序如图5-24所示。

5.2.2　沉管结构设计

1. 沉管结构所受的荷载

作用在沉管结构上的荷载有结构自重、水压力、土压力、浮力、施工荷载、波浪力和水流压力、沉降摩擦力、车辆活载、沉船荷载、地基反力，以及变温影响、不均匀沉降影响、

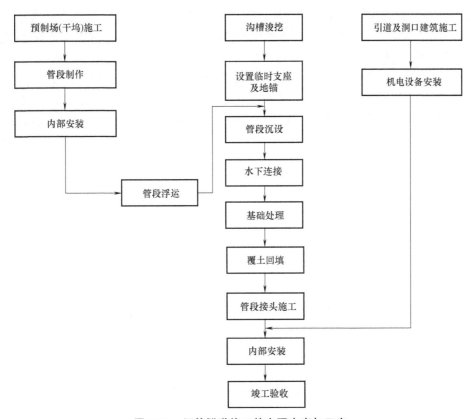

图 5-24 沉管隧道施工的主要内容与工序

地震影响等。

　　水压力是主要荷载之一。在覆土厚度比较小的区段中，水压力常是最大的荷载。设计时要分别计算正常的高、低潮水位的压力，以及当地最大台风或特大洪水位的压力（按 30 年一遇）。

　　垂直土压力一般为河床底到沉管顶面间的土体重量。在河床不稳定地区，还应考虑变迁的影响。侧向土压力并非常量。在隧道初建成时，土的侧压力较大，后期随着土的固结发展而逐渐减小。设计时要按最不利组合分别取用其最大或最小值。

　　施工荷载有压载、端封墙、定位塔等施工设施的重量，为非均匀荷载，在计算浮运阶段的纵向弯矩时，这些荷载将是主要荷载。如这些施工荷载引起的管段纵向正负弯矩差过大，则可调整压载水箱（或水罐）的位置以减小此弯矩，使之受力合理。

　　波浪力一般不大，不致影响配筋。水流压力对结构设计影响也不大，但必须进行水工模型试验予以确定，以便据此设计沉设工艺及设备。

　　沉降摩擦力是指回填土之后，沟槽底部受荷不匀，沉降不均引起的力。如在沉管侧壁外喷涂一层软沥青，则可使此项荷载大为减小。

　　在水底道路隧道中，车辆荷载一般可略去不计，但在基础设计时应予以考虑。

　　沉船荷载是指船只失事后恰巧沉在隧道顶上时的一种特殊荷载，设计时只能做假设估计。因发生概率极小，近年来对设计时是否考虑这种荷载已有不同观点。

　　地基反力的分布规律，有各种不同的假定：直线均布；反力强度与各点地基沉降量成正比（文克勒假定）；地基为半无限弹性体，按弹性理论计算反力。在按文克勒假定设计时，有采用单一地基系数的，也有采用多种地基系数的。日本东京港第一航道水底道路隧道在设计时考虑到沉管底宽较大（37.4m），基础处理可能有不均匀之处，所以既用单一地基系数计算，也用不同组合的多地基系数计算，然后按所作出的内力包络图进行配筋。

变温影响所产生的内力，主要由沉管四壁（侧墙与顶、底板）内外温差造成，沉管四壁外侧壁面温度也可视作四季恒温。沉管内侧的壁面温度与通风有关，因此温差随季节变化，冬天外高内低，夏天转为外低内高，设计时可按持续 5~7 天的最高或最低日平均气温计算。结构自重则取决于几何尺寸和所用材料，在隧道使用阶段还应考虑内部各种管线重量。

2. 浮力设计

在沉管结构设计中，与其他地下工程不同，必须进行浮力设计。其内容包括干舷的选定和抗浮安全系数的验算。通过浮力设计可以最后确定沉管结构的高度和外廓尺寸。

（1）干舷 管段在浮运时为了保持稳定，必须使管顶面露出水面。其露出高度称为干舷。具有一定干舷的管段遇风浪发生倾侧后，会自动产生一个反倾力矩，使管段恢复平衡：

一般矩形断面的管段干舷多为 10~15cm，而圆形、八角形或花篮形断面的管段则多为 40~50cm。干舷高度不宜过小，否则稳定性差，也不宜过大，干舷越大，所需压载水箱（或水罐）的容量就越大，过大则不经济。个别情况下，若干舷不足，应设浮筒助浮。

管段制作时，混凝土重度和模壳尺寸常有一定幅度的变动，河水相对密度也有一定幅度的变化。所以，设计时应按最大的混凝土重度、最大的混凝土体积和最小的河水相对密度来计算干舷。

（2）抗浮安全系数 在沉管施工阶段，抗浮安全系数应采用 1.05~1.1 的，务必选用 1.05 以上以免施工产生不必要的麻烦。在计算施工阶段的抗浮安全系数时，临时施工设备（如定位塔、端封墙等）的重量均可不计。

在使用阶段，抗浮安全系数应采用 1.2~1.5，计算时可考虑两侧填土对管壁的摩擦力。设计时应按最小的混凝土重度和体积、最大的河水相对密度来计算各阶段的抗浮安全系数。

3. 结构分析与配筋

（1）横断面结构分析 沉管的横断面结构形式绝大多数是多孔箱形刚性结构（只有人行隧道、管线专用隧道或输水管道等为单孔刚构）。多孔箱形刚构为高次超静定结构，其结构内力分析必须经过"假定（构件尺度)-分析（内力)-修正（尺度)-复算（内力）"的几次循环，计算工作量很大。为避免采用抗剪力钢筋，改善结构受力性能，减少裂缝出现，在水底隧道沉管结构中，常采用变截面或折拱形结构（见图 5-25），港珠澳大桥沉管隧道横断面。采用的就是折拱形结构这样，即使在同一节管段（一般长度为 100m 左右）中，因隧道纵坡和河底标高的变化，各处断面所受水、土压力也不同（特别在接近岸边时），因此一般不能只以一个横断面的结构分析来进行整节管段，甚至河中段全长的横断面配筋设计。工作量之大可想而知，故必须采用电算，可利用一般的平面杆系结构分析的通用程序进行计算。

（2）纵向结构分析 施工阶段的沉管纵向受力分析，主要是计算浮运、沉设时，施工荷载、波浪力所引起的内力。使用阶段的沉管纵向受力

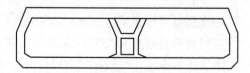

图 5-25 沉管折拱形结构

分析，一般按弹性地基梁理论进行计算。

（3）配筋　因抗剪的需要，沉管应采用较高强度等级的混凝土，一般采用 C30 以上的混凝土。沉管结构，不允许出现任何通透性（管壁内、外穿透的）裂缝；非通透性裂缝开展宽度应控制在 0.15~0.2mm 以下。设计时，混凝土与钢筋的允许应力可参照《公路桥涵设计通用规范》（JTG D60—2015）。不同荷载组合条件介绍如下，并分别加以相应的提高率，见表 5-7。

表 5-7　不同荷载组合条件相应的提高率

荷载组合条件	提高率
A—结构自重+保护层、路面、压载重力+覆土荷载+土压力+高潮水压力	0%
B—结构自重+保护层、路面、压载重力+覆土荷载+土压力+低潮水压力	0%
C—结构自重+保护层、路面、压载重力+覆土荷载+土压力+台风或特大洪水时水压力	30%
D—A 或 B+变温影响	15%
E—A 或 B+特殊荷载(如沉船、地震等)	30%
混凝土主拉应力、其他应力	50%

4. 管段制作

（1）矩形钢筋混凝土管段的制作　管段制作在干坞中进行，其工艺与一般钢筋混凝土结构基本相同。但浮运、沉设过程中对均质性与水密性等要求特别高，应注意以下几点：

1）要保证高质量的混凝土的防水性及抗渗性。

2）要严格控制混凝土的重度，若重度超过 1%，管段将浮不起来，则不能满足浮运要求。

3）必须严格控制模板的变形，以保证对混凝土均质性的要求。若出现管段板、壁厚度的局部较大偏差，或前后、左右混凝土重度不均匀，浮运中会发生管段倾侧。

4）必须慎重处理施工缝及变形缝。纵向施工缝（横断面上的施工留缝），对于管段下端，靠近底板面一道留缝，应高于底板面以上 30~50cm。横向施工缝（沿管段长度方向上分段施工时的留缝）需采取慎重的防水措施，为防止发生横向通透性裂缝，通常可把横向施工缝做成变形缝，每节管段由变形缝分成若干节段，每节段 15~20m 长，如图 5-26 和图 5-27 所示。

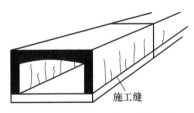

图 5-26　管段侧壁上设置裂缝

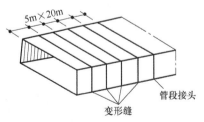

图 5-27　管段的节断与变形缝

（2）封墙　管段浮运前必须于管段的两端离端面 50~100cm 处设置封墙。封墙可用木料、钢材或钢筋混凝土制成。封墙设计按最大静水压力计算。封墙上须设排水阀、进气阀及出入孔。排水阀设于下部，进气阀设于顶部，口径 100mm 左右。出入孔应设置防水密闭门。

（3）压载设施　管段下沉由压载设施加压实现，容纳压载水的容器称为压载设施，一般采用水箱形式，须在管段封墙安设之前就位，每一管段至少设置四只水箱，对称布置于管段四角位置。水箱容量与下沉力、干舷大小、基础处理时"压密"工序所需压重大小等有关。

（4）检漏与干舷调整　管段制作完成后，须做一次检漏。如有渗漏，可在浮运出坞前做好处理。一般在干坞灌水之前，先往压载水箱里注水压载，再往干坞室里灌水，灌水24~48h后，工作人员进入管段内对管段进行水底检漏。经检漏合格，浮起管段，并在干坞中检查干舷是否合乎规定，有无倾侧现象。通过调整压载的办法，使干舷达到设计要求。

5.2.3　管段沉设

1. 沉设方法

预制管段沉设是整个沉管隧道施工中重要的环节之一。它不仅受气候、河流自然条件的直接影响，还受到航道、设备条件的制约。施工须根据自然条件、航道条件、管段规模及设备条件等因素，因地制宜选用最经济的沉设方案。

沉设方法和工具设备，种类繁多，为便于了解，归纳如下：

$$
管段沉设\begin{cases} 吊沉法\begin{cases} 分吊\begin{cases} 浮吊 \\ 浮箱 \end{cases} \\ 扛吊——方驳船组 \\ 骑吊——水上作业台 \end{cases} \\ 拉沉法———水底桩墩（地垄） \end{cases}
$$

（1）分吊法　管段制作时，预先埋设3~4个吊点，分吊法沉设作业时分别用2~4艘100~200t浮吊（即起重船）或浮箱，逐渐将管段沉放到规定位置。

世界上第一条四车道矩形管段隧道——玛斯隧道采用了四艘起重船分吊沉设；荷兰柯思（Coen，1966）隧道和培纳靳克斯隧道（1967）首创以大型浮筒代替起重船的分吊沉设法；比利时的斯凯尔特（E3-Scheldt，1969）隧道以浮箱代替浮筒，沉放成功。

浮箱吊沉设备简单，适用于宽度特大的大型管段。沉放用四只100~150t的方形浮箱（边长约10m，型深约4m）直接将管段吊起来，四只浮箱分成前后两组，图5-28所示为浮箱吊沉法。

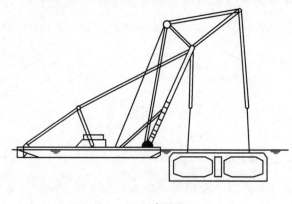

a)

图 5-28　浮箱吊沉法

a）起重船分吊法

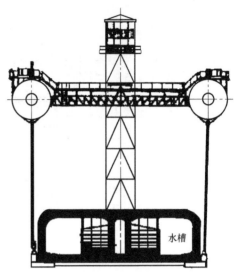

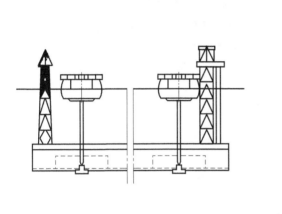

b)

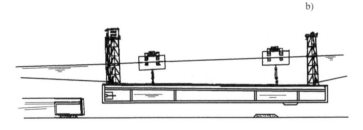

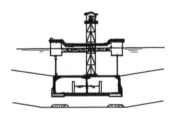

c)

图 5-28　浮箱吊沉法（续）

b）浮筒分吊法　c）浮箱分吊法

（2）扛吊法（也称方驳扛吊法）　扛吊法是以四艘方驳，分前后两组，每组方驳肩负一副"扛棒"，即这两副"扛棒"由位于沉管中心线左右的两艘方驳作为各自的两个支点；前后两组方驳再用钢桁架连接起来，构成一个整体驳船组，"扛棒"实际上是一种型钢梁或是钢板组合梁，其上的吊索一端系于卷扬机，另一端用来吊放沉管；驳船组由六根锚索定位，沉管管段则另用六根锚索定位。每副"扛棒"的每个支点受力仅为下沉力的四分之一，沉管下沉力若为 2000kN，每支点只负担 500kN，因此，只需要 1000~2000kN 的小方驳四艘即足够，所以设备简单，费用低。

加拿大台司（Peas，1959）隧道工程中，曾采用吨位较大、船体较长的方驳，将各侧前后两艘方驳直接连接起来，以提高驳船组的整体稳定性。

用四艘方驳构成沉设作业船组的吊沉方法，称作"四驳扛沉法"。

美国和日本在沉管隧道工程中，曾用"双驳扛沉法"（见图 5-29），所用方驳的船体尺度比较大（驳体长度为 60~85m，宽度为 6~8m，型深 2.5~3.5m）。"双驳扛沉法"的船组整体稳定性较好，操作较为方便。管段定位索改用斜对角方向张拉的吊索系定于双驳船组上。虽有优点，但设备费用较高。美国旧金山市地下铁道（BART，1969）的港下水底隧道（长达 5.82km，共沉设 58 节 100~105m 长的管段）工程即用此法。

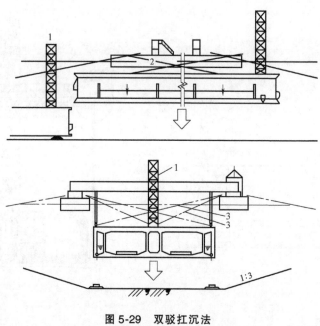

图 5-29　双驳扛沉法

1—定位塔　2—方驳　3—定位索

（3）骑吊法　如图 5-30 所示，骑吊法将水上作业平台"骑"于管段上方，管段被慢慢地吊放就位。

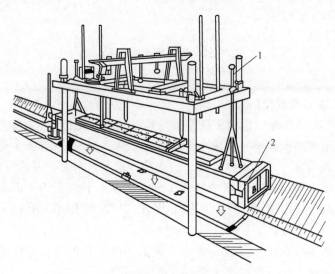

图 5-30　骑吊法

1—定位杆　2—拉合千斤顶

水上作业平台也称为自升式作业平台（SEP，Self-elevating platform），原是海洋钻探或开采石油的专用设备。它的工作平台实际上是个矩形钢浮箱，有时为方环形钢浮箱。就位时，向浮箱里灌水加载，使四条钢腿插入海底或河底。移位时，排出箱内贮水使之上浮，将四条钢腿拔出。在外海沉设管段时，因海浪袭击只能用此法施工；在内河或港湾沉没管段，如流速过大，也可采用此法施工。它不需抛设锚索，作业时对航道干扰较小。但设备费很大，故较为少用。阿根廷巴拉那—圣达菲（Parana-Santa Fe′，1969）隧道是此法沉设的一例。

（4）拉沉法（见图5-31）　利用预先设置在沟槽底面上的水下桩墩作为地垄，依靠安设在管段上面的钢桁架上的卷扬机，通过扣在地垄上的钢索，将具有（2~3）×10³kN 浮力的管段缓慢地"拉下水"，沉设于桩墩上，而后进行水下连接，也利用此法以斜拉方式作前后位置调节。此法费用较大，应用很少，只在荷兰埃河（IJ，1968）隧道和法国马赛市的马赛（Marseille，1969）隧道中用过。

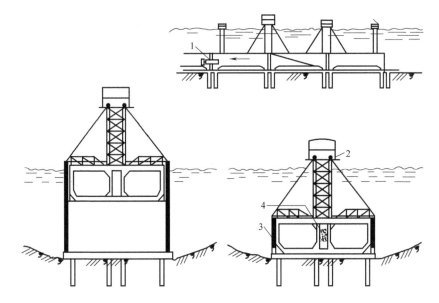

图 5-31　拉沉法
1—拉合千斤顶　2—拉沉卷扬机　3—拉沉索　4—压载水

综上所述，一般顶宽在20m 以上的大、中型管段多采用浮箱吊沉法，而小型管段以采用方驳扛吊法较为合适。

2. 沉设工具与设备

浮箱吊沉法与方驳扛吊法所用设备、工具有：

1）方形浮箱或小型方驳：四艘，其吨位为 1000~1500kN。

2）起重设备：定位卷扬机，6~14台（电动或液压驱动），单筒式，牵引力：80~100kN，绳速 3m/min；起吊卷扬机，3~4台（电动或液压驱动），单筒式，牵引力：100~120kN，绳速 5m/min。

3）定位塔：钢结构，高度由沉放深度及测量要求确定，多超过10m，管段前后共设两座定位塔，其中一座塔上可设指挥室和测量工作室。

4）超声波测距仪：用来测定相临两节管段的三向相对距离。

5）倾度仪：自动反映管段纵横向倾度。

6）缆索测力计：每根锚索或吊索的固定端均应设有自动测力计及其必要的测试、通信设备仪表等。

3. 管段沉设作业

（1）沉设准备　沉设前必须完成沟槽浚挖清淤，设置临时支座，以保证管段顺利沉放到规定位置。应与港务、港监等有关部门商定航道管理事项，做好水上交通管制准备。

（2）管段就位　在高潮平潮之前，将管段浮运到指定位置，校正好前后左右位置。并带好地锚，中线要与隧道轴线基本重合，误差不应大于 10cm。管段纵向坡度调至设计坡度。定位完毕后，灌注压载水，至消除管段的全部浮力为止。

（3）管段下沉　下沉时的水流速度，宜小于 0.15m/s，如流速超过 0.5m/s，需采取措施。每段下沉分三步进行，即初次下沉、靠拢下沉和着地下沉，如图 5-32 所示。

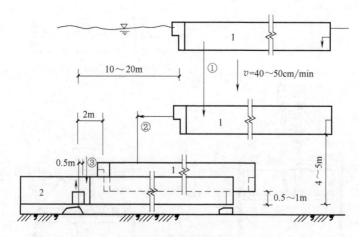

图 5-32　下沉作业

1—新设管段　2—既设管段

①—初次下沉　②—靠拢下沉　③—着地下沉

1）初次下沉：灌注压载水至下沉力达到规定值之 50%。随即进行位置校正，待前后左右位置校正完毕后，再灌水至下沉力规定值的 100%。而后按 40～50cm/min 速度将管段下沉，直到管底离设计高程 4～5m 为止。下沉时要随时校正管段位置。

2）靠拢下沉：将管段向前平移，至距已设管段 2m 左右处，再将管段下沉到管底离设计高程 0.5～1m，并校正管位。

3）着地下沉：先将管段前移至距已设管段约 50cm 处，校正管位并下沉。最后 1m 的下沉速度要慢，并应随沉随测。着地时先将前端搁在鼻式托座上或套上卡式定位托座，然后将后端轻轻地搁置到临时支座上。搁好后，各吊点同时分次卸荷，直至整个管段的下沉力全都作用在临时支座上。

4. 水上交通管制

管段沉没作业时，为了保证施工和航运双方安全，必须采取水上交通管制措施。主要应将主航道临时改道和局部水域暂时封锁。

5.2.4　水下连接

1. 水力压接法的发展

荷兰的玛斯（Maas，1942）隧道，古巴的阿尔曼德斯（Almendaras，1953）隧道和哈瓦那港（Havana Bay，1958）水底隧道，都是采用灌注水下混凝土法进行连接。加拿大的台司隧道创造水力压接法之后，几乎所有的沉管隧道都改用了这种水力压接法。随后又有不少改进，连接性能更加可靠。

台司隧道所用胶垫为一方形硬橡胶，外套一软橡胶片。荷兰鹿特丹地下铁道沉管隧道将其改进成为尖肋型（荷文原名 Gina），如图 5-33 所示。目前，各国普遍采用尖肋型胶垫。

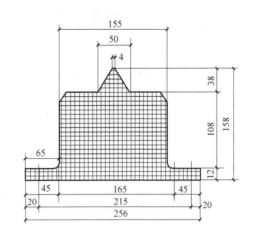

图 5-33　尖肋型胶垫

尖肋型胶垫由四个部分组成：

1）尖肋。用作第一次初步止水。其高度一般为 38mm，个别工程实例也有用到 50mm。硬度一般为肖氏橡胶硬度 30~35 度。

2）主体。是承受水压力的主体，其硬度为肖氏 50~70 度。

3）底翼缘。为方便安装多用纤维织物作局部加强。

4）底肋。在胶垫底部的小肋，用肖氏硬度 30~35 度的软橡胶制成。主要用于防止管段端面漏水。

2．水力压接法施工

水力压接是利用作用在管段后端（也称为自由端）端面上的巨大水压力，使安装在管段前端（靠近已设管段或风节的一端）端面周边上的一圈橡胶垫环（以下简称胶垫，在制作管段时安设于管段端面上）发生压缩变形，并构成一个水密性良好，且相当可靠的管端间接头，如图 5-34 所示。

用水力压接法进行水下连接的工序是：对位—拉合—压接—拆除端封墙。

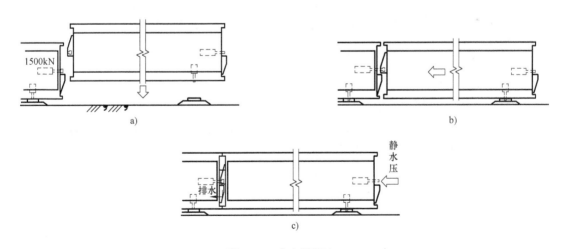

图 5-34　水力压接法

（1）对位　着地下沉时必须结合管段连接工作进行对位。对位精度要求（见表 5-8）不难达到，上海金山沉管工程中曾用一种图 5-35 所示的卡式托座，只要前端的"卡钳"套上，定位精度就自然控制在水平方向为 ±2cm 之内，垂直方向为 ±1cm 之内。

表 5-8　对位精度要求

部位	水平方向	垂直方向
前端	±2cm	
后端	±5cm	±1cm

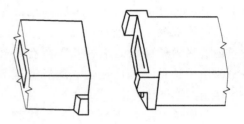

图 5-35　金山沉管工程的卡式托座

（2）拉合　拉合工序的任务是用一个较小的机械力量，将管段拉向前节已设管段，使胶垫的尖肋部产生初步变形，起到初步止水作用。拉合时所需拉力，通常用安装于管段竖壁（可为外壁或内壁）上（带有锤形拉钩）的拉合千斤顶进行拉合，如图 5-36 所示。采用两台 1000～1500kN 拉合千斤顶的工例较多，因便于调节校正。也有用定位卷扬机进行拉合作业的工程实例。

（3）压接　拉合完成之后，打开已设管段后端封墙下部的排水阀，排出前后两节沉管封墙之间被胶垫所包围封闭的水。排水完毕后，整个胶垫在作用于新设管段后端封墙和管段周壁端面上的全部水压力作用下，进一步压缩。其压缩量一般为胶垫本体高度的 1/3 左右。

（4）拆除端封墙　压接完毕后，即可拆除前后端封墙。待拆除封墙的各已设管段全都与岸上相通后，可开始进行下一步施工，如内装工作。

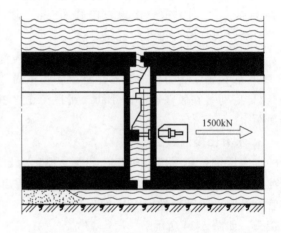

图 5-36　拉合千斤顶

水力压接法的优点是：①充分利用自然界的巨大能量，工艺简单，施工方便；②水密性切实可靠；③基本上不用潜水工作；④成本低；⑤施工速度快。

5.2.5　基础处理

1. 沉管基础及其与地质条件的关系

水底沉管隧道地基、基础沉降问题与一般地面建筑的情况截然不同。首先，沉管基础对各种地质条件适应性强，不会产生由于土体剪坏或压缩而引起沉降。因为，作用在沟槽底面的荷载不会因设置沉管而增加，相反却有所减小。因为：

$$p_1 = \gamma_s(H+h) \tag{5-30}$$

式中　p_1——开槽前作用在沟槽底面上的压力；

　　　γ_s——土的水中重度，一般为 5～9kN/m³；

　　　H——沉管隧道全高，一般为 7～8m；

　　　h——覆土厚度，一般为 0.5～1m。

管段沉设并覆土完毕后　　　$p_2 = (\gamma_t - \gamma_w)H \tag{5-31}$

式中　p_2——设置沉管后，作用在沟槽底面上的压力；

　　　γ_t——竣工后沉管的重度（覆土重量折算在内）；

γ_w——水的重度，一般取 $\gamma_w = 10 \text{kN/m}^3$。

因此 $p_2 - p_1 = (\gamma_t - \gamma_w) H - \gamma_s (H+h)$，设 $\gamma_t = 12.5 \text{kN/m}^3$，$\gamma_w = 10 \text{kN/m}^3$，$\gamma_s = 5 \text{kN/m}^3$，$H = 8\text{m}$，$h = 0.5\text{m}$，则

$$p_2 - p_1 = (12.5-10) \times 8 \text{kN/m}^2 - 5 \times (8+0.5) \text{kN/m}^2 = (20-42.5) \text{kN/m}^2 < 0$$

可见，在沉管隧道中需要构筑人工基础以解决沉降问题的情况一般不会发生。有些国家（如日本）更明确规定，当地基土允许承载力 $[R] \geqslant 20 \text{kN/m}^2$，标准贯入度 $N \geqslant 1$ 时，不必构筑沉管基础。

沉管隧道基槽施工在水下开挖，流砂现象也不会发生。

一般水底沉管工程施工前无须水上钻探工作。

2. 基础处理——垫平

沉管隧道，一般不需构筑人工基础，但为了平整槽底，施工时仍须进行基础处理。因任何挖泥设备，竣挖后槽底表面总留有 15~50cm 的不平整度（铲斗挖泥船可达 100cm），使槽底表面与管段表面之间存在着众多不规则空隙，导致地基土受力不匀，引起不均匀沉降，使管段结构受到较高的局部应力以致开裂。故必须进行适当处理。

沉管的基础处理方法大体上可归纳为二类。

先铺法——刮铺法（按铺垫材料可分为刮沙法和刮石法）。

后填法——灌砂法、喷砂法、灌囊法、压浆法、压混凝土法、压砂法。

（1）先铺法 刮铺法的基本工序是：

1）在浚挖沟槽时超挖 60~80cm。

2）在沟槽两侧打数排短桩，安设导轨以控制高程、坡度。

3）向沟底投放铺垫材料——粗砂或粒径不超过 100mm 的碎石，铺宽比管段底宽 1.5~2.0m，铺长为一节管段长度，在地震区应避免用黄沙作铺垫材料。

4）按导轨所规定的厚度、高度及坡度，用刮铺机（见图 5-37）刮平，刮平后的表面平整度刮沙法可在 ±5cm，刮石法可在 ±20cm。

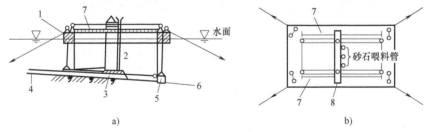

图 5-37 刮铺机
1—方环形浮箱 2—砂石喂料管 3—刮板 4—砂石垫层（厚 0.6~0.9cm）
5—锚块 6—沟槽底面 7—钢轨 8—移行钢梁

5）为使管底和垫层密贴，管段沉设完毕后，可进行"压密"工序。"压密"可采用灌压载水，或加压砂石料的办法，使垫层压紧密贴。对于刮石法，则可采用预埋压浆孔向垫层里压注水泥斑脱土（或黏土）混合砂浆的办法。

（2）后填法

1）后填法的基本工序：

① 在浚挖沟槽时，先超挖 100cm 左右。

② 在沟底安设临时支座。

③ 管段沉设完毕（在临时支座上搁妥）后，往管底空间回填垫料。

后填法中，安设水底临时支座是项重要工序。即使多车道管段等特大型管段 [重达 $(4.5 \sim 5.0) \times 10^5 \text{kN}$] 沉于水底的重量也不过 4000kN。所以临时支座所受荷载不大，支座构造可以小巧简易。除少数工例曾采用短桩简易墩外，多数用道砟堆上设置钢筋混凝土预制支承板的办法构成临时支座。道砟堆的常用尺度为 $7m \times 7m \times (0.5 \sim 1.0m)$，预制支承板的尺度为 $2m \times 2m \times 0.5m$。支承板可以浮吊沉设，近年已多改为随管段一起浇制，一起沉设，预制支承板由液压千斤顶实现调整定位（见图5-38）。

2）后填法施工：

① 压浆法。采用此法时，沉管沟槽须先超挖1m左右，摊铺一层碎石（厚40~50cm），设临时支座所需碎石（道砟）堆和临时支座。管段沉设结束后，沿管段两侧边沿及后端底部边缘堆筑砂、石混合料，堆高至管底以上1m左右，用来封闭管底周边。然后从隧道内部，通过带单向阀的压浆孔（直径80mm），向管底空隙压注混合砂浆（见图5-39）。混合砂浆系由水泥、斑脱土、黄沙和适量缓凝剂配成。斑脱土或黏土，可增加砂浆流动性，节约水泥。混合砂浆强度 5kg/cm^2 左右，且不低于地基土体的固有强度即可。混合砂浆配比为每立方米：水泥150kg，斑脱土25~30kg，黄沙600~1000kg。压浆的压力比水压大 $1 \sim 2\text{kg/cm}^2$。不要过大，以防顶起管段。

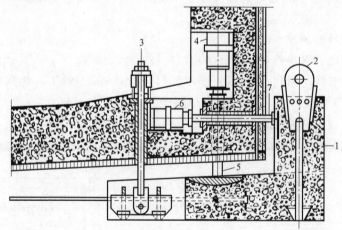

图5-38 预制支承板

1—预制撑板　2—吊环　3—吊杆　4—垂直定位千斤顶　5—垂直顶杆　6—水平定位千斤顶　7—水平顶杆

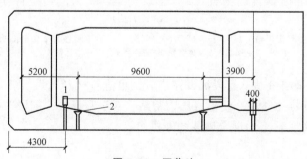

图5-39 压浆法

1、2—压浆管

压浆法首先在日本东京港第一航道水底道路隧道工程（1976年建成）中试成，从而突破了三十年来丹麦公司在基础处理工艺上的专利（喷砂法）垄断，还解决了地震区的防止液化问题。此法比灌囊法省去了囊袋费用、频繁的安装工艺及水下作业等。

② 压砂法。压砂法与压浆法相似，但压入的是砂、水混合料。所用砂粒度 $d_{50} = 150 \sim 300\mu m$ 为宜。混合料由隧道的一端经管道（$\phi 200mm$ 钢管），以 2.8 个大气压输入隧管内（流速约为 3m/s），再经预埋在管段底板上的压砂孔（带有单向阀，间距约 20m，见图 5-40），压入管段底下空隙予以填实，如图 5-40 和图 5-41 所示。

压砂法最初在荷兰弗莱克（Vlake，1975）水底隧道中试成，后又在该国鲍脱莱克（Botlek）道路隧道等工程中推广。

③ 压混凝土法。1975 年年底日本于某工程曾用压混凝土法进行其基础处理获成功，基本原理、工艺与压浆法相同，只是以低强度等级、高流动性细石混凝土代替砂浆。

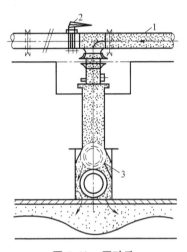

图 5-40　压砂孔
1—压砂管　2—阀门　3—球阀

④ 灌砂法。在管段沉设完毕后，从水面上通过导管沿着管段侧面向管段底边灌填粗砂，构成两条纵向的垫层。此法不需专用设备，施工方便，但不适用于宽度较大的矩形管段。这是一种最早的后填法，适用于断面较小的钢壳圆形、八角形或花篮形管段。美国早期的沉管隧道常用此法施工。1969 年建成的阿根廷巴拉那—圣达菲隧道也曾用此法。

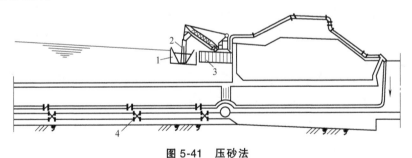

图 5-41　压砂法
1—驳船　2—吸管　3—浮箱　4—压砂孔

⑤ 喷砂法。建造荷兰玛斯隧道（世界上第一条矩形断面沉管隧道，底宽为 24.79m）时，丹麦的克里斯蒂尼—尼尔逊（Christiani—Nielsen）公司为此研制成了喷砂法，并取得了专利。此法是从水面上用砂泵将砂、水混合料通过伸入隧管底面的喷管向管段底下喷注，以填满其空隙。喷砂法所筑成的垫层厚一般为 1m。

此法在欧洲用得较多。一些宽度较大的沉管隧道，如比利时安特卫普市的斯凯尔特隧道（沉管底宽 47.85m）、德国的易北河隧道（沉管底宽 41.5m）等，均用此法施工。

⑥ 灌囊法。灌囊法是在砂、石垫层面上用砂浆囊袋将剩余空隙切实垫密。沉设管段之前需先铺设一层砂、石垫层。管段沉设时，带着空囊袋一起下沉。待管段沉设完毕后，从水面上向囊袋里灌注由黏土、水泥和黄沙配成的混合砂浆，以使管底空隙全部消除。

此法用于瑞典的廷斯达（Tingstad，1968）隧道及日本衣浦港水底隧道。

5.3 冻结法

冻结法是城市地下工程施工方法中的一种辅助手段，当遇到涌水、流砂、淤泥等复杂不稳定地质条件时，经技术经济分析比较，可以采用技术可靠的冻结法进行施工，以保证安全穿过该段地层。

源于自然现象的冻结法作为土木工程施工技术早在 1862 年英国的威尔士基础工程中就出现了，但冻结法施工技术真正实现规模发展是在凿井工程中。德国采矿工程师 F. H. Poetsch 探索不稳定地层凿井技术，于 1880 年提出了冻结法凿井的原理，1883 年首次应用冻结法开凿了阿尔巴里德褐煤矿区的Ⅸ号井获得成功，同年 12 月获得发明专利，其基本原理是：在要开凿的井筒周围布置冻结器（当时用铜管等材料制作），采用机械压缩方法制冷，通过低温盐水在冻结器内循环，吸收松散含水地层的热量，使得地层冰冻，逐渐形成一个封闭的能够抵挡水土压力的人工冻结岩体壁。

目前冻结法施工基本沿用了上述原理，但制冷设备和钻孔设备方面有很大进步，施工规模逐渐增大，技术不断成熟和可靠。我国 1955 年开始采用冻结法施工井筒，至今最大冻结深度为 435m，穿过的最大表土深度为 374.5m。山东巨野矿区正在用冻结法穿过 700m 深厚表土层。

随着土木工程的发展，冻结法技术在城市地铁等市政工程中都有广泛应用。我国 20 世纪 70 年代北京地铁局部采用了冻结法施工，冻结长度为 90m，深为 28m，采用明槽开挖；1975 年沈阳地铁 2 号井净直径为 7m，冻结深度为 51m；20 世纪 80 年代，东海拉尔水泥厂上料厂基坑及南通市钢厂沉淀池、凤台淮河大桥主桥墩基础施工，20 世纪 90 年代，上海市地铁 1 号线中的 1 个泵站和 3 个旁通道施工，杨树浦水厂泵站基坑施工等都采用了冻结法技术。

冻结法作为一种特殊施工技术，防水和加固地层能力强，又不污染水质，特别适用于在松散含水表土地层的土木工程施工。冻土结构物形状设计灵活，并可以与其他方法联合使用。除了常规盐水冻结外，也可采用液氮冻结地层，我国 20 世纪 70 年代和 90 年代分别进行了液氮冻结和干冰冻结试验，开辟了地层快速冻结的新途径。

5.3.1 地层冻结原理

1. 冻土的形成和组成

土体是多相多成分混合体系，当温度降到负温时，土体中的自由水结冰并将土体颗粒胶结在一起形成冻土，是一个物理力学过程，土中水结冰的过程可划分为五个过程，如图 5-42 所示。

1——冷却段，向土体供冷初期，土体逐渐降温到冰点。

2——过冷段，土体降温到 0℃以下时，自由水尚不结冰，呈现过冷现象。

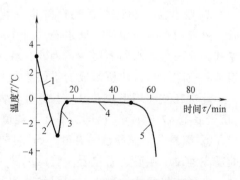

图 5-42 土中水结冰过程曲线

3——突变段，水过冷后，一旦结晶就立即放出结冰潜热，出现升温过程。

4——冻结段，温度上升到接近0℃时稳定下来，土体中的水便产生结冰过程，矿物颗粒胶结成一体，形成冻土。

5——冻土继续冷却，冻土的强度逐渐增大。

2. 地下水对冻结的影响

（1）水质对冻结的影响 水中含有一定的盐分时，水溶液的结冰温度就要降低。当地层含盐或受到盐水侵害时，冰点会降低，其程度与溶解物质的数量成正比例关系。盐水溶液在一定的浓度和温度下可作为冷媒传输冷量，这种盐水溶液的浓度和温度称为低融冰盐共晶点。常见水溶液的低融冰盐共晶点和物理性质见表5-9。

表5-9 常见水溶液低融冰盐共晶点和物理性质

可溶物质		相对分子质量	可溶物在水中的含量 /(g/kL)	低融冰盐共晶点/℃	低融冰盐共晶的成分
名称	化学方程式				
氧化钙	CaO	56.07	2.7	-0.5	冰+$CaO \cdot H_2O$
硫酸钠	Na_2SO_4	142	40	-1.1	冰+$Na_2SO_4 \cdot 10H_2O$
硫酸铜	$CuSO_4$	159.6	135	-1.32	冰+$CuSO_4 \cdot 5H_2O$
碳酸钠	Na_2CO_3	106	63	-2.1	冰+$Na_2CO_3 \cdot 10H_2O$
硝酸钾	KNO_3	101.11	126	-2.9	冰+KNO_3
硫酸镁	$MgSO_4$	120	197	-3.9	冰+$MgSO_4 \cdot 12H_2O$
硫酸锌	$ZnSO_4$	161.4	372	-6.5	冰+$ZnSO_4 \cdot 7H_2O$
氯化钾	KCl	74.6	246	-10.6	冰+KCl
氯化铵	NH_4Cl	53.5	245	-15.3	冰+NH_4Cl
硝酸铵	NH_4NO_3	80	747	-16.7	冰+NH_4NO_3
硫酸铵	$(NH_4)_2SO_4$	132	663	-18.3	冰+$(NH_4)_2SO_4$
氯化钠	$NaCl$	58.5	290	-21.2	冰+$NaCl \cdot 2H_2O$
氢氧化钠	$NaOH$	40	344	-27.5	冰+$NaOH \cdot 7H_2O$

（2）水的动态对冻结的影响 土中水的性态与土质结构有关，土中水流速度对土的冻结速度有较大影响，常规的土层冻结的水流速度一般应小于6m/昼夜。水流速度与地层的渗透系数和压差成正比。

地下水流速要通过钻孔抽水试验测定，并按下式计算：

$$u = k \frac{h}{L} = ki \qquad (5-32)$$

$$u_{max} = ki_{max} \frac{\sqrt{k}}{15}$$

式中 u——地下水流动速度（m/昼夜）；

u_{max}——进入钻孔的地下水最大流速（m/昼夜）；

L——产生最大水头的水平距离（m）；

h——水压头（m）；

k——岩层的渗透系数，$i=1$时等于通过岩层的流速（m/昼夜）；

i——水力坡度；

i_{max}——最大水力坡度。

3.温度场和冻结速度

（1）冻结地层的温度场　地层冻结是通过一个个的冻结器向地层输送冷量的结果。这样在每个冻结器的周围形成以冻结管为中心的降温区，分为冻土区、融土降温区、常温土层区。地层中温度曲线呈对数曲线分布如图5-43所示，可用下列公式表示。

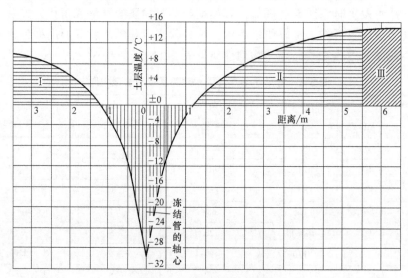

图5-43　冻结地层温度曲线

1）冻土区：

$$t = \frac{t_y \ln \dfrac{r_2}{r}}{\ln \dfrac{r_2}{r_1}}$$ (5-33)

式中　t——土体中任一点温度；

t_y——盐水温度；

r——冻结柱内任意一点距冻结孔中心的距离；

r_2——冻结柱的半径；

r_1——冻结孔管的外半径。

2）降温区：

$$t = \frac{2t_0}{\sqrt{\pi}} \int^{\frac{x}{\sqrt{4\pi\tau}}} e^{-\frac{x^2}{4a\tau}} \mathrm{d}\left(\frac{x}{\sqrt{4a\tau}}\right)$$ (5-34)

式中　t_0——土的初始温度；

x——距0℃的面的距离；

a——导温系数；

τ——冻结时间。

（2）土的冻结速度

1）冻结器间距是影响冻结柱交圈和冻结壁扩展速度的主要因素，冻结器间距越大，交圈时间越长，冻结壁扩展速度越慢。

2）冻土圆柱交圈初期，冻厚发展较快，很快能赶上其他部位厚度。

3）冻结壁扩展速度随土层颗粒的变细而降低，砂层的冻结速度比黏土高。

4）冻结器内的盐水温度和流动状态是影响冻土扩展速度的重要因素。盐水温度越低，冻结速度越快，盐水由层流转向紊流时，冻结速度提高 20%~30%。

5）冻结圆柱的交圈时间还与冻结管直径、地层原始地温等有关，影响因素较多，解析理论计算较复杂，一般按经验公式推算。表 5-10 是我国煤矿井筒冻结的经验数据表，供参考。

表 5-10　冻结壁交圈时间参考值

冻结孔间距/m		1.0	1.3	1.5	1.8	2.0	2.3	2.5	2.8	3.0	3.3	3.5	3.8	4.0
冻结壁交圈时间/d	粉细砂	10	15	22	35	44	58	67	82	94	114	128	150	166
	细中砂	9.5	14	21	33	42	55	64	78	89	108	121	142.5	158
	粗砂	8.5	13	19	30	37	49	57	70	80	97	109	128	141
	砾石	8	12	18	28	35	46	54	66	75	91	102	120	133
	砂质黏土	10.5	16	23	37	46	61	70	86	99	120	134	158	174
	黏土	11.5	17	25	40	51	67	77	94	108	131	147	173	191
	钙质黏土	12	18	26	42	53	70	80	98	113	137	154	180	199

注：盐水温度为 -25℃；冻结管直径为 159mm；当冻结管直径为 d_i（mm）时，则冻结壁交圈时间 $T_i = 159/d_i$ 乘以表中的数值。

4．冻胀和融沉

土体冻结时会出现冻胀现象，冻土融化时会出现融沉现象，其原因是水结冰时体积要增大 9.0%，并有水迁移现象。当土体变形受到约束时就要显现冻胀压力。把土冻结膨胀的体积与冻结前体积之比称为冻胀率，显然冻胀力和冻胀率与约束条件有关系，把无约束情况下冻土的膨胀称"自由冻胀率"，把不使冻土产生体积变形时的冻胀力称为"最大冻胀力"。

土的冻胀和土质、含水量及土质结构有密切的关系。含水量不同，起始冻胀含水量就不同，见表 5-11。开始产生冻胀的最小含水量称为"临界冻胀含水量"。

表 5-11　几种典型土的临界冻胀含水量

土名	塑限含水量 w_P（%）	<0.1mm 的颗粒含量（%）	<0.05mm 的颗粒含量（%）	临界冻胀含水量（%）
亚黏土	21.0	86.17	81.47	22.0
亚砂土	9.3	40.16	31.12	9.5
卵砾石		9.49	7.98	7.5
中砂		8.35		10.0
粗砂		2.00		9.0

冻胀现象在黏性土质的冻结过程中更明显。胀缩性黏土的冻胀量随含水量增加而迅速增加，表现出极大的敏感性，见表 5-12。

表 5-12　不同含水量的自由冻胀系数

含水量 $w(\%)$	17.6	19.5	23.8	28.4	31.5
自由冻胀系数 $\eta(\%)$	0.5	4.0	10.8	19.2	27.0

注：膨胀黏性土的塑限含水量 $w_p = 22\%$。

5.3.2　人工冻土的力学特性

1. 应力应变特性

冻土是一种非弹性材料，在外荷载作用下，应力-应变关系随时间发生变化，其变化有明显的流变特性：蠕变，即在外荷载不变的情况下，冻土材料的变形随时间而发展；松弛，即维持一定的变形量所需要的应力随时间而减小；强度降低，即随着荷载作用时间的增加，材料抵抗破坏的能力降低。

试验表明，冻土的应力-应变曲线是一系列随时间变化而彼此相似的曲线，不同时刻的应力-应变曲线可以用幂函数方程表示，如图 5-44 所示。

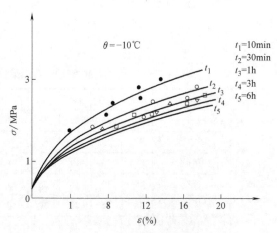

图 5-44　冻土应力-应变曲线

$$\sigma = A_i \varepsilon^m \tag{5-35}$$

式中　A_i——可变模量，为随时间和温度变化的参数；

　　　m——强化系数，基本上随时间及温度变化。

冻土在不同的永久荷载作用下变形随时间发展的典型蠕变曲线如图 5-45 所示。

由图 5-45 可以看出，当荷载作用时，首先产生初始的标准瞬时变形（OA 段），随后变形速率逐渐减小，进入非稳定的第一蠕变阶段（AB 段），在衰减的蠕变过程中，变形速率逐渐降到最小值，变成一常数而进入第二蠕变阶段，即稳定的蠕变阶段（BC 段），随着变形的发展，变形速率增加，进入第三蠕变阶段，渐进流阶段（CD 段），最后以土体的破坏而告终。

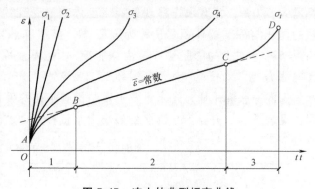

图 5-45　冻土的典型蠕变曲线

当荷载较小时，变形的发展只出现到第二阶段，即变形的速率逐渐趋向于零。当荷载较大时，变形的发展将很快进入第三阶段，并随即发生材料破坏。第一、第二蠕变阶段曲线用统一的方程式（5-36）来描述。

$$\varepsilon = \varepsilon_0 + \varepsilon_c = \frac{\sigma}{E_0} + A\sigma^B t^C \tag{5-36}$$

式中　ε_0——瞬时变形（应变）；

　　　ε_c——蠕变变形（应变）；

　　　A——与温度有关的蠕变参数；

　B、C——与应力、时间有关的蠕变参数。

2. 冻土强度

冻土的强度是指导致破坏和稳定性丧失的某一应力标准。在工程应用中根据冻土结构设计目的有相应的具体设计方法和标准。

冻土的破坏形式有塑性破坏和脆性破坏两种，其影响因素主要有：

1）颗粒成分。一般来说，粗颗粒多呈脆性断裂，黏性冻土多呈塑性断裂。

2）土温。土温高多呈塑性破坏，土温低多呈脆性破坏。

3）含水量。随着含水量的增加，通常由脆性破坏过渡到塑性破坏，但含水量进一步增加时，则由塑性破坏过渡到脆性破坏，含土冰多呈脆性破坏。

4）应变速率。应变速率低多呈塑性破坏，应变速率高多呈脆性破坏。

评价冻土蠕变强度一般有以下两个有意义的强度指标。一是冻土的瞬时强度，即接近于最大值的强度，通常采用极限强度。它表征土体抗迅速破坏的能力，它有 3 个指标，即瞬时抗压强度、瞬时抗拉强度、瞬时剪切强度。二是冻土的长期强度极限（或称持久强度），即超过它才能发生蠕变破坏的最小的应力，它包括持久抗压强度、持久抗拉强度、持久剪切强度。

（1）冻土单轴抗压强度

1）温度是控制冻土强度的主要因素。其抗压强度都随温度的降低呈线性增大。冻土极限抗压强度 σ_c（MPa），按下列经验式确定：

中砂　　　　　　　　　　　$\sigma_c = C_1 + C_2\sqrt{|t|}$　　　　　　　　　　　（5-37）

粉砂和黏土　　　　　　　　$\sigma_c = C_1 + C_2|t|$

式中　C_1、C_2——根据土壤的孔隙率、温度选取的系数（见表 5-13）；

　　　t——冻结土壤的温度。

表 5-13　系数 C_1、C_2 与土壤孔隙率、温度的关系

土壤	孔隙率（%）	温度/℃	$10C_1$	$10C_2$
中砂	38	-10.0	11.2	17.1
		-16.7	21.9	21.5
		-22.5	37.6	21.6
粉砂	42	-8.1	5.1	2.3
		-15.0	8.6	2.3
		-23.0	11.5	21.6
黏土	40	-8.0	5.9	2.3
		-14.7	10.2	2.3
		-24.0	15.7	5.2

2）土质是影响冻土蠕变强度的重要因素之一。冻结砾、粗、中、细砂的抗压强度高于冻结黏土的抗压强度。土质的含黏性及矿物颗粒风化都影响冻土强度。对于黏性土，塑性指标是制约强度的因素，冻结黏性土的抗压强度随其塑性指数的增大而减小。

3）密度增大，冻土蠕变强度也增大，冻土的干重度增大，抗压强度也增大。

4）冻土在较小含水量区间内，其抗压强度随含水量的增加而增加，当含水量继续增加，而土的密度明显减小时强度不再增加，甚至会降低。

5）冻土持久抗压强度约为瞬时抗压强度的 $1/2.5 \sim 1/2$。

（2）冻土的单轴抗拉强度　砂土与黏土的抗拉强度见表5-14。

表 5-14　瞬时抗拉强度

岩性	含水量(%)	瞬时抗拉强度/MPa			
		−10℃	−15℃	−20℃	−25℃
砂土	22~25	3.43	2.80	4.20	4.57
黏土	33~35	1.85	2.23	2.54	3.03

（3）冻土抗剪强度　试验表明，对于砂土和黏性土，无论是原状土还是重塑土，只要当应力小于9.8MPa，其冻结后的抗剪强度均可用库仑公式表示：

$$\tau = c + p\tan\varphi \tag{5-38}$$

式中　τ——瞬时剪切强度；

　　　p——正压力；

　c、φ——黏聚力、内摩擦角。

1）温度 θ 是控制冻土抗剪强度的主要因素。无论是砂土、砂砾石土，还是黏性土，一般可用下式表示：

$$c = C_0|\theta^\alpha| \quad (\theta \leqslant -0.2℃)$$
$$\varphi = \alpha + k|\theta| \quad (\theta \leqslant 0.3℃) \tag{5-39}$$

式中　C_0、α、k——实验参数。

2）土质是影响冻土抗剪强度的重要因素之一。粗颗粒的冻土的抗剪强度要比黏性土高。

3）冻土持久抗剪强度一般为瞬时抗剪强度的 $1/6 \sim 1/3$。

（4）复杂条件的冻土蠕变强度　工程实践和科学试验都表明，冻土是拉压异性材料，而且围压是冻土蠕变强度和蠕变规律的重要影响因素。

例：试验用土为兰州细砂，试验温度范围为 −15~−2℃；围压范围是 0~5MPa；试样含水量为20%；干密度为 1.60~1.65g/cm³。由试验得出的三轴蠕变曲线如图5-46所示。

1）冻土的三轴蠕变过程和单轴蠕变过程一致，具有非常明显的三个阶段，即非稳定蠕变阶段，稳定蠕变阶段和渐进流阶段。第三阶段的出现在工程中是不允许的，蠕变的前两个过程可用统一的蠕变方程描述。

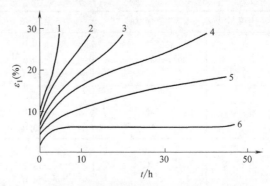

图 5-46　冻土的三轴蠕变曲线 （$T = -10℃$，$\sigma_3 = 1.5$MPa）

1—$\sigma_1 \sim \sigma_3 = 9.0$MPa　2—$\sigma_1 \sim \sigma_3 = 8.0$MPa

3—$\sigma_1 \sim \sigma_3 = 7.5$MPa　4—$\sigma_1 \sim \sigma_3 = 7.0$MPa

5—$\sigma_1 \sim \sigma_3 = 6.5$MPa　6—$\sigma_1 \sim \sigma_3 = 5.0$MPa

$$\gamma_i = A(\theta)\tau_i^B t^C \tag{5-40}$$

式中 γ_i 和 τ_i——剪应变强度和剪应力强度，$\gamma_i = \sqrt{\dfrac{1}{2}\sum_{i=1}^{3}e_i^2}$，$\tau_i = \sqrt{\dfrac{1}{2}\sum_{i=1}^{3}S_i^2}$，$e_i = \varepsilon_i - \varepsilon_m$，

$S_i = \sigma_i - \sigma_m$，$\varepsilon_m$ 为平均法向应变，$\varepsilon_m = \dfrac{1}{3}(\varepsilon_1 + \varepsilon_2 + \varepsilon_3)$；$\sigma_m$ 为平均法向

应力，$\sigma_m = \dfrac{1}{3}(\sigma_1 + \sigma_2 + \sigma_3)$；

$A(\theta)$——与温度有关的蠕变参数；

B、C——与应力和时间有关的蠕变参数。

对轴对称三轴蠕变试验，一般认为是常体积变形，即 $\varepsilon_m = 0$，泊松比 $\mu = 0.5$，因此，$\gamma_i = \sqrt{3}\varepsilon_1$，$\tau_i = (\sigma_1 - \sigma_2)/\sqrt{3}$。对于参数 $A(\theta)$，根据试验，可用下式确定：

$$A(\theta) = \frac{A_0}{(1+|\theta|)\alpha} \tag{5-41}$$

式中 A_0、α——试验参数。

这样方程（5-40）可变为下面形式：

$$\varepsilon_1 = 3\frac{A+B}{3}A_0[1+|\theta|^{\alpha}(\sigma_1-\sigma_3)^B]t^C \tag{5-42}$$

2）冻土的蠕变强度随围压的增加逐渐增大到某一最大值，而后随围压的继续增加出现下降趋势。

3）单轴应力状态下的蠕变参数不能直接推算到复杂应力状态下的蠕变参数，必须将各种实验结果进行数据处理，确定其参数。

5.3.3 常规盐水冻结

1. 常规冻结的施工工序

常规冻结的施工工序有钻冻结孔，冻结器、制冷站和供冷管路的安装，地层冻结试运转，地层冻结运转和维护，建筑施工，解冻。

1）冻结孔钻进。根据设计要求，布置冻结孔。冻结孔可以是水平的、垂直的和倾斜的。孔径一般为 80~180mm，钻孔过程中采用泥浆循环，并进行偏斜控制或定向控制。煤矿井筒施工一般采用千米钻和冻注钻机，隧道内施工一般采用工程钻机或坑道钻机。

2）冻结器的安装包括冻结管和供液管的下放和安装。冻结管一般采用无缝钢管或焊管，冻结管要进行内压试漏，达到设计要求；供液管一般采用塑料管或钢管。

3）制冷站和供冷管路的安装包括盐水循环系统管路和设备、制冷剂（氨、氟利昂）压缩循环系统管路与设备、清水循环系统管路和设备、供电和控制线路等的安装，以及保温施工。

4）地层冻结运转和维护。通过调试，使得各设备达到正常运转指标，地层冻结分为积极冻结期和维护冻结期，积极冻结期要按设计最大制冷量运转，注重冻结壁形成的观测工作，及时预报冻结壁形成情况。冻结壁达到设计要求，建筑施工阶段，即进入冻结维护期，此时适当减少供冷，控制冻结壁的进一步发展。

5）建筑施工包括土方挖掘和钢筋混凝土施工。施工前冻土墙、各观测孔的数据、制冷

站有效冻结时间均应达到设计要求；各土建准备工作就绪。

2. 冻土壁结构设计

冻结法施工首先要确定施工方案，根据施工要求，选择技术先进可靠、经济上合理、条件适宜的方案。施工方案首先应选择冻结壁的形式。

1）圆形和椭圆形帷幕。圆形和近圆形结构能充分利用冻土墙的抗压承载能力，受力性能好，经济也较合理。

2）直墙和重力坝连续墙。直墙结构受力性能较差，冻土会出现拉应力，一般需要内支撑。重力坝墙在受力方面有改善，承载能力有所提高，但工程量相应较大，需要布置倾斜冻结孔。墙体结构要进行稳定性计算。

3）连拱形冻土连续墙。将多个圆拱或扁拱排列起来组成冻土连续墙，这样可使墙体中主要出现压应力，同时可利用未冻土体的自身拱形作用来改善受力情况。

3. 冻土壁参数设计

设计参数有冻土壁厚度、平均温度、布孔参数、冻结时间。上述参数的计算与整个费用优化、工期优化有关。

1）根据冻结壁结构和打钻技术水平选取开孔距离及钻孔控制偏斜率。

2）根据施工计划、制冷技术和装备水平，初选盐水温度和积极冻结时间。

3）根据布孔参数、盐水温度、冻结时间进行温度场计算，得出冻结壁厚度和平均温度。

4）根据土压力和冻结壁结构验算冻结壁厚度。

5）若冻结壁厚度达不到技术要求，则要调整上述冻结参数，反复计算直到技术可靠、费用和工期目标最优。

4. 制冷设计

1）根据冻结孔数、冻结孔间距、盐水温度、盐水流量、管路保温条件计算冻结需冷量。

2）根据需冷量、设备新旧水平、工作条件计算冻结站的制冷量。

5. 辅助系统设计

1）盐水管路设计包括管材直径、壁厚、线路、阀门控制等。

2）清水管路设计包括管材直径、壁厚、线路、阀门控制等。

3）盐水管路的保温设计。

4）地层冻结观测设计包括测温孔、水文孔布置，设备运行状态观测。

5.3.4 液氮冻结

1. 工艺

液氮作为一种深冷冷源已经广泛应用于医药、激光、超导、食品、生物等工业生产和科研领域。液氮直接汽化制冷修筑地下建筑工程，已成为一种新的制冷剂，为提高地层冻结速度开辟了新的途径。

液氮冻结的优点是设备简单，施工速度快，适用于事故处理、快速抢险和快速施工。如巴黎北郊区供水隧道，建于地下3m深，当前进至70m时，遇到流砂无法通过，遂采用液氮冻结，冻结时间仅用了33h，冻土速度达到254mm/昼夜，比常规盐水冻结快10倍（见图5-

47）。又如英国爱丁堡的下水道、伦敦邮政总局电缆井、美国托马斯公司的表土施工、日本某地铁弯道工程、我国北京地铁一号线及苏联新科里洛格的试验室施工均采用了液氮冻结。

液氮是一种比较理想的制冷剂，无色透明，稍轻于水，惰性强，无腐蚀，对振动、电火花是稳定的，一个大气压下，液氮的汽化温度为$-195.81℃$，蒸发潜热为47.9kcal/kg（1cal = 4.1868J），表5-15、图5-48和图5-49所示是液氮物理性能和参数。

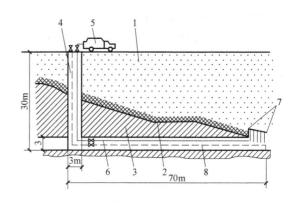

图 5-47　地下隧道工作面冻结土壤

1—水砂　2—不透水砂岩　3—泥灰岩　4—井管　5—液氮罐槽车
6—液氮管路　7—冻结管　8—液氮汽化管路

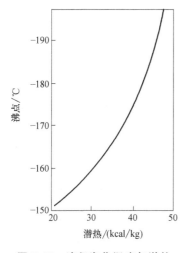

图 5-48　液氮汽化温度与潜热

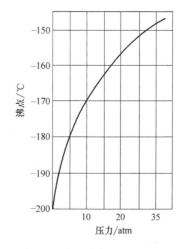

图 5-49　液氮沸点与压力关系图

注：1atm = 101.325kPa。

液氮的制冷过程可以根据氮的焓-压图来计算。如液氮的汽化压力是0.12MPa，由液态汽化成气态的焓增加值为47.6kcal/kg，汽化过程为等压吸热过程，相应汽化温度为$-193.92℃$，之后氮气过热进一步制冷，显热为0.25kcal/（kg·℃）。若升温至$-60℃$，则过热制冷34kcal/kg，那么液氮在0.12MPa压力下汽化，至$-60℃$，制冷量为81.6kcal/kg。

表 5-15　液氮物理性能

项目	参数	项目	参数
分子量	28.016	密度	1.2505×10^{-3}kg/L
沸点	1个大气压下$-195.81℃$	熔点	$-210.02℃$
临界温度	$-147.1℃$	临界压力	3.40/MPa
液氮相对密度	1个大气压下0.808汽化	潜热	1个大气压下47.9kcal/kg
显热	0.25kcal/（kg·℃）		

2. 温度分布和冻结速度

图 5-50 是我国 1979 年进行液氮冻结地层试验绘制的温度场曲线，图 5-51 是日本鹿岛地层液氮冻结的数据曲线，其规律和特征如下：

1）液氮冻结属于深冷冻结，冻土温度较常规冻结低，梯度大，冻结器管壁温度可达到 −180℃，而盐水冻结的温度为 −20～−30℃，温度曲线呈对数曲线分布。

2）冻土温度变化与液氮灌注状况关系很大，温度变化灵敏，液氮灌注量的微小变化会引起冻结管附近土温的急剧变化（或上升或下降），停冻后温度上升很快，维护冻结很必要。

3）液氮冻结地层初期冻结速度极快，但随时间和冻土扩展半径的发展而逐渐下降，与常规冻结相比，在 0.5m 的冻土半径情况下，液氮冻结的速度能达到 10 倍以上。

冻土扩展半径可按下式计算：

$$R = a\sqrt{t} \tag{5-43}$$

式中　R——冻土壁一侧厚度（m）；

　　　t——冻结时间（h）；

　　　a——冻结系数，与土的自然温度、土热参数、冻结管间距等有关，见表 5-16。

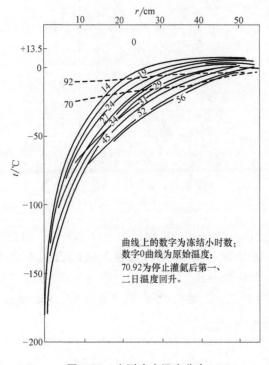

图 5-50　实测冻土温度分布

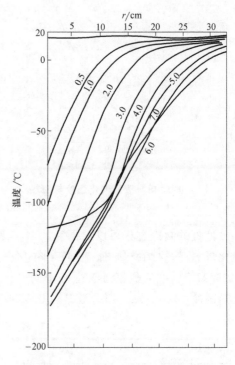

图 5-51　鹿岛试验（s-3）冻土温度分布

表 5-16　液氮冻结冻土扩展系数实验数据

国家	土性	含水率	系数 a
中国	砂质黏土	25.1%	6.92
苏联	黏土	31%	7.1

3. 工艺设计和技术经济

1）液氮冻结器的间距不宜过大，因为随冻土半径的增加，冻结速度下降较快，间距一般为 0.5~0.8m。

2）冻结系数与冻结器管壁、土的热物理参数、土的原始温度有关，在实际施工中与液氮灌注状况关系很大，一般可通过理论计算和经验两个方面取值。

3）灌注状况主要指液氮流量和汽化压力，但它们最终以冻结器管壁温度变化显现出来，对冻结系数有很大影响。表 5-17 是几个施工工程液氮灌注压力参数。

表 5-17 液氮灌注压力

实例	美国托马罗公司 表土冻结	法国格勒诺 布尔试验	苏联新科里 沃洛格试验	我国试验
压力/MPa	0.232	0.245~0.352	0.03~0.05 （水平管）	一般 0.1~0.4 最大 0.4

4）冻结器的设计注重供液管和冻结管的匹配和再冷问题，在进行水平道路的顶部冻结时应防止液氮的回流。

5）冻土的液氮消耗量是变化的，初期冻结单位冻土的消耗量较小，后期增大。我国液氮试验的初次冻结试验结果为 520kg/m³（冻土），国外一般为 500~900kg/m³（冻土）。

■5.4 围堰法

在水域区边缘地带修建构筑物，如桥梁墩台、取水泵房等，常用围堰法截水，将水抽干，进行构筑物施工，这样既省时、省钱，又简单。其前提条件，是在水位较浅或不影响河道船只正常运行的情况下进行。

围堰法施工技术的关键取决于水位的深浅及水下堰底处淤泥层的厚度，当淤泥层较厚时，则需进行处理或置换；设计与施工应充分考虑到雨季时最高洪水位的影响。

围堰一般由土堰组成，从安全的角度出发，围堰内、外侧放坡均按 1：1 考虑比较安全，但这样做，围堰的体积势必增大，工期加长，因此在适当的情况下坡度也可适当增大。构筑围堰，每加高 50cm，平面整体夯实一遍，以增强土体密实性，防止围堰外侧水的侵蚀。另外，由于风力的影响，水域区水波对围堰冲刷以致形成许多小洞，会直接影响围堰的安全，因此，围堰外侧表面应敷一层砂袋或内填土编织袋，或距水面上下各 1m 的范围内敷设砂袋（围堰外侧），以防止水的冲刷。有的在围堰内侧沿坡砌片石墙，可提高围堰的强度和整体性，片石墙应插入淤泥层以下 0.5~1.0m。

某市自来水厂取水泵房采用围堰法施工，该取水泵房建在某大型水库边，旱季的水库水位较低，泵房处可见库底，雨季时，泵房处平均水深 10m 左右。取水泵房建筑面积 2900m²，围堰内面积约 3200m²，围堰总长 175m，采用围堰法进行挡水施工。由于施工是旱季，未充分考虑堰体强度及水的作用，施坡不足，围堰完工后 3 个月进行泵房基础清淤，正值雨季到来，洪水位升高，几乎漫过堰顶。几天后，造成局部决堤，堰内被水充填，幸亏没有造成人员伤亡和设备损失。排水抢修，完工后不久，又发生第二次局部决堤，这样前后共耽误工期 8 个月之久。最后经加高加宽围堰，围堰内坡敷片石墙，外侧抛毛石，并将开挖爆破清出的石渣倾倒于围堰外侧，增加了堰体的强度和稳定性，终于成功。这足以说明，简单的围堰工程也要认真对待。

■ 5.5　注浆加固法

5.5.1　注浆法施工原则

所谓注浆加固法是利用配套的机械设备，采取合理的注浆工艺，通过一定压力将适宜的注浆材料注入工程对象，以达到充填、加固、堵水、抬升及纠偏的目的。

注浆法的基本作用有：挤压密实作用，提高地层密实性和力学性能；通过离子交换、化学作用，形成优良的新材料；惰性充填作用，充填孔隙，阻止水流的作用；化学胶结作用，产生胶结力，达到加固岩土的作用。

1. 注浆方法

注浆分为渗透注浆、压密注浆、劈裂注浆、填充注浆、电动化学注浆、高压喷射注浆等类型。

加固地层，要求强度高、耐久性好，应采用单液水泥浆或单液超细水泥浆，不应采用双液浆。用于施工堵水，一般采用双液浆，易控制浆液扩散范围，胶凝时间易调，堵水快速，但也有注浆工艺复杂，结石体稳定性差，后期强度低，易崩解的弊端。

2. 注浆量

注浆量与注浆地层密实度、注浆压力、地层孔隙率、空隙填充系数和浆液损耗系数有关，通常在一定范围内土体加固所需的注浆量按下式计算：

$$Q = \alpha\beta\gamma V \tag{5-44}$$

式中　Q——浆液总量；

　　　α——地层孔隙率或裂隙度；

　　　β——空隙或裂隙填充系数（堵水时一般取 $0.7\sim0.8$，加固地层一般取 $0.6\sim0.7$）；

　　　γ——浆液的损耗系数，取 $1.1\sim1.2$；

　　　V——加固区土体总体积。

3. 注浆循环长度

注浆循环长度取决于破裂面、注浆效果、注浆速度等主要因素。大量施工实例说明，注浆段长度在 20m 以内其效率最高，质量最好。软土隧道，注浆段的长度为台阶高度加 2m，或者隧道的开挖高度加 2m，即管棚要穿过破裂面伸入未扰动土层 2m，如图 5-52 所示。

4. 注浆压力

注浆压力是浆液在地层孔隙或裂隙中扩散、填充、压实脱水的动力。终压反映地层经注浆后的密实程度。填充注浆和渗透注浆应采用较低的注浆压力。

1）劈裂注浆，压力应力较高，其注浆终压公式为

$$p_{\max} = \gamma h + \sigma_t \tag{5-45}$$

式中　$p_{\max}$——劈裂注浆终压；

　　　γ——土体的天然重度；

　　　h——注浆处以上土柱高度；

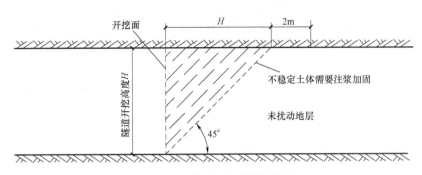

图 5-52　软土层注浆循环长度

σ_t——围岩抗拉强度。

2）加固注浆，浅埋隧道，其终压注浆计算公式：

$$p_{max} = 0.1\gamma H + (1\sim2)\text{MPa} \tag{5-46}$$

式中　p_{max}——注浆终压；

γ——土体的天然重度；

H——隧道埋深。

3）堵水注浆：

$$p_{max} = (2\sim3)p_0 \tag{5-47}$$

式中　p_0——地下静止水压力。

5. 注浆材料要求

1）黏度低，流动性好，可注性高，易进入细小裂隙。

2）凝固时间可满足填充范围需要。

3）稳定性好，常温常压下存放时间不变。

4）无毒，无污染；浆液对设备、管道、混凝土无腐蚀且易清洗。

5）固化时具有黏结性，无收缩；结合率高，耐久，耐酸碱。

6）浆液制作方便，操作简单，经济。

5.5.2　常用分类

（1）按注浆与开挖的关系分类　分为预注浆和后注浆。预注浆又分为工作面预注浆、地面预注浆和平导对正洞注浆。后注浆可分为开挖后的堵水注浆、支护后的围岩加固注浆和堵水注浆、衬砌（支护）后的背后填充注浆、衬砌后裂隙及渗漏水治理注浆。

（2）按注浆加固范围分类　分为局部注浆、全断面注浆和帷幕注浆。局部注浆又分为周边加固注浆和局部堵水注浆。全断面注浆的注浆加固范围包括开挖断面及开挖轮廓线以外一定范围。帷幕注浆分为全封闭帷幕注浆、半封闭帷幕注浆和截水帷幕注浆。注浆应堵排结合，堵是为了工作面开挖稳定，排是将水排到附近平导式迂回导洞，硬堵是错误的观念！

（3）按浆液种类分类　分为水泥注浆和化学注浆。水泥注浆常用种类为单液水泥浆（普通单液水泥浆、超细单液水泥浆）、双液水泥-水玻璃浆（C-S 浆、MC-S 浆）、水泥黏土浆（膨润土）、特种水泥浆（硫铝酸水泥、磷铝酸水泥）。常用的化学注浆为水玻璃浆、树脂类、聚氨酯类、丙烯酰胺类、丙烯酸盐类。

（4）**按浆液扩散形式分类**　分为渗透注浆、劈裂注浆、挤（压）密注浆。劈裂注浆，浆液在压力作用下，将地层劈开一条或数条裂隙，浆液沿缝隙扩散，凝胶成固结体，而将地层挤压密实，从而达到堵水或加固的效果，适用于浆液难以均匀渗透的地层，一般用在第四纪细砂及黏性土、溶洞填充物、断层带断层泥中。

（5）**按钻孔、注浆作业顺序分类**　分为全孔一次性注浆、分段前进式注浆、分段后退式注浆和钻杆后退式注浆。

5.5.3　注浆法施工要点

1. 小导管注浆

（1）**施工工艺**　小导管注浆施工工艺如图 5-53 所示。

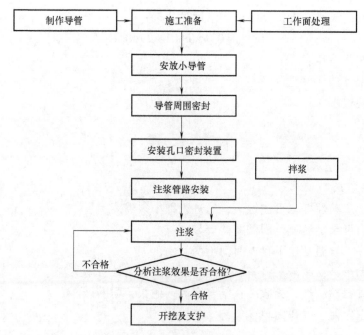

图 5-53　小导管注浆施工工艺

（2）施工要点

1）小导管参数的确定。小导管注浆主要参数为：

小导管长度，$L=$上台阶高度$+1$m；小导管直径为 $30\sim50$cm；安设角度为 $10°\sim15°$；注浆压力为 $0.5\sim1.5$MPa；浆液扩散半径为 $0.15\sim0.25$m；注浆速度为 $30\sim100$L/min；每循环小导管搭接长度为 $0.5\sim1.0$m。

浆液注入量按下式计算

$$Q=\pi R^2 Ln\alpha\beta \tag{5-48}$$

式中　Q——单管注浆量；

　　　R——浆液扩散半径；

　　　L——注浆管长度，一般取 $3\sim5$m；

　　　n——地层孔隙率或者裂隙度；

α——地层填充系数（堵水时，一般取 $0.7\sim0.8$；加固时，一般取 $0.6\sim0.7$）；

β——浆液消耗系数，一般取 $1.1\sim1.2$。

小导管沿隧道周边布设，一般为单层布置；大断面隧道、软弱围岩地层也可双层布置。环向间距为 $30\sim40\text{cm}$。小断面隧道钢拱架间距为 $75\sim100\text{cm}$，每开挖 $2\sim3$ 循环安设一次；大断面隧道钢拱架间距为 0.5m，每开挖 $1\sim2$ 循环安设一次。小导管超前预注浆示意如图 5-54 所示。

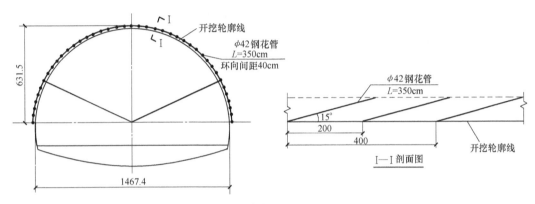

图 5-54　小导管超前预注浆示意

2）注浆材料。小导管注浆通常采用单液水泥浆、水泥水玻璃双液浆或改性水玻璃浆液。根据凝胶时间的要求，水泥浆的水灰比通常为 $0.6:1\sim1:1$（质量比），水玻璃浓度为 $25\sim35°\text{Be}'$水泥、水玻璃体积比可为 $1:1$、$1:0.8$、$1:0.6$。改性水玻璃的模数为 $2.8\sim3.3$，浓度为 $40°\text{Be}'$以上；硫酸浓度 98% 以上；浆液配合比，水玻璃为 $10\sim20°\text{Be}'$，稀硫酸为 $10\%\sim20\%$。

3）小导管的制作。超前小导管宜采用直径为 $25\sim50\text{mm}$ 的焊接钢管或无缝钢管制作。先把钢管截成需要的长度，在钢管的前段切割、焊接成 $10\sim15\text{cm}$ 长的尖锥状，在钢管后端 10cm 处焊接 6mm 的钢筋箍，以利套管顶进，管尾 10cm 车丝，和球阀连接。距后端钢筋箍处 90cm 开始开孔，每隔 20cm 梅花形布设 $\phi8\text{mm}$ 的溢浆孔。

4）小导管安设。小导管的安设可采用引孔或直接顶入方式。小导管安设后必须对其周围一定范围的工作面进行喷射混凝土封闭。喷射厚度视地质情况，以 $5\sim8\text{cm}$ 为宜。

5）机具设备。配备成孔设备、注浆设备、搅拌设备和其他设备。成孔用风钻，高压（0.6MPa）吹管，单、双液注浆泵，注浆压力应不小于 5MPa，排浆量应大于 50L/min，并可连续注浆。低速搅拌机有效容积不小于 400L。T 形混合器根据需要配抗振压力表、储浆箱等辅助设备，及必要的检验测试设备，如秒表、pH 计、波美计等。

6）注浆施工。水泥浆注浆，浆液的水胶比为 $0.6:1\sim1:1$，水泥强度等级为 32.5 级，注浆压力为 $0.5\sim1.5\text{MPa}$。注浆开始前，应进行压水或压稀浆试验，检验管路的密封性和地层的吸浆情况，压水试验的压力不小于设计终压，时间不小于 5min。注浆过程中，发现漏浆和串浆，要及时进行封堵。双液注浆，每隔 5min 或变更浆液配比时，要测量浆液凝胶时间，做好注浆记录，每隔 5min 详细记录压力、流量、凝胶时间。注浆结束后，应采用分析法和钻孔取芯法，检查注浆效果，如未达设计要求时就补孔注浆。

单孔注浆结束标准：当压力达到注浆终压，注浆量达到设计注浆量的 80% 以上，可结束该孔注浆；未达到设计终压，已达设计注浆量，并无漏浆现象，便可结束该孔注浆；所有注浆孔均达到单孔注浆结束标准，无漏注现象，即可结束本循环注浆。

2. 周边浅孔注浆

（1）施工工艺　周边浅孔注浆施工工艺如图 5-55 所示。

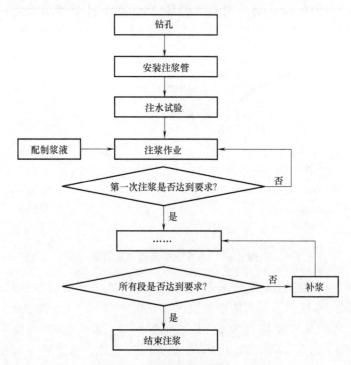

图 5-55　周边浅孔注浆施工工艺

（2）施工要点　注浆孔布置要根据工程实际情况、地质、周边环境等因素综合选取，常用的孔位布置形式有梅花形布置、环形布置等。实际注浆施工中，注浆孔布设间距误差应在 ±10cm 以内。注浆段的长度一般为隧道高度加 2m。

注浆方案的设计参数应经过现场实验确定，并在施工中不断调整。保证料源固定和材料供应，如需更换材料，应做配比试验，以确定注浆参数，保证注浆质量。注浆过程中应做好记录，进行凝胶时间的测定，确保注浆施工效果及安全。注浆谨防跑浆、串浆，如发生跑浆，应在注浆管周围喷混凝土或施作止浆墙，并调节浆液凝胶时间，或采用间歇注浆，如串浆，应加大跳孔距离，调整注浆参数，必要时，可同时对多个孔注浆。注浆中如发生地表隆起，应立即调整注浆材料和注浆参数，采取调整浆液配比，缩短凝胶时间，瞬时封堵孔洞等措施。

3. 跟踪注浆

跟踪注浆技术适用于对高层建筑基坑、地铁车站、市政隧道、地下车库、地下商场等地下工程中的邻近建筑物、道路桥梁、地下管线和其他地下构筑物等的沉降位移控制，以减小地面建筑物或地下构筑物的沉降和变形范围。

（1）施工工艺　跟踪注浆施工工艺如图 5-56 所示。

（2）施工要点

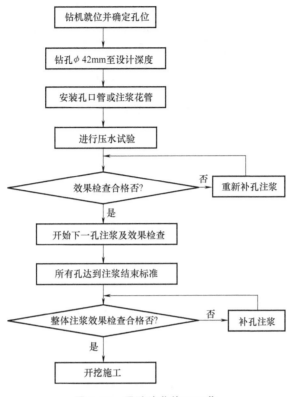

图 5-56 跟踪注浆施工工艺

1）主要材料是 42.5 级普通硅酸盐水泥和水玻璃。沉降处理采用水泥单液注浆，防止近邻建筑物沉降的止浆帷幕采用双液浆或单双液浆混合注浆。双液浆凝胶时间一般控制在 1min 左右，单液浆凝胶时间尽可能调节到最短。

2）注浆压力控制在 0.3MPa 左右。在相同的条件下，被动区注浆压力可适当增大，而主动区应尽量调小。流量控制在不大于 50L/min，注浆效果最佳。

3）注浆管的提升速度是另一个重要参数，注浆管应匀速提升。注浆量一般应为该处地层损失量的两倍，以便达到加固土体的作用。

4）注浆孔的平面布置和深度参数。主动区注浆与所保护的建筑物的形式、相对位置有关，一般在基坑与所要保护的建筑物之间布置一排，也可布置两排，距离结构 2~3m，注浆深度超过结构底板 2cm 为宜。被动区一般距围护结构 1~2m，孔间距一般为 3~4m，深度一般达到而不宜超过结构底板。

5）时间参数。跟踪注浆重在跟踪，随时发现不良情况加以弥补，带有抢险的目的。一般主动区填充注浆的施工时间根据经验，应在对应位置处施加支撑轴力后 4h 左右开始。被动区的注浆重在维护，尽量保证结构的变形增量不至于过大。因此，被动区的施工应保证注浆的延续性，以使土方开挖引起的应力释放能由注浆引起的应力增加来补偿。两次注浆的时间间隔，应能保证所产生的孔隙水压力一直保持在较高的水平，一般保持在 8h 左右。

4. 径向注浆

（1）施工工艺 径向注浆施工工艺如图 5-57 所示。

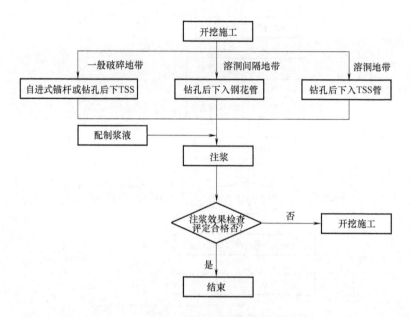

图 5-57　径向注浆施工工艺

（2）施工要点　径向注浆主要参数为：注浆速度，5～100L/min；注浆终压，2～3MPa。

1）单孔注浆量 Q：

$$Q = \eta \pi R^2 h \alpha (1+\beta) \tag{5-49}$$

式中　η——地层孔隙率；

R——浆液扩散半径；

h——注浆孔长度；

α——浆液有效填充率（常取 0.6～0.7）；

β——浆液消耗率（取 10%～20%）。

2）径向注浆材料配比见表 5-18。综合对比以上两种注浆材料的性能，分析浆液的优缺点，界定其使用范围，见表 5-19。

表 5-18　径向注浆材料配比

序号	浆液名称	原材料要求	宜选择配比（水灰比）
1	普通水泥单浆液浆（简称 C 浆）	P·O 32.5R 以上普通硅酸盐水泥	0.6：1～0.8：1
2	超细水泥单液浆（简称 MC 浆）	MC-20 细度以下超细水泥	0.6：1～0.8：1

表 5-19　径向注浆材料性能特点及使用范围界定

材料名称	优点	缺点	使用范围
普通水泥单液浆	①凝胶时间长，具有较长的可注期。注浆时能够得到较大的注浆量和注浆加固范围 ②具有极高的抗压、抗剪强度，能得到较好的径向注浆加固效果 ③单价低	①初凝时间长，易被地下水稀释，影响其凝胶化性能和强度，因而不宜在水压高、水量大的条件下采用 ②颗粒粗，在砂层微小裂隙条件下注浆困难 ③收缩率较大，不宜在对防水等级要求很高的条件下采用	适用于水量小、低水压、宽裂隙的地质条件下径向注浆

（续）

材料名称	优点	缺点	使用范围
超细水泥单液浆	①终凝时间较长，具有较好的可注期，能够得到很大的注浆量和注浆加固范围 ②固结体抗压、抗剪强度极高，能得到很好的注浆加固效果 ③颗粒细，在地层中，特别是砂层中能得到其他液浆不具有的挤压和劈裂效果，是径向注浆的最佳材料	①终凝时间长，地下水稀释对其凝胶化性能产生影响，因而在水压高、水量大条件下会有一定的浆液损失 ②单价高 ③略有收缩性，不宜采用大水灰比进行注浆加固施工	适用于各类地层的径向注浆加固，特别是砂层、淤泥、粉质黏性土层等填充性溶洞和破碎围岩地层的注浆加固

3）注浆管。当地层裂隙不太发育时，孔口管采用直径 42mm、长度为 1m 的焊接钢管。当地层裂隙比较发育时，或在溶洞间隔地段及溶洞区段，径向注浆要求很高，因而宜采用 TSS 管（即单向袖阀式注浆管），TSS 管直径为 42mm，长度为钻孔深度。

4）径向注浆，所有注浆孔的注浆 $P\text{-}Q\text{-}t$ 曲线必须符合设计要求。径向注浆结束后，渗漏水量应达到设计规定的允许渗漏水量标准要求。

5. 基坑周边帷幕注浆

（1）施工工艺 基坑周边帷幕注浆施工工艺如图 5-58 所示。

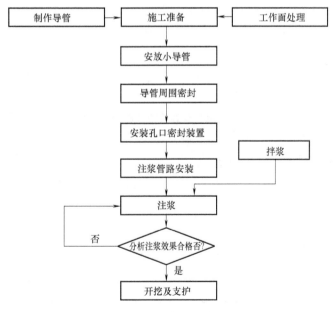

图 5-58 基坑周边帷幕注浆施工工艺

（2）施工要点

1）注浆参数。基坑工程注浆参数见表 5-20。

2）浆液。基坑工程注浆一般要求浆液具有可注性、可靠性、可控性、无毒、无污染。因此，注浆材料采用普通水泥-水玻璃双液浆、超细水泥-水玻璃双液浆。普通水泥-水玻璃双液浆采用普通型或早强型 32.5R 以上普通硅酸盐水泥。双液浆液配比：水泥浆水胶比为

$0.6:1\sim1.5:1$，水泥浆与水玻璃体积比为 $1:3\sim1:1$，水玻璃浓度为 $25\sim35°Be'$，缓凝剂掺量不大于 3%，超细水泥的粒度选择应根据注浆对象特征，采用 J. C. King 可注性判别式 $N=\dfrac{d_{15}}{d_{85}}\geq15$ 进行确定（其中 N 为注浆比，d_{15} 为地层粒径累计曲线的 15% 的颗粒直径，d_{85} 为地层粒径累计曲线的 85% 的颗粒直径）。超细水泥-水玻璃双液浆配比：超细水泥浆水胶比为 $1.5:1\sim2:1$，超细水泥浆与水玻璃体积比为 $1:1\sim1:0.3$，水玻璃浓度为 $25\sim35°Be'$，缓凝剂掺量不大于 3%。

表 5-20　基坑工程注浆参数

参数名称	桩外止水帷幕	桩间止水		基底止水帷幕	工程抢险注浆
		基坑开挖前止水	基坑开挖后止水		
扩散半径/m	0.6~0.8	0.6~0.8	0.4~0.6	0.6~1	根据涌水、涌砂规模，按桩外止水帷幕或基坑开挖前桩间止水设计
注浆终压/MPa	1~2	1~2	2~3	1~2	
浆液凝胶时间/min	0.5~3	0.5~3	0.5~1	0.5~3	
注浆速度/(L/min)	20~40	20~40	20~40	20~40	
注浆分段长度/m	0.4~0.6	0.4~0.6	0.4~0.6	0.4~0.6	
分段注浆量/m³	采用计算公式	采用计算公式	定压注浆	采用计算公式	

3）注浆方法。为提高注浆效果，桩外止水帷幕、基坑开挖前桩间止水、基底止水帷幕、工程抢险注浆，采用袖阀管后退式分段注浆，基坑开挖后止水采用花管一次性注浆。桩外止水帷幕、基坑开挖前桩间止水、基底止水帷幕、工程抢险注浆采用两序孔注浆控制，一序孔为单号孔，一般采用定量注浆；二序孔为双序孔，一般采用定压注浆。基坑开挖后止水采取定压注浆方法。

4）注浆效果的检查。可按表 5-21 中的方法和标准进行。

表 5-21　基坑注浆效果检查必检项目标准

注浆效果检查方法	桩外止水帷幕	桩间止水		基底止水帷幕	工程抢险注浆
		基坑开挖前止水	基坑开挖后止水		
P-Q-t 曲线法	符合设计的定量、定压控制原则				
涌水量对比法			堵水率90%以上	不塌孔	不塌孔
检查孔观察法	不塌孔	不塌孔		岩芯完整	岩芯完整
检查孔取芯法	岩芯完整	岩芯完整			
渗透系数测试法	<10⁻⁵ cm/s	<10⁻⁵ cm/s		水位稳定	水位稳定
水位推测法	水位稳定	水位稳定		地表稳定	地表稳定

（3）影响基坑周边帷幕注浆质量的因素

1）注浆孔布设，如孔间距、垂直度、封孔质量等。

2）注浆质量。

3）串浆，如注浆管丝扣等造成的串浆。

4）下不进芯管，指注浆芯管无法下入注浆管内部，或者无法下到指定的部位进行正常注浆作业。

5）冒浆。施工过程中，浆液由地表或管线冒出，不但会使浆液流失，造成浪费，而且使注浆施工不能达到设计意图，甚至会造成施工区域的管线破坏。

6）卡管，指注浆芯管掉入或卡入注浆管内无法提出的现象。

6. 初期支护背后回填土注浆施工要点

（1）施工工艺 初期支护背后回填土注浆施工工艺如图 5-59 所示。

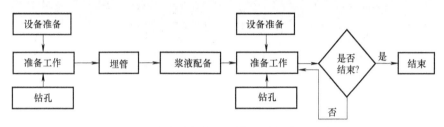

图 5-59 初期支护背后回填土注浆施工工艺图

（2）施工要点

1）孔点应结合相似工程，在隧道拱部布置。埋管采用直径为 25mm 钢管，外缠棉纱，用钢纤嵌入固定，钢管长 50cm，外露 20cm，埋管时须确保钢管没有被水泥等堵塞。

2）衬砌背后回填注浆的目的是填充空洞，使衬砌和围岩密贴，保证围岩和衬砌整体承载，浆材要耐久、强度高，一般选择单液水泥浆。

3）注浆方式、注浆压力和注浆顺序，应遵循设计技术参数。

4）当注浆压力达到 0.5MPa，且上部注浆孔出现冒浆即可结束该孔注浆。

5）注浆过程如有外漏，可采取嵌缝封堵、降低注浆压力、加浓浆液等方式处理，必要时可掺速凝剂，加速浆液凝固。注浆过程如发现洞壁混凝土开裂、起包、脱落等异常现象，应立即停止注浆，分析、查明原因，采取应对措施。

第6章 地下工程的测试监控技术

■ 6.1 地下工程监控技术概述

6.1.1 地下工程测试监控技术的地位

地下工程是在地下开挖出的空间中修建结构物，既是地下结构又处在周围介质（地层）之中，因此从结构角度，地下工程所处环境条件与地面工程是全然不同的。

1）地下工程结构体系是由周围地质体和支护结构构成的，该体系的荷载由支护结构和岩土体之间的相互作用给定，但是对应于目前的理论与技术水平，该体系所受荷载不是事先能给定的参数，这不同于地面建筑结构可明确地确定荷载值。

2）地下工程的一个重要特点是空间效应和时间效应非常突出。地下工程与周围环境密切相关，必将受到周围岩土的物理、力学、构造特性，岩土压力的时间效应的影响；受到支护结构参与工作的时间，施工方法及支护方式，地面建（构）筑物，地下各种管线等的影响。在施工过程中，其荷载、变形及安全度是动态的，不像地面工程基本上是固定的。

3）地下工程的一个重要的力学特性是：地下工程修筑在应力岩土体之中。岩土体既是承载结构的一个重要组成部分，也是构成承载结构的基本建筑材料，它既是承受一定荷载的结构体，又是荷载的主要来源，这种三位（荷载、材料、承载单元）一体的特征与地面工程是极其不同的，特别是这种三位一体特征的岩土体的应力和变形，因受多种因素影响，是非常复杂的。尽管目前的数值计算方法得到迅速发展，但是至今地下结构的计算理论仍很不完善，计算结果与实际有较大差别。因此，对于地下工程而言，要想如同地面工程结构物那样，主要通过力学计算来进行设计、组织、指导施工是困难的。长期以来，地下工程在很大程度上是凭经验设计、施工的，而这些大量的、丰富的经验都是由工程实践得来的，许多是符合科学、有一定理论基础的。如锚喷支护、新奥法施工、地下工程监测和信息化设计技术等，就是从实践基础上发展起来，已为国内、外学术界及岩土工程界所公认的设计、施工方法。实际上，地下工程已成为一门经验性极强的科学。事实证明：单独地、孤立地使用力学计算方法或经验方法都难以取得较好的效果。地下工程设计的正确途径，应该是一方面使经验方法科学化，另一方面使设计中的力学计算具有实际背景。为了做到这一点，测试与监控技术在地下工程中的作用就显示出了特别重要的意义。随着大型洞室隧道、地铁等地下工程的兴建，岩土力学及岩土量测、支护技术得到了迅速发展，量测监控已逐步成为地下工程的先导技术，成为安全施工与科学管理不可缺少的重要手段，相关部门已制定了地下工程监控量测的技术规范，多数建设单位也把测试及监控技术工作作为合同文件中所需确定的工程量的一部分。

6.1.2 测试与监控技术工作的主要任务

1）对某具体工程进行观测和试验，对量测数据进行分析，评价岩土体的稳定性和地下结构的性能，为设计、施工提供资料。

2）通过量测为控制开挖与控制变形提供信息反馈和数据预报。

3）通过科学监控和信息反馈，优化设计施工，使地下工程设计施工的动态化、信息化管理成为现实。

4）为验证和发展地下工程的设计理论服务，为新的施工方法、技术提供可靠的实践资料和科学依据，促进经济、技术效益的提高。

6.1.3 测试与监控技术的内容

地下结构测试与监控技术主要研究地层与结构之间相互作用的规律，就其试验内容而言，除量测结构的变形、挠度、应力等，还应量测地层给予结构的主动压力，由于结构变形而产生的地层被动抗力，结构周围岩土中的应力，孔隙水压力及岩土特性有关的指标（如泊松比 ν、压缩模量 E、弹性压缩系数 K 等）。就其工程监测而言，量测内容也十分广泛，如边坡位移，地表沉陷，净空收敛，拱顶下沉，围岩内位移，喷层应力，锚杆轴力，围岩压力，房基下沉，房屋竖向倾斜，邻近构筑物沉降、变形等的监测。

上述各项主要量测、试验内容及具体监测的实施，以及测试数据的整理与分析，信息反馈，优化设计、施工及管理的全过程则是组成测试、监控技术的主要内容。

地下结构试验与测试，根据其试验目的可分为两类：一类为生产鉴定性试验，如检验地下结构质量与工程的可靠性，判断实际的承载能力及处理工程事故等；另一类是科学研究性试验，如为建立或验证某种地下结构的计算理论，为创造或推广新的地下结构形式等。

地下结构试验测试又可分为现场量测和模型试验两种类型。模型试验包括结构模型试验、相似材料模型试验和光弹性试验等。

本章将就现场量测、模型试验、量测系统、数据处理及信息反馈等分别加以介绍。

■ 6.2 现场量测

6.2.1 现场量测的作用

1）及时掌握周围岩土体变化的动向和支护系统的受力情况，为验证和修改设计提供信息。

2）根据量测资料，修正施工方案，指导施工作业。如新奥法就是在施工中进行系统的量测，并将量测结果反馈到设计和施工中，逐步修改初步设计，以适应周围岩土体的条件。

3）预计工程事故和安全报警。

4）在地下结构物运行期间进行长期观测，收集和积累周围岩土与支护系统长期共同工作的有关资料，并检验建筑物的可靠性。

6.2.2　现场量测内容

1）岩土力学性能的现场试验。岩土力学性能的现场试验指在现场进行直剪试验、变形试验和三轴强度试验，以测定岩土的黏聚力、内摩擦角、变形系数、弹性抗力系数。

2）施工期间洞内状态观测。随着开挖工作面的推进，及时测绘岩土体的性质、地质构造、水文地质情况的变化，观测支护系统变形和破坏情况。

3）断面变形量测。量测洞壁的绝对位移和相对位移，如量测拱顶、拱脚、墙底的下沉量和底板隆起量，最大水平跨度的变化和洞壁其他两测点的间距变化。收敛量测，根据位移量、位移速度及洞壁变形形态，评价周围岩土体的稳定性及初期设计、施工的合理性，确定二次衬砌结构断面尺寸和施设时间。断面变形量测可采用精密经纬仪或水准仪、收敛计等进行。

4）围岩应变和位移量测。沿量测锚杆附上应变计，用测力锚杆和位移计，在周围岩土体不同深度设置应变测点，量出锚杆各测点的应变，推算锚杆的轴力，并可量测出周围岩土体不同深度的相应应变。若同时在坑道周围岩土体埋设多点位移计，可测出洞壁与周围岩土体测点之间和周围岩土体各测点相互间的相对位移。从周围岩土体应变和位移量测，可估计隧道周边的岩土体松动范围，并校核锚杆的计算参数。

5）支护系统和衬砌结构受力情况量测。通过埋设应变计或压力传感器，了解支护系统和衬砌结构的内部应力，以及周围岩土体和支护系统或衬砌界面之间接触应力的大小和分布，此外，还可在隧道施工前或施工初期进行锚杆抗拔试验，以确定锚杆的合理长度和锚固方式。

6）地层沉降量测。地层沉降量测是浅埋隧道及构筑物施工中必不可少的测试项目，地表沉陷量与覆盖土石的厚度、工程地质条件、地下水位及周围建筑物等有关，它的测点宜和隧道断面变形量测布置在同一测试段，一般都应超前于开挖工作面布置测点进行量测。同时，可量测地表建筑物的下沉及倾斜量，并注意观测建筑物的开裂情况。

7）地层弹性波速测定。量测弹性波在岩土中的传播速度。由于岩土中的各种物理因素的改变（如岩土性质、裂缝及不连续面、密度等）都会引起弹性波传播特性（波速、波幅、频率）的变化，因此，可在岩土中用测定弹性波传播速度的方法推断岩土的动弹性模量、强度、层位和构造，坑道周边岩土体的松动范围等。

在弹性体上施加一个瞬间的力，弹性体内则产生动应力和动应变，使施力点（震源）周围的质点产生位移，并以波的形式向外传播，形成弹性波，其传播速度与介质密度、弹性常数有关，弹性波传播速度公式为

$$v_p = \sqrt{\frac{E_d(1-\nu_d)}{\rho(1+\nu_d)(1-2\nu_d)}} \tag{6-1}$$

$$v_s = \sqrt{\frac{E_d}{\rho} \cdot \frac{1}{2(1+\nu_d)}} \tag{6-2}$$

式中　v_s、v_p——横波波速、纵波波速；

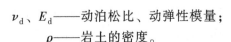

ν_d、E_d——动泊松比、动弹性模量；

ρ——岩土的密度。

通过声波仪测出声波在岩土中由波射探头到接受探头的时间，就可算出波速（见工程地球物理勘探相关内容）。

按激振的频率，弹性波测定可分为地震法（几十到几百赫兹）、声波法（几千到20kHz）和超声波法（超过 20 kHz）。地下工程中常用声波法。根据测点的布置，可分为单孔法（也称下孔法）和双孔法（也称跨孔法）。

除上述量测内容以外，必要时还可对其他参数进行测定，如地温、湿度、洞内风速、空气中粉尘及有害气体含量等环境因素的测试。

6.2.3 现场量测注意事项与要求

1）按工程需要和地质条件选定观测部位、断面，确定监测项目，做出监测设计整体方案。在制定现场量测规划时，应考虑到量测规划的经济效益，绝不能处于盲目状态。

2）从施工监测和信息化设计角度出发，安排量测项目应注意到：量测元件及仪器便于布设；测试方法简单可行；具有可靠性和一定的量测精度，要有适当的测试频度保证，按要求格式做好记录，整理存档；数据较易分析，结果易于实现反馈，便于信息化施工。

3）仪器布置应考虑方便合理，既要尽可能减少对施工操作的干扰，又要能保证仪器设备的安全。

4）仪器应有足够的灵敏度和精度，抗干扰性强，能保证在场地狭窄、潮湿、多尘等恶劣环境下，长期可靠地工作。

5）建立严格的监测管理制度，观测队伍应经过训练，具有较好的素质，了解地下结构物的力学行为，具有一定理论水平和较丰富的实践经验。

在施工期施测时，应根据各项量测值的变化、各量测项目的相互关系，结合开挖后周围岩土体的实际情况进行综合分析，将所得结论和推断及时反馈到设计和施工中去，以确保工程的安全和经济。

6.2.4 地下洞室监测方法

地下洞室监测的主要目的在于了解周围岩土体的稳定性及支护作用状态。施工过程中能监测的主要项目有：周围岩土体表面及内部位移、应力及变化，周围岩土体与支护之间的接触压力，衬砌钢筋应力，衬砌内部混凝土或支护锚杆（索）中的应力等。

通常以位移监测、应力应变监测应用最为广泛。

1. 量测规划

量测技术是测试与监控的先导技术，做好量测规划是测试与监控技术的保证，量测规划应包括根据需要确定测试项目、量测目的，选择量测仪器，确定测点布置、测试频度、测试要求等，一般应以文字和表格方式形成文件，以便操作。如某工程的位移量测规划表见表6-1。

2. 位移量测点的最佳布置

计算目标为初始地应力和岩土体变形模量时，用隧道净空变化测定计来测定隧道净空在某一基线方向上的变化最为方便。而测点的布置直接影响着测试的精度，测试误差对反分析的结果显然会产生影响，因此如何选择位移量测点的最佳布置方案，是保证现场测试数据的精度和反推计算结果可靠性的关键，理论上，测点多，会提高计算精度，但在实际工程中，测点布置得过多是不现实的，王建宇编著的《隧道工程监测和信息化设计原理》一书中，对圆形断面隧道的六种测点布置方案（见图 6-1）用边界元方法进行了模拟计算，结果见表 6-2。

表 6-1　某工程位移量测规划表

测试项目	量测仪器	量测目的	量点布置	测试频率（次/d）				应用范围
				1~15d	16~30d	31~90d	>90d	
周边收敛	收敛计	分析判断围岩与支护稳定状态	距工作面 20~50m 每个剖面 1~3 条水平和斜基线	1~2	1/2	1~2/7	1~3/30	各种岩层
围岩内位移	位移计	分析判断岩体扰动与松动范围,检验控保效果	测点与收敛量测尽量位于同一剖面。一般布置在拱脚线以上,浅埋也可从地面垂直向下埋入位移计量测	1~2	1/2	1~2/7	1~3/30	软弱围岩砂土地层
拱顶下沉	水平仪	分析判断顶部围岩稳定性	位于拱顶中部,间距视围岩结构而定	1~2	1/2	1~2/7	1~3/30	浅埋隧道水平层软弱围岩

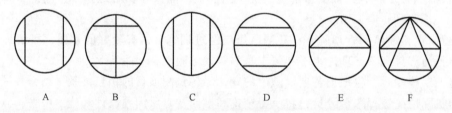

图 6-1　测点布置方案

A——一条水平量测基线和两条竖直量测基线　B—两条水平量测基线和一条竖直量测基线　C—三条竖直量测基线　D—三条水平量测基线　E——一个闭合三角形量测基线网　F—两个闭合三角形量测基线网

表 6-2　测点布置方案

项目		应力分量/MPa			相对误差（%）		
		σ_x	σ_y	τ_{xy}	δ_x	δ_y	δ_{xy}
理论应力值		10	10	10	0	0	0
反分析计算值	方案 A	10.08036	10.09743	9.92969	0.804	0.947	0.503
	方案 B	10.09743	10.08036	10.06250	0.974	0.804	0.625
	方案 C	6.07117	8.93806	10.58594	39.288	10.619	5.859
	方案 D	8.93851	6.07277	9.28125	10.615	39.272	7.188
	方案 E	10.08707	10.12109	10.0000	0.871	1.212	0.000
	方案 F	10.08292	10.08903	10.0000	0.829	0.890	0.000

　　从表 6-2 中看出，方案 A、B、E、F 测点布置情况下，计算结果与原假定初始地应力理

论值较接近，为合理布测点；方案 C、D 计算结果不稳定，为不合理布测点方案；而方案A、B 虽合理，但量测不便；F 较麻烦，故推荐方案 E 为位移量测点的最佳布置方案。

3. 位移监测

典型的位移量测断面布置如图 6-2 所示。

（1）收敛量测　收敛量的测量即对洞室临空面各点之间相对位移的量测，图中以双点画线表示。收敛量测断面一般布置在距工作面较近的位置。量测仪器由埋入岩土体内的收敛标点及收敛计构成。收敛计有钢丝式、卷尺式、测杆式等种类，使用上区别不大。收敛量测的布置应尽可能考虑垂直和水平的测线，顶板和边墙测点形成闭合三角形。收敛量测结果可包括收敛值与时间的关系、收敛速度与时间的关系、收敛量与开挖进尺的关系。

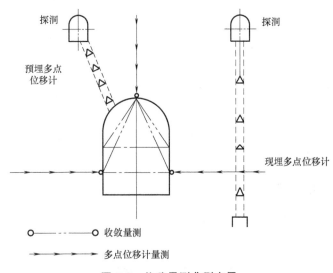

图 6-2　位移量测典型布置

（2）钻孔多点位移计量测　这是一种用来量测洞周围岩土体不同深度处位移的方法。图 6-2 中以实线表示。它的基本原理是：沿洞壁向岩土体深部的不同方位（一般沿洞壁法线方向）钻孔，将多点位移计埋没于钻孔内，形成一系列测点。通过测点引出的钢丝或金属导杆将测点岩土体的位移传递到钻孔孔口，观测由锚固点到孔口的相对位移，从而计算出锚固测点沿钻孔轴线方向的位移分布。可使用电测法或机械表量测法等进行量测。多点位移计的埋设方式可分为开挖前的预埋和开挖过程中的现埋。预埋的多点位移计至少要在开挖到观测断面之前相当于两倍洞室断面最大特征尺寸的距离时就已埋没完毕，并开始测取初读数。现埋的仪器要尽量靠近开挖面，以减少因开挖已发生位移的漏测，同一钻孔中的锚固测点应多布置在位移梯度较大的范围内。

多点位移计量测的结果可包括各测点位移与时间的关系、各测点位移与开挖进尺之间的关系、钻孔内沿轴线方位的位移变化与分布状况，这种分布形式的实测资料对选择位移反分析模型很有帮助和意义。

这种位移量测方法需钻孔，费用较高，对施工有一定干扰，因此布置断面以少且有代表性为宜。尽量利用已有的探洞或从地表钻孔预埋仪器，以保证能观测到因施工而引起的周围岩土体不同深度位移变化的全过程。

上述两种量测位移的方法应用均较多，各有特色和优点，相互配合使用效果更好。

4. 应力应变监测

地下洞室应力应变监测的一般布置形式如图6-3所示。

这种监测可以给出支护与周围岩土体相互作用的关系，支护（混凝土衬砌或锚固设施）内部的应力应变值，以了解支护的工作状况。所布置的量测仪器有如下几种：

1）在周围岩土体与衬砌接触面处埋没压力盒，量测接触应力，了解周围岩土体与支护间的相互作用。

2）在锚杆上或受力钢筋上串联焊接锚杆应力计或钢筋应力计，量测锚杆或钢筋的受力情况

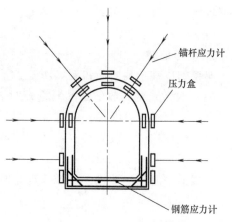

图 6-3　洞室应力应变监测布置

及支护效果。钢筋应力计的埋设在喷混凝土中使用较多。

3）在衬砌内部埋设水银液压应力计，元件沿径向和切向布置，分别量测衬砌内法向正应力和切向剪应力，了解衬砌受力过程及大小，对支护可靠性进行判断。

4）钢架支撑上贴电阻应变片，量测金属支架受力情况（需注意防潮）。

目前，国内在位移监测方面应用较为广泛，也比较成功。

6.2.5　地铁工程监控量测

地铁结构多修建在繁华的街区，根据基坑的开挖深度、周围环境保护要求将基坑的安全等级划分为三级。地铁基坑安全等级划分见表6-3。

表 6-3　基坑安全等级划分

安全等级	周边环境保护要求
一级	基坑周边以外 0.7H 范围内有地铁结构、桥梁、高层建筑、共同沟、煤气管、雨污水管、大型压力总水管等重要建(构)筑物或市政基础设施；$H \geqslant 15\text{m}$
二级	基坑周边以外 0.7H 范围内无重要管线和建(构)筑物；而离基坑 0.7H~2H 范围内有重要管线或大型的在用管线、建(构)筑物；$10\text{m} \leqslant H < 15\text{m}$
三级	基坑周边 2H 范围内没有重要或较重要的管线、建(构)筑物；$H < 10\text{m}$

注：H 为基坑开挖深度，摘自《北京地铁工程监控量测设计指南》。

地铁工程监控量测测点的位置和数量应结合工程性质、环境状况、地质条件、施工工法、结构形式、施工特点等综合考虑。布置在预测变形和内力的最大部位、影响工程安全的关键部位、工程结构变形缝、伸缩缝及设计特殊要求布点的地方。

变形测点的位置既要考虑反映监测对象的变形特征，又要便于采用仪器进行观测及有利于测点的保护。结构内测点（如拱顶下沉、净空收敛、钢筋应力计、轴力计、测斜管等）不能影响结构的刚度和强度，不能影响结构的正常受力。各类测点的布置在时间和空间上应有机结合，力求同一位置能同时反映不同物理变化量间的内在联系和变化规律。深层测点（如土体沉降点等）一般应提前30天埋设，以便监测工作开始时测点处于稳定状态。测点

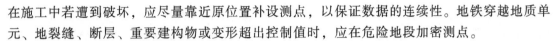

在施工中若遭到破坏，应尽量靠近原位置补设测点，以保证数据的连续性。地铁穿越地质单元、地裂缝、断层、重要建构物或变形超出控制值时，应在危险地段加密测点。

1. 地铁周边环境监控量测布点原则

周边环境监控量测布点应针对建（构）筑物、地下管线、市政道桥及地表沉降（或隆起）的变形特点进行测点布设。

（1）建（构）筑物测点布设原则

1）沉降测点布设。沉降测点位置和数量应根据工程地质和水文地质条件、建筑物体型特征、基础形式、结构类型、建（构）筑物的重要程度，以及其与基坑、隧道的空间位置关系等因素综合考虑。如建筑物的四角、拐角处及沿外墙每10~15m处或每隔2~3根柱基上，高低悬殊或新旧建（构）筑物连接处、伸缩缝、沉降缝和不同埋深基础的两侧，框架结构的主要柱基或纵横轴线上。一般地，每个建筑物不宜少于4个测点，圆形构筑物不宜少于3个测点。

2）倾斜测点布设。对于重要高层建筑物、高耸构筑物的倾斜监测，每栋建（构）筑物测点不宜少于2组，每组2个测点。

3）裂缝测点布设。根据裂缝分布位置、走向、长度、宽度等参数和建筑物重要程度，选取应力或应力变化较大的代表性部位和宽度较大的裂缝布点观测，每条裂缝布2组测点。

（2）地下管线测点布设原则　测点宜布在管线的接头处或对位移变化敏感部位，沿管线方向每5~20m布一个测点，强烈影响区内测点间距为5~10m，显著影响区内测点间距为10~15m。

（3）桥梁、挡墙测点布设原则　沉降监测点应布设在桥梁墩柱、桥台上；应力监测点布设在桥梁梁板结构上。挡墙沉降测点间距一般为5~15m，强烈影响区内测点间距为5~8m，显著影响区内测点间距为8~10m；对高度大于2m的道路挡墙宜进行倾斜监测。

（4）地铁既有线、铁路测点布设原则　对地铁既有线、铁路主要进行隧道结构沉降、隧道结构水平位移、隧道结构变形缝开合度、轨道结构沉降、轨道几何尺寸（前后高低、左右水平、轨距）监测，一般每隔5~10m布设一个监测断面，隧道结构、道床两侧及每条轨道应分别布点。存在隧道结构裂缝时，应监测裂缝变化情况。

（5）道路及地表沉降（隆起）测点布设原则　道路及地表沉降（隆起）测点的布设应综合考虑上述建（构）筑物、地下管线的已布测点。道路监测分为路面、路基沉降监测，结合现场实际情况可进行分别布点。

1）明（盖）挖法及竖井施工道路及地表沉降测点布设。在基坑四周距坑边10m的范围内沿坑边设2排沉降测点，排距为3~8m，点距为5~10m。在工法变化的部位、车站与区间结合部位、车站与风道结合部位及风道、马头门等部位均应增设测点。

2）盾构法道路及地表沉降（隆起）测点布设。通常应沿盾构推进轴线设置监测点，测点间距为10~30m。在地层或周边环境较复杂地段布置横向监测断面。横断面上各测点应依据近密远疏的原则布设。每个横向监测断面布置7~11个测点，其最外点应位于结构外沿不小于30m。在盾构始发的100m初始掘进段内，布点宜适当加密，并布一定数量的横向监测断面。在如车站与区间结合部位、车站与风道结合部位等应设置监测点。

3）浅埋暗挖法道路及地表沉降测点布设。通常应沿左右线区间隧道的中线和沿车站中线各布设一行监测点；多导洞施工的车站应在每一导洞和扩拱正上方各布设一行监测点，测点间距为5~30m。在工法变化的部位及其他风险点处均应设置沉降测点，测点数按工程结构、地层状况和周边环境确定。在特殊地质地段和周围存在重要建（构）筑物时，监测断面间距应适当加密。监测断面上各测点应依据近密远疏的原则布设。每个监测断面布置7~11个测点，但其最外点应位于结构外沿不宜小于1倍埋深处。

2. 支护结构监控量测布点原则

应针对明（盖）挖基坑及竖井施工、盾构法施工及浅埋暗挖法施工支护结构受力和变形特点进行测点布设。

（1）明（盖）挖法及竖井施工测点布设原则

1）围护桩（墙）顶水平位移、垂直位移测点布设。沿基坑长边设置3~4个主测断面，在基坑围护桩（墙）顶布设测点。在基坑长短边中点、基坑阳角处、支撑点及两道水平支撑的跨中部位、围护桩（墙）冠梁上、深浅基坑交接部位、周边荷载较大部位、管线渗漏部位布设测点。同一测点可兼作水平位移和垂直沉降观测使用。基坑每边测点数不宜少于3个。

2）围护桩（墙）体水平位移监测断面及测点布设。按基坑安全等级确定，一般车站监测断面不宜大于30m，测点竖向间距0.5m或1.0m；监测深度与围护桩（墙）深度一致。

3）围护桩（墙）体内力测点布设。一般在支撑跨中部位、基坑长短边中点、水土压力或地面超载较大的部位布设测点，在基坑深度变化处及基坑拐角处宜增加测点。立面上，宜选在支撑处或上下两道支撑的中间部位。布点数量根据桩体弯矩分布情况确定。

4）支撑轴力测点布设。与桩（墙）体水平位移监测断面对应布置支撑轴力监测断面。支撑轴力采用轴力计进行监测，测点一般布置在支撑的端部或中部，当支撑长度较大时也可安设在1/4点处。对监测轴力的重要支撑，宜同时监测其两端和中部的沉降和位移；每截面不宜少于4点；布点数量每层不宜少于3个，处于同一监测断面的各层支撑均应布设测点。

5）锚杆（锚索、土钉）拉力测点布设。一般测试围护结构体系中受力有代表性的典型锚杆，冠梁和腰梁结构每侧中间应布设测点；每100根锚杆监测数量不宜少于3根。

6）支撑立柱沉降、倾斜及内力测点布设。布置在便于监测和保存的立柱侧面上。内力测点布置在立柱中部；通常在标准段选择4~5根具有代表性支撑立柱进行沉降及内力监测。

7）初期支护竖井井壁净空收敛测点布设。在竖井结构的长、短边中点布设测点；沿竖向按3~5m布置一个监测断面；每个监测断面不应少于2条测线。

（2）盾构法支护结构监测测点布设原则

1）管片衬砌变形（拱顶沉降、净空收敛）测点布设。初始掘进段、复杂地段布设1~2个断面。净空收敛主测断面在拱顶（0°）、拱底（180°）、拱腰（90°和270°）布4个测点，量测横径和竖径变化，并以椭圆度（实测椭圆度=横径-竖径）表示管片圆环的变形。

2）管片内力测点布设。与衬砌变形监测断面对应；每个监测断面不少于5个测点。

（3）浅埋暗挖法初期支护结构监测测点布设原则

1）初期支护结构拱顶沉降测点布设。监测断面间距为10~30m，车站为10~15m，区间为15~30m。标准断面每个监测断面1~3个测点。对于浅埋暗挖车站或非标准断面隧道等，应设不少于3个拱部沉降测点。

2）初期支护结构底板隆起测点布设。底板隆起测点由设计根据需要进行断面布设，布点位置一般位于隧道底部中点。

3）初期支护结构净空收敛测点布设。净空收敛、拱顶下沉和地表沉降测点应设置在同一断面。可在隧道拱脚处或拱腰处布置水平收敛测线。监测断面间距为 10~30m，车站为 10~15m，区间为 15~30m。对于浅埋暗挖车站，每个导洞均宜布置断面。

4）初期支护结构内力测点布设。在车站和区间具有代表性的地段选择应力变化大或地质条件较差的部位各布置 1~2 个监测断面；每个监测断面 5~11 个测点。

5）中柱沉降及内力测点布设。对于浅埋暗挖车站应选择代表性中柱进行监测，每个车站受测中柱数量不应少于 4 根，每柱 4 个测点，在同一水平断面内，按间隔 90°布置。

3. 周围地质体监控量测布点原则

应针对基坑和隧道周围岩土体的物理力学性质、受地铁施工扰动情况、周围岩土体的应力变化特点、水文地质条件及地下水水位变化特征进行测点布设。

（1）基坑、隧道周围岩土体测点布设

1）土体沉降及水平位移测点布设。土体沉降和土体水平位移监测点可同时布置。可沿基坑长边每 30~40m 布置一个土体水平位移监测断面。盾构法施工隧道土体沉降和水平位移监测断面应与管片衬砌变形监测断面相对应。土体分层沉降测点布置在各土层的分界面，当土层厚度较大时，宜在地层中部增加测点。当土体沉降采用磁性沉降环监测、水平位移采用测斜管监测时，钻孔的深度应大于基坑底的标高。

2）基坑底部隆起测点布设。可根据基坑长度在基坑中线处布设 2~3 点。当基底土质软弱、基底以下存在承压水时，宜增加测点；回弹标志应埋入基坑底面以下 20~30cm。

3）周围岩土体压力测点布设。在车站和区间代表性的地段选择应力变化大或地质条件较差的部位各布置 1~2 个监测断面，每一断面 5~11 个测点。浅埋暗挖法施工隧道测点一般沿结构开挖轮廓线，在拱顶、拱脚、墙中、墙脚、仰拱中部等关键部位设置。

（2）地下水位观测孔布设　应根据水文地质条件、地下水的空间分布及工程降水设计要求综合确定；应分层监测。存在管线渗漏、不明水源部位应布设地下水位观测孔。在基坑四角点以及基坑长短边中点布设水位观测孔。对于深大基坑，每 20~40m 布设一个观测孔，观测孔距基坑围护结构外 1.5~2m。

（3）孔隙水压力测点布设　对饱和软土和易液化粉细砂土层可布设孔隙水压力监测点。

4. 监控量测频率及周期

监测项目应在基坑、隧道施工降水、支护结构开工前或安装后进行初始值观测，测点初始值应在测点埋设后进行测读，取 2~3 次观测数据的平均值作为初始观测值。监测频率应结合环境条件、地质条件、工程特点等情况确定。当达到不同预警状态时，应根据工程安全状态确定相应监测频率。冬雨期施工时、监测值变化速率较大或出现反常急剧变化时、基坑拆撑期间、盾构施工地段盾构到达前 1 天至盾构通过后 3 天、盾构更换刀具时、施工因特殊原因造成工程停滞时、掌子面附近各监测项目出现异常情况时，应适当增大监测频率。

隧道穿越重要建（构）筑物时，宜采用 24 小时全天候监测。在基坑回填施工完成、隧道结构变形稳定后或进行二次衬砌施工时，可停止基坑、隧道支护结构的监测项目。周围地质体各监测项目应根据监测值变化情况和工程需要决定是否停止监测。一般地，当周边环境变形趋于稳定，建（构）筑物沉降速率达到 1~4mm/100 天、地表沉降速率达到 1mm/30 天时，可停止周边环境监测。

（1）明（盖）挖法及竖井施工监控量测频率　明（盖）挖法及竖井施工监测项目的监测

频率见表6-4。建（构）筑物裂缝监测频率按照控制两次观测期间裂缝发展不大于0.1mm及裂缝所处位置而定。初期支护竖井井壁净空收敛监测在开挖及井壁结构施工期间1次/天，结构完成后1次/2天，经数据分析达到基本稳定后1次/月。支撑立柱沉降、倾斜和内力监测在开挖及结构施工期间2次/天，结构完成后1次/周，经数据分析确认达到基本稳定后1次/月。

表6-4　明（盖）挖法及竖井施工监测频率

施工状况		监测频率
基坑开挖期间	$H \leqslant 5m$	1次/3天
	$5m < H \leqslant 10m$	1次/2天
	$10m < H \leqslant 15m$	1次/天
	$H > 15m$	2次/天
基坑开挖完成以后	1~7天	1次/天
	7~15天	1次/2天
	15~30天	1次/3天
	30天以后	1次/周
	经数据分析确认达到基本稳定后	1次/月

注：1. H为基坑开挖深度。

2. 当基坑安全等级为一级时，基坑开挖完成以后1~7天监测频率为2次/天，7~15天监测频率为1次/天。

3. 地下水位监测频率为1次/2天。

（2）盾构法施工监控量测频率　盾构法施工周边环境及周围地质体监测项目的监测频率见表6-5。管片衬砌变形（拱顶沉降、净空收敛）、管片内力分别在衬砌拼装成环尚未脱出盾尾（即无外荷载作用时）和衬砌环脱出盾尾承受外荷作用且能通视时两个阶段进行监测。衬砌环脱出盾尾后1次/天，距盾尾50m后1次/2天，100m后1次/周，基本稳定后1次/月。

表6-5　盾构法施工周边环境及周围地质体监测频率

施工状况	监测频率
掘进面距监测断面前后≤20m时	1~2次/天
掘进面距监测断面前后≤50m时	1次/2天
掘进面距监测断面前后>50m时	1次/周
根据数据分析确定沉降基本稳定后	1次/月

（3）浅埋暗挖法施工监控量测频率　中柱沉降及内力监测频率为土体开挖时，1次/天；结构施作时，1~2次/周。对开挖后尚未支护的围岩土层及掌子面探孔应随时进行观察并做记录，对开挖后已支护段的支护状态及施工段相应地表和建（构）筑物，每施工循环观察和记录1次。浅埋暗挖法施工周边环境及周围地质体监测频率，见表6-6。拱顶沉降、底板隆起和净空收敛监测频率，见表6-7。

5. 监控量测控制指标

（1）周边环境监控量测控制指标

1）地表变形监控量测控制指标，见表6-8。

表 6-6 浅埋暗挖法施工周边环境及周围地质体监测频率

施工状况	监测频率
当开挖面到监测断面前后的距离 $L \leqslant 2B$ 时	1~2 次/天
当开挖面到监测断面前后的距离 $2B < L \leqslant 5B$ 时	1 次/2 天
当开挖面到监测断面前后的距离 $L > 5B$ 时	1 次/周
基本稳定后	1 次/月

注：1. B 为隧道直径或跨度；L 为开挖面与监测点的水平距离。

2. 地下水位监测频率为 1 次/2 天。

表 6-7 拱顶沉降、底板隆起和净空收敛监测频率

沉降或收敛速率	距开挖面距离	监测频率
>2mm/天	(0~1)B	1~2 次/天
0.5~2mm/天	(1~2)B	1 次/天
0.1~0.5mm/天	(2~5)B	1 次/2 天
< 0.1mm/天	5B 以上	1 次/周
基本稳定后		1 次/月

注：1. B 为隧道直径或跨度（m）。

2. 当拆除临时支撑时应增大监测频率。

表 6-8 地表变形监控量测控制指标

施工工法	监测项目及范围	允许位移控制值 U_0/mm			位移平均速率控制值/(mm/d)	位移最大速率控制值/(mm/d)
		一级基坑	二级基坑	三级基坑		
明挖(盖)法及竖井施工	地表沉降	≤0.15%H 或≤30,两者取小值	≤0.2%H 或≤40,两者取小值	≤0.3%H 或≤50,两者取小值	2	2
盾构法	地表沉降	30			1	3
	地表隆起	10			1	3
浅埋暗挖法	地表沉降 区间	30			2	5
	地表沉降 车站	60				

注：1. H 为基坑开挖深度。

2. 位移平均速率为任意 7 天的位移平均值；位移最大速率为任意 1 天的最大位移值。

3. 本表中区间隧道跨度<8m；车站跨度>16m 且≤25m。

4. 摘自《地铁工程监控量测技术规程》（DB11/490—2007）。

2）地下管线监控量测控制标准，市政管道变形监控报警值可参考如下指标：煤气管道变形，沉降或水平位移超过 10mm，连续三天超过 2mm/d；供水管道变形，沉降或水平位移超过 30mm，连续三天超过 5mm/d。

（2）支护结构监控量测控制指标

1）明（盖）挖法及竖井施工支护结构监控量测控制指标，见表 6-9~表 6-11。

表6-9 明（盖）挖法施工支护结构监控量测控制标准

序号	监测项目及范围	允许位移控制值 U_0/mm			位移平均速率控制值/(mm/d)	位移最大速率控制值/(mm/d)
		一级基坑	二级基坑	三级基坑		
1	围护桩（墙）顶部沉降	≤10			1	1
2	围护桩（墙）水平位移	≤0.15%H 或 ≤30，两者取小值	≤0.2%H 或 ≤40，两者取小值	≤0.3%H 或 ≤50，两者取小值	2	3
3	竖井水平收敛	50			2	5

注：1. H 为基坑开挖深度。
　　2. 位移平均速率为任意7天的位移平均值；位移最大速率为任意1天的最大位移值。
　　3. 摘自《地铁工程监控量测技术规程》（DB11/490—2007）。

表6-10 墙体应力和水平支撑轴力控制指标

监测项目	安全或危险判别的内容	安全性判别			
		判别标准	危险	注意	安全
墙体应力	钢筋拉应力	F_2=钢筋抗拉强度/实测拉应力（或预测值）	$F_2<0.8$	$0.8≤F_2≤1.0$	$F_2>1.0$
	墙体弯矩	F_3=墙体允许弯矩/实测弯矩（或预测值）	$F_3<0.8$	$0.8≤F_3≤1.0$	$F_3>1.0$
水平支撑轴力	允许轴力	F_4=允许轴力/实测轴力（或预测值）	$F_4<0.8$	$0.8≤F_4≤1.0$	$F_4>1.0$

注：1. 支撑允许轴力为其在允许偏心下，极限轴力除以等于或小于1.4的安全系数。
　　2. 摘自《深基坑工程信息化施工技术》。

表6-11 立柱沉降控制指标

监测项目	控制指标
立柱沉降	不得超过10mm，下降速率不得超过2mm/d

2）盾构法支护结构监控量测控制指标，见表6-12。

表6-12 拱顶沉降监控量测控制指标

监测项目及范围	允许位移控制值 U_0 /mm	位移平均速率控制值 /(mm/d)	位移最大速率控制值 /(mm/d)
拱顶沉降	20	1	3

注：1. 位移平均速率为任意7天的位移平均值；位移最大速率为任意1天的最大位移值。
　　2. 摘自《地铁工程监控量测技术规程》（DC11/490—2007）。

3）浅埋暗挖法初期支护结构监控量测控制指标，见表6-13。

（3）周围地质体监控量测控制指标　地铁明（盖）挖法施工周围地质体监控量测控制标准参考值见表6-14。基坑水、土压力控制指标见表6-15。

表 6-13 浅埋暗挖法施工设计允许值

序号	监测项目及范围		允许位移控制值 U_0 /mm	位移平均速率控制值/ (mm/d)	位移最大速率控制值 /(mm/d)
1	拱顶沉降	区间	30	2	5
		车站	40		
2	水平收敛		20	1	3

注：1. 位移平均速率为任意 7 天的位移平均值；位移最大速率为任意 1 天的最大位移值。
　　2. 表中区间隧道跨度<8m；车站跨度>16m 和 ≤25m。
　　3. 表中拱顶沉降系指拱部开挖以后设置在拱顶的沉降测点所测值。
　　4. 摘自《地铁工程监控量测技术规程》（DB11/490—2007）。

表 6-14 地铁明（盖）挖法施工周围地质体监控量测控制指标

监测项目及范围	允许位移控制值 U_0/mm			位移平均速率控制值/ (mm/d)	位移最大速率控制值 /(mm/d)
	一级基坑	二级基坑	三级基坑		
基坑底部土体隆起	20	25	30	2	3

注：位移平均速率为任意 7 天的位移平均值；位移最大速率为任意 1 天的最大位移值；本表摘自《地铁工程监控量测技术规程》（DB11/490—2007）。

表 6-15 基坑水、土压力控制指标

监测项目	安全或危险判别 的内容	安全性判别			
		判别标准	危险	注意	安全
侧压(水、土压)	设计时应用的侧 压力	F_1 =设计用侧压力/实测侧压 力（或预测值）	$F_1 \leqslant 0.8$	$0.8 < F_1 \leqslant 1.2$	$F_1 > 1.2$

注：摘自《深基坑工程信息化施工技术》。

6. 监控量测仪器

（1）周边环境监测仪器　周边环境监测仪器，见表 6-16。

表 6-16 周边环境监测仪器

监测项目	监测仪器
建(构)筑物沉降	水准仪
建(构)筑物倾斜	经纬仪或全站仪
建(构)筑物裂缝、隧道结构裂缝	裂缝宽度仪、游标卡尺或裂缝观测仪
地下管线沉降、水平位移	水准仪、经纬仪或全站仪
路面、路基、挡墙、桥梁墩台沉降和横纵向差异沉降	水准仪
桥梁墩台、挡墙倾斜	经纬仪或全站仪
梁板应力	应力计
隧道结构沉降、道床结构沉降	水准仪
隧道结构水平位移	经纬仪或全站仪
隧道结构变形缝开合度	游标卡尺
轨道几何尺寸	轨道尺
地表沉降(隆起)	水准仪
实时监测	静力水准仪、位移计、电水平尺、数据采集仪

（2）支护结构监测仪器　明（盖）挖法及竖井施工支护结构监测仪器见表 6-17；盾构法支护结构监测仪器见表 6-18。用于地下工程监控量测的数显式钢尺收敛计、钢筋应力计、初衬与二衬间接触压力的压力传感器、地铁车站基坑内支撑结构的钢支撑轴力计等如图 6-4 所示。锚杆内力监测及锚杆抗拔力试验如图 6-5 所示。

表 6-17　明（盖）挖法及竖井施工支护结构监测仪器

监测项目	监测仪器
桩(墙)顶水平位移	经纬仪或全站仪
桩(墙)顶垂直位移	水准仪
桩(墙)体水平位移	测斜仪
桩(墙)体内力	应力计、频率接收仪
支撑轴力	应变计、轴力计、频率接收仪
锚杆(锚索、土钉)拉力	锚杆轴力计、钢筋计、频率接收仪
支撑立柱沉降	水准仪
支撑立柱倾斜	经纬仪或全站仪
支撑立柱内力	表面应变计、频率接收仪
初期支护竖井井壁净空收敛	收敛计

表 6-18　盾构法支护结构监测仪器

监测项目	监测仪器
管片衬砌拱顶沉降	水准仪
管片衬砌净空收敛	收敛仪、断面扫描仪
管片内力	钢筋应力计、混凝土应变计、螺栓应力计

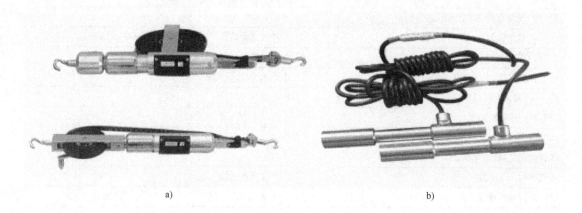

a)　　　　　　　　　　　　　　　　　b)

图 6-4　地下工程监控量测的部分试验仪器

a）数显式钢尺收敛计　b）钢筋应力计

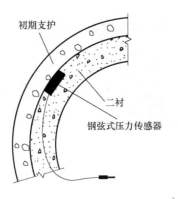

c)

d)

图 6-4　地下工程监控量测的部分试验仪器（续）

c）初衬与二衬间接触压力的压力传感器及其布置　d）钢支撑轴力计及地铁车站的钢支撑轴力监测

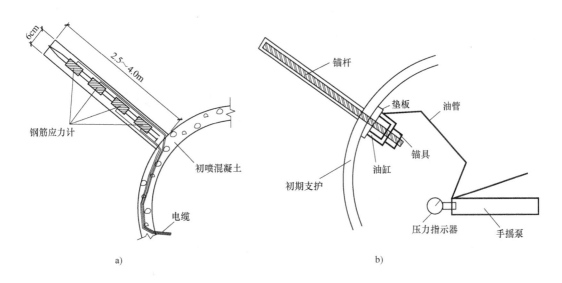

a)　　　　　　　　　　　　　　　　　　　b)

图 6-5　锚杆内力监测及锚杆抗拔力试验

a）锚杆内力监测　b）锚杆抗拔力试验

c)

图 6-5　锚杆内力监测及锚杆抗拔力试验（续）

c）隧道的锚杆抗拔力现场试验

6.2.6　现场量测资料的分析整理

现场量测资料存在一定离散性和误差，对量测资料必须进行误差分析、回归分析和归纳整理，找出所测数据资料的内部规律，以便提供反馈和应用。仍以位移量测数据处理为例，其他量测资料整理类似。

一般对于测试数据，采用回归分析方法，得出数理统计函数式及其拟合曲线，找出位移随时间、空间的变形规律，并在一定范围内推测变化趋势值，为施工提供信息预报。位移-时间曲线可以采用累计变形值和变形速率值两种曲线来分析判断变形趋势及周围岩土体的稳定性，如图 6-6、图 6-7 所示。

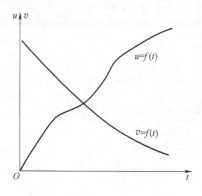 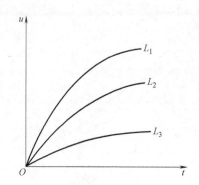

图 6-6　收敛-时间关系曲线　　　　　　　**图 6-7　位移-时间关系曲线**

注：L_1、L_2、L_3 为多点位移计。

位移-距离曲线：收敛、位移与工作面距离关系曲线。它反映了周围岩土体位移的空间效应。其中，收敛与工作面距离（L）曲线对分析、确定支护时机及措施具有指导意义，如图 6-8 所示；周围岩土体内位移与测孔口部基准点距离（L）关系曲线，反映了周围岩土体开挖后的松动范围和稳定性，如图 6-9 所示。

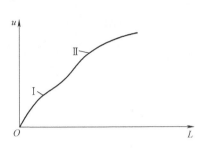

图 6-8　收敛-工作面距离关系曲线

Ⅰ——一次支护　Ⅱ—二次支护

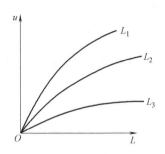

图 6-9　周围岩土体内位移-孔口距离关系曲线

注：L 为测点距孔口基准点距离。

6.3　反分析法简介

由于岩土具有非均质、不连续等特性，并受地应力、岩土结构、施工方法等多种因素的影响，使岩土体变形具有明显的时空性、非线性及突变性，因而难以用确切的数学模型来描述和用理论公式来计算，但大量研究与实践告诉人们，岩土体的变形在初始状态直至失稳前的临界状态，均有一定的变形规律和变形信号，可供观测以及控制，即在一定的时间内具有一定的能测、能控性，借助于在岩土施工的过程中所进行的对变形的现场监测，用这些量测所得到的数据来反推初始地应力和岩土体的物性指标，就是近年来岩土力学中发展起来的"反分析"技术。用反分析求得的初始地应力和岩土性质指标作为计算正式工程或下一段工程的输入信息，具有一定的实际背景，计算结果也就有可能与实际较为吻合。为了将反分析技术运用于实际工程中，必须对岩土本构关系做必要的简化，通常假定：岩土体是均匀、连续的线性弹性介质，这对于从总体着眼探求周围岩土体的力学形态和评价周围岩土体的稳定性是可行的。这里，变形模量 E，实际上是一个反映岩土体变形特性的综合指标，已不再是原来意义上的材料"杨氏模量"，《隧道工程监测和信息化设计原理》一书把岩土体称为"视线弹性介质"。那么所求的 E 值称为"似弹性模量"。

反分析的方法，基本上可以分为两类：直接逼近法和逆过程法。

直接逼近法是建立在迭代过程基础上的，通过迭代过程利用最小误差函数逐次修正未知函数的试算值，直至逼近最终解。但计算起来很费时间。

逆过程法则采用同所谓"正分析"相反的计算过程来求解。有限元分析最终归结为线性方程组：

$$p = K\delta \tag{6-3}$$

式中　p——荷载，取决于初始地应力状态；

　　　δ——结点位移；

　　　K——总刚度矩阵，取决于单元的几何特性，岩土体本构关系及物性指标。

对于"正分析"问题，p、K 为已知，求解位移 δ。而在"反分析"问题中，p、K 是作为未知数出现的，而位移 δ 中的部分元素则可通过量测获得，是已知的。

令 $\delta = \begin{pmatrix} U_m \\ U_x \end{pmatrix}$，$U_m = \delta_m$ 为 a 个测得位移数据；$U_x = \delta_x$ 为 b 个未知结点位移。根据式（6-3），

并令 $L = K^{-1}$，有：

$$\delta = Lp$$

与 U_m、U_x 相应，将 L 分为两子块，即 $L = \begin{pmatrix} L_m \\ L_x \end{pmatrix}$，则有

$$\begin{pmatrix} U_m \\ U_x \end{pmatrix} = \begin{pmatrix} L_m \\ L_x \end{pmatrix} p$$

$$U_m = L_m p \qquad\qquad\qquad (6\text{-}4)$$

对于平面问题，方程求解的必要条件（不是充分条件）是所测得的位移数据个数大于或等于欲求未知数的个数，即 $a \geq 3+k$，k 为欲求岩体物性指标的个数。当 $a > 3+k$ 时，方程（6-4）若有解，则可用最小二乘法求其最佳解。由于岩土体本构关系的复杂性，方程（6-4）的求解也很困难，有时尚须引入补充条件。

反分析方法是将计算理论和工程实际相联系起来的桥梁，应用范围越来越广，除采用线性弹性模型，把初始地应力和弹性模量作为目标参数以外，还可以采用非线性模型。有的已把不连续面的接触特性、岩土体流变参数等作为反分析的目标，也有的不仅采用二维模型，还成功地按三维模型进行反分析。目前，反分析技术向着实用、简化的方向发展，这一问题已引起了人们的重视。反分析技术及其具体应用可参考《隧道工程监测和信息化设计原理》等有关文献，这里仅做此简单介绍。

■ 6.4 模型试验

模型试验是科学研究和解决复杂工程问题的一个行之有效的重要方法。特别是对地下工程而言，周围岩土体的力学性态及其稳定性特点是由多方面因素所决定的，数学、力学方法得到的理论解答往往与实际相差甚远，甚至无法得到解答，因此，现场实测与模型试验研究成为解决问题的一种重要途径，模型试验可以分为原型试验和模型试验。

原型试验可以直观地研究某一具体条件下结构物的受力、变形、破坏等物理力学现象，对于一些重要工程、重要构件的承载能力、超载试验，进行原型试验是必要的，中国铁道科学研究院有一大型卧式圆环形台架，其内径 13.7m，高为 3.8m，可进行 1∶1 的原型结构试验，他们曾进行过黄土隧道的受力、破坏及喷锚补强等试验。上海隧道建设公司曾进行过整环管片结构试验，为改进管片结构的构造提供了可靠的根据。但原型试验存在很大的局限性，试验结果只能适用于和试验条件完全相同的对象上，对重要的、大型的、复杂的结构，特别是在设计、制造之前，要想研究掌握某些量与量间的规律，用原型试验是不可能的，或相当困难，而且很不经济。

模型试验（或称模拟研究）是以相似理论为基础，建立模型，通过模型试验得到某些量与量间的规律，然后将所获得的规律推广到与之相似的同类（或异类）现象的实际对象中去应用的一项科学技术。在地下工程试验中它不仅能了解支护和衬砌结构在不断增长的荷载作用下变形发展的全过程，了解极限承载能力和破坏形态，而且可以突出主要矛盾，了解事物的内在联系，模型是根据原型来塑造的，且模型的几何尺寸多是按比例缩小的，故制造容易，装拆方便，试验人员少，节省资金、人力和时间，较之原型试验经济。

随着科学技术的发展，特别是工程数学和计算机技术的发展，为模拟试验技术的发展开

拓了广阔的前景。现在模拟试验技术可以分为：物理模拟（也称"同类模拟"）、数学模拟（也称"异类模拟"）、计算机模拟（也称"数值模拟"）、信息模拟（也称"功能模拟"），地下工程模拟实验室研究以物理模拟技术应用最为广泛，本节将主要介绍物理模拟技术。

6.4.1　相似理论基础

相似理论是说明自然界和工程中各种相似现象相似性质与相似规律的理论，它的理论基础是关于相似的三个定理。

1. 相似三定理

（1）相似第一定理　相似第一定理也称为相似正定理。相似第一定理告诉我们，彼此相似的现象都具有什么性质。相似第一定理可表述为："对相似的现象，其相似指标等于1"或表述为"相似现象其相似准则的数值相同"。这一定理不仅是对相似现象相似性质的一种说明，也是相似现象的必然结果。凡相似现象，具备如下相似性质：

1）相似现象能为文字上完全相同的方程组或函数式所描述。如运动力学的相似系统均应服从牛顿第二定律，即质点运动的力学方程应为

$$f = m \frac{\mathrm{d}\omega}{\mathrm{d}\tau} \tag{6-5}$$

式中　f——质点运动所受的力；

m——质量；

ω——速度；

τ——时间。

分别以角标"p""m"表示"原型"和"模型"中发生在同一对应时刻和同一对应点上的同类物理量，若"原型"与"模型"是相似的，则两者可用同一方程形式来描述，即

对于原型 $$f_\mathrm{p} = m_\mathrm{p} \frac{\mathrm{d}\omega_\mathrm{p}}{\mathrm{d}\tau_\mathrm{p}} \tag{6-6}$$

对于模型 $$f_\mathrm{m} = m_\mathrm{m} \frac{\mathrm{d}\omega_\mathrm{m}}{\mathrm{d}\tau_\mathrm{m}} \tag{6-7}$$

对式（6-5）物体受力运动问题，还可用如下函数式来描述：

$$\varphi(f, \tau, m, \omega) = 0 \tag{6-8}$$

凡与此相似的运动现象，都应该可用这一函数式形式来描述。

2）两个体系（原型与模型）相似，则表示这两个体系的一切物理量在空间相对应的各点和在时间上相对应的各瞬间各自互成比例，且比值是个常数，我们称这个比值为相似常数。如上例应该有：

$$
\left.
\begin{array}{ll}
\text{时间相似常数} & \dfrac{\tau_\mathrm{p}}{\tau_\mathrm{m}} = C_\tau \\[2ex]
\text{速度相似常数} & \dfrac{\omega_\mathrm{p}}{\omega_\mathrm{m}} = C_\omega \\[2ex]
\text{质量相似常数} & \dfrac{m_\mathrm{p}}{m_\mathrm{m}} = C_m \\[2ex]
\text{力的相似常数} & \dfrac{f_\mathrm{p}}{f_\mathrm{m}} = C_f
\end{array}
\right\} \tag{6-9}
$$

如果以"i"代表模型与原型相对应的有关参数，相似常数常以 C_i 表示。则相似现象中一个体系（如模型）的所有参数是从另一个体系（原型）中相应的参数乘以固定的换算系数（C_i）而得到的。

例如：原型中描述某个物理现象的基本方程式为

$$F = (X_i^{\mathrm{p}}) = 0 \tag{6-10}$$

式中 X_i^{p}——原型中的各参数。

则根据相似概念，对于模型而言，则有：

$$X_i^{\mathrm{p}} = C_i X_i^{\mathrm{m}} \tag{6-11}$$

式中 X_i^{m}——模型中与原型对应的有关参数；

C_i——相似常数。即同类参数的换算系数，C_i 为无量纲值。

因此，由原型 $F(X_i^{\mathrm{p}}) = 0$，变到模型上有：

$$F(C_i X_i^{\mathrm{m}}) = 0, \quad \text{或} \quad \varphi(C_i) F(X_i^{\mathrm{m}}) = 0 \tag{6-12}$$

式中 $\varphi(C_i)$——换算系数的函数。

可见，相似现象，自然发生在空间和时间相似的系统中，即系统相似应该存在着：

几何相似，相似系数为 $$C_i = \frac{l_{\mathrm{p}}}{l_{\mathrm{m}}}$$

时间相似，相似系数为 $$C_\tau = \frac{\tau_{\mathrm{p}}}{\tau_{\mathrm{m}}} \text{或} C_\tau = \frac{\tau_{\mathrm{p1}} - \tau_{\mathrm{p2}}}{\tau_{\mathrm{m1}} - \tau_{\mathrm{m2}}}$$

质量相似，相似系数为 $$C_m = \frac{m_{\mathrm{p}}}{m_{\mathrm{m}}}$$

运动相似，相似系数为 $$C_u = \frac{u_{\mathrm{p}}}{u_{\mathrm{m}}}$$

动力相似，相似系数为 $$C_a = \frac{a_{\mathrm{p}}}{a_{\mathrm{m}}}$$

场的相似，相似系数为 $$C_\sigma = \frac{\sigma_{\mathrm{p}}}{\sigma_{\mathrm{m}}}$$

......

由于自然界中的事物一般是极其复杂的，地下工程中的各类现象同样十分复杂，因此，进行试验研究时，不是必须保持所有条件都相似，而是根据研究问题的目的，只要获得足够的准确性，保持其主要的相似条件是允许的。

3）相似现象，各相似常数值不能任意选择，它们之间必须服从于某种自然规律的约束，即受其相似指标 $\varphi(C_i) = 1$ 的约束。

[例6-1]   以运动力学为例，推导相似指标表达式。

[解]   由前文所知：

对于原型 $$f_{\mathrm{p}} = m_{\mathrm{p}} \frac{\mathrm{d}\omega_{\mathrm{p}}}{\mathrm{d}\tau_{\mathrm{p}}}$$

对于模型 $$f_{\mathrm{m}} = m_{\mathrm{m}} \frac{\mathrm{d}\omega_{\mathrm{m}}}{\mathrm{d}\tau_{\mathrm{m}}}$$

如果模型与原型是相似的，各参数间存在：

$$\begin{cases} C_f = \dfrac{f_p}{f_m} \\[2ex] C_m = \dfrac{m_p}{m_m} \\[2ex] C_\omega = \dfrac{\omega_p}{\omega_m} \\[2ex] C_\tau = \dfrac{\tau_p}{\tau_m} \end{cases}$$

现将比例常数式（6-9）代入式（6-6），经整理得到：

$$\frac{C_f C_\tau}{C_m C_\omega} \cdot f_m = m_m \frac{d\omega_m}{d\tau_m} \tag{6-13}$$

比较式（6-13）与式（6-7），欲使两式完全相同，则必须使：

$$\frac{C_f C_\tau}{C_m C_\omega} = 1 \tag{6-14}$$

即两系统相似，必然有：

$$\varphi(C_i) = \frac{C_f C_\tau}{C_m C_\omega}$$

由此可知，相似现象的各个相似常数，是为一定的关系式［如式（6-14）］互相联系着的，它标志着两现象相似的特征，称 $\varphi(C_i) = 1$ 为相似指标，故可得出结论：若现象相似，则相似指标为1。

[例6-2]　弹性模型的相似指标。

[解]　根据弹性力学，研究弹性结构平面问题时（见图6-10），必要的方程式是平衡方程和变形协调方程。

其方程式为

$$\begin{cases} \dfrac{\partial \sigma_x}{\partial x} + \dfrac{\partial \tau_{xy}}{\partial y} = 0 \\[2ex] \dfrac{\partial \sigma_y}{\partial y} + \dfrac{\partial \tau_{yx}}{\partial x} + \gamma = 0 \\[2ex] \left(\dfrac{\partial^2}{\partial x^2} + \dfrac{\partial^2}{\partial y^2} \right)(\sigma_x + \sigma_y) = 0 \end{cases} \tag{6-15}$$

图6-10　单元体受力分析

式中　σ_x、σ_y——单元体上的正应力；

　　　τ_{xy}、τ_{yx}——单元体上的剪应力，$\tau_{xy} = \tau_{yx}$；

　　　γ——重度（在计算浅部地压时可忽略）。

现以其中的一个方程式（仅考虑重力作用）为例，推求相似条件。

对于原型

$$\frac{\partial \sigma_x^p}{\partial x^p} + \frac{\partial \tau_{xy}^p}{\partial y^p} + \gamma_p = 0 \tag{6-16}$$

对于模型

$$\frac{\partial \sigma_x^m}{\partial x^m}+\frac{\partial \tau_{xy}^m}{\partial y^m}+\gamma_m=0 \tag{6-17}$$

若模型与原型相似，则各物理量间应存在如下相似常数：

$$C_\sigma=\frac{\sigma_x^p}{\sigma_x^m}=\frac{\partial \tau_{xy}^p}{\partial \tau_{xy}^m}C_\gamma=\frac{\gamma^p}{\gamma^m}$$

$$C_l=\frac{x^p}{x^m}=\frac{y^p}{y^m}=\frac{l^p}{l^m}$$

将各项相似常数代入式（6-15），得：

$$\frac{C_\sigma}{C_l}\left[\frac{\partial(\sigma_x^m)}{\partial x^m}+\frac{\partial(\tau_{xy}^m)}{\partial y^m}\right]+C_\gamma\gamma_m=0$$

整理得：

$$\frac{C_\sigma}{C_lC_\gamma}\left[\frac{\partial(\sigma_x^m)}{\partial x^m}+\frac{\partial(\tau_{xy}^m)}{\partial y^m}\right]+\gamma_m=0 \tag{6-18}$$

欲使式（6-15）与式（6-14）等同，则必须使

$$\varphi(C_i)=\frac{C_\sigma}{C_lC_\gamma}=1 \tag{6-19}$$

因此说，若体系相似，其相似指标为1。

由上两例说明，各相似常数不是任意选择的，它们的相互关系要受 $\varphi(C_i)=1$ 这一条件约束，换言之，在例6-1的 C_f、C_ω、C_m、C_τ 四者中，只有三个可任意选定，而第4个相似常数要由 $\varphi(C_i)=1$ 确定；例6-2的 C_σ、C_l、C_γ 三者中只有两个可任意选定，而第3个相似常数要由 $\varphi(C_i)=\dfrac{C_\sigma}{C_lC_\tau}=1$ 来确定。

4）体系相似，则相似准则为定数，这是相似必须具备的条件。

从上述例中可知：运动力学相似，则有式（6-14） $\dfrac{C_fC_\tau}{C_mC_\omega}=1$ ，将各相似常数代入此式，则有：

$$\frac{\dfrac{f_p}{f_m}\cdot\dfrac{\tau_p}{\tau_m}}{\dfrac{m_p}{m_m}\cdot\dfrac{\omega_p}{\omega_m}}=1$$

整理可得：

$$\frac{f_p\cdot\tau_p}{m_p\cdot\omega_p}=\frac{f_m\cdot\tau_m}{m_m\cdot\omega_m}=\frac{f\tau}{m\omega}=\pi \tag{6-20}$$

同样从上述例6-2中，弹性结构平面问题，若相似，存在式（6-18） $\dfrac{C_\sigma}{C_lC_\gamma}=1$ ，把各相似常数代入该式，则有：

$$\frac{\dfrac{\sigma_p}{\sigma_m}}{\dfrac{l_p}{l_m}\cdot\dfrac{\gamma_p}{\gamma_m}}=1$$

整理可得：

$$\frac{\sigma_p}{l_p\gamma_p}=\frac{\sigma_m}{l_m\gamma_m}=\frac{\sigma}{l\gamma}=idem=\pi \tag{6-21}$$

式（6-20）、式（6-21）说明 $\frac{f\tau}{m\omega}$、$\frac{\sigma}{l\gamma}$ 都是量纲一的一个定数，我们称这个定数为相似准则（用 π 表示）。所以说，欲使体系相似，必须使体系的量纲一函数（准则）对应相等（或相似准则为定数）。

相似准则是相似现象中，其相对应的某一点和相对应的某一时刻，反映现象自然规律的各个物理量之间关系的一个量，相似准则是个量纲一的综合数群，是个不变的量。它与相似常数是有区别的，相似准则是个"不变量"，而非"常数"。凡现象相似（如几个不同比例尺寸的模型），只要它们之间是相似的，在某一对应点和对应时刻上，相似准则其数值相同。而相似常数是指两个现象相似，同类量均保持比值不变，而一旦两现象中任一个与第三个体系相似，其各有关同类量的比值虽为常数，但与原两个体系各同类量比值已不同，因此相似准则与相似常数比较，其重要性在于它是综合地而不是个别地反映单个因素对系统的影响，所以它能更清楚地显示出各量间的内在联系。

（2）相似第二定理（π 定理）　相似第二定理认为："约束两相似现象的基本物理方程可以用量纲分析的方法转换成用相似准则形式表达的 π 方程，两个相似系统的 π 方程必须相同"。或者说，若描述某一现象的完整物理方程式为 $f(a_1, a_2, a_3, \cdots, a_k, b_{k+1}, b_{k+2}, b_{k+3}, \cdots, b_n)=0$，其中，$a_1, a_2, a_3, \cdots, a_k$ 为基本量，$b_{k+1}, b_{k+2}, b_{k+3}, \cdots, b_n$ 为导来量（即可由基本量量纲导来的物理量），这些量都具有一定的因次，且 $n>k$。根据任一物理方程中的各项量纲都是齐次性的原则，则该方程式可以转换为无因次的准则方程：$F(\pi_1, \pi_2, \cdots, \pi_{n-k})=0$，其准则的数目为（$n-k$）个。其中 n 为与现象有关的参量数量；k 为基本量纲数量。

相似第二定理，仍然是说明相似现象的相似性质的，它告诉我们：①任何一个现象的函数式都可以用准则方程的形式来表示；②转换来的准则方程其准则数有（$n-k$）个；③准则（π）是无因次的综合数群。

相似第二定理给我们提供了这么一种可能：当我们即使对所研究对象还没有找到描述它的方程时，但只要对该现象有决定意义的物理量（影响因素）是清楚的，则可用 π 定理来确定相似准则（π 项式），从而为建立模型与原型之间的相似关系提供了依据。所以相似第二定理更广泛地概括了两个相似系统相似的条件；它为如何整理试验结果及对试验结果的应用与推广提供了可能与方便。

（3）相似第三定理（逆定理）　相似第三定理认为："只有具有相同的单值条件和相同的主导相似准则时，现象才互相相似。"或者描述为：如两个（或一组）性质相同的现象（或系统）A、B，其准则方程为

$$F(\pi_1^A, \pi_2^A, \cdots, \pi_{n-k}^A)=0$$
$$F(\pi_1^B, \pi_2^B, \cdots, \pi_{n-k}^B)=0$$

当各相对应的独立准则其数值相等，即 $\pi_1^A=\pi_1^B$，$\pi_2^A=\pi_2^B$，$\cdots$，$\pi_{n-k}^A=\pi_{n-k}^B$ 时，则现象（或系统）A、B 必相似。

因此，相似第三定理也称为相似存在定律。

这里所说单值条件指：

1）原型与模型的几何条件相似（时间、空间相似）。

2）在所研究的系统中具有显著意义的物理量，相似常数成比例。

3）初始状态相似，如岩体的结构特征，弱面、节理、层理、断层的分布规律，水文地质情况等相似。

4）边界条件相似，如平面应力还是平面应变问题，加载方式及加载过程等。

主导相似准则是指在系统中具有重要意义的物理常数和几何性质所组成的准则。

2. 相似准则的导出

应用相似理论，进行模型试验研究时，重要的是导出相似准则。求相似准则的方法很多，最常用的方法有相似转换法、因次（量纲）分析法和矩阵法。

（1）相似转换法　是由基本方程和全部单值条件导出相似准则的方法，采用这个方法的前提条件是对所研究的问题能建立出数学方程或方程组和给出单值条件式（包括边界条件）。具体推导方式可见例6-3。

[例6-3]　已知梁受力后变形方程为

$$EJ \frac{\mathrm{d}^2 y}{\mathrm{d}l^2} = M(x) = kql^2 \qquad (6-22)$$

式中　E——梁的弹性模量；

J——梁的转动惯量；

y——梁的变形；

l——梁的长度；

$M(x)$——弯矩；

k——系数；

q——荷载。

为了进行模型设计，请用相似转换法求出准则。

[解]　1）写出现象的基本微分方程式（组）和全部单值条件。

对于原型，梁的受力后变形方程为

$$E'J' \frac{\mathrm{d}^2 y'}{(\mathrm{d}l')^2} = kq'(l')^2 \qquad (6-23)$$

对于模型，即与原型相似的梁受力后变形方程为

$$E''J'' \frac{\mathrm{d}^2 y''}{(\mathrm{d}l'')^2} = kq''(l'')^2 \qquad (6-24)$$

式（6-23）、式（6-24）中符号意义同式（6-22）。

2）写出单值条件的相似常数式：

$$\begin{cases} C_E = \dfrac{E'}{E''}; C_J = \dfrac{J'}{J''} \\[2mm] C_y = \dfrac{y'}{y''}; C_l = \dfrac{l'}{l''} \\[2mm] C_q = \dfrac{q'}{q''} \end{cases} \qquad (6-25)$$

3）将相似常数式（6-25）式代入式（6-23）进行相似转换，求出相似指标式：

$$C_E E'' C_J J'' \frac{C_y \mathrm{d}^2 y''}{C_l^2 (\mathrm{d} l'')^2} = k C_q q'' C_l (l'')^2$$

经整理得：

$$\frac{C_E C_J C_y}{C_q C_l^4} E'' J'' \frac{\mathrm{d}^2 y''}{(\mathrm{d} l'')^2} = k q'' (l'')^2 \tag{6-26}$$

比较式（6-26）与式（6-24）得到相似指标式为

$$\frac{C_E C_J C_y}{C_q C_l^4} = 1 \tag{6-27}$$

4）将式（6-25）代入式（6-27）得：

$$\frac{\dfrac{E'}{E''} \cdot \dfrac{J'}{J''} \cdot \dfrac{y'}{y''}}{\dfrac{q'}{q''} \cdot \dfrac{(l')^4}{(l'')^4}} = 1$$

准则

$$\pi = \frac{E'' J'' y''}{q'' (l'')^4} = \frac{E' J' y'}{q' (l')^4} = \frac{EJy}{ql^4} \tag{6-28}$$

由式（6-28）可得变形

$$y = \frac{\pi q l^4}{EJ}$$

本例中参数 $n = 5$ 个，基本量有几何尺寸 L、质量 M 两个，即基本量数 $k = 2$，根据 π 定理可知其准则数为 $\pi = n - k = (5-2)$ 个 $= 3$ 个。也就是说 $\pi = \dfrac{EJy}{ql^4}$ 不是独立的准则，而是由几个独立准则组成的准则，需进行分解。

5）对所求出的准则进行分解或重新组合，并向常用准则靠拢，将相同准则合并。

现将 $\pi = \dfrac{EJy}{ql^4}$ 分解为

$$\pi = \frac{J}{l^4} \cdot \frac{El}{q} \cdot \frac{y}{l} \tag{6-29}$$

式（6-29）中 $\dfrac{J}{l^4}$、$\dfrac{El}{q}$、$\dfrac{y}{l}$ 均为无因次数群，也就是说均是准则，且正好是 $n - k = (5-2)$ 个 $= 3$ 个，故从式（6-22）经相似转换后得到的三个准则为

$$\begin{cases} \pi_1 = \dfrac{J}{l^4} \\[2mm] \pi_2 = \dfrac{El}{q} \\[2mm] \pi_3 = \dfrac{y}{l} \end{cases} \tag{6-30}$$

（2）因次分析法　任何一个完善正确的物理方程中各项的因次（或称量纲）必定相同（即根据物理方程齐次性定理），只要正确地确定函数方程的参数，正确取用量纲系统，通

过因次分析，就可求得准则。因次分析法对于一切机理尚不清楚、规律未充分掌握（不能列出微分方程）的复杂现象来说，是获得准则的主要甚至是唯一的方法。其推求步骤举例说明如下。

[例6-4]　物体受力运动问题的相似准则。

[解]

1）罗列有关参数，写出现象的函数式（运动与力F，时间τ，质量m，速度ω有关）：

$$\varphi(F,\tau,m,\omega)=0$$

2）写出π项式：

$$\pi=F^a\tau^b m^c\omega^d$$

3）列出各参数基本因次（量纲）：

$$[F]=\text{MLT}^{-2};\quad [\tau]=\text{T};$$

$$[m]=\text{M};\quad [\omega]=\text{LT}^{-1}$$

4）把各物理量代入π项式，列出量纲（因次）等价式：

$$[\pi]=(\text{MLT}^{-2})^a\text{T}^b\text{M}^c(\text{LT}^{-1})^d$$

$$[\pi]=\text{M}^{a+c}\text{L}^{a+d}\text{T}^{-2a+b-d}$$

5）根据因次齐次原则，列出物理量指数间的联立方程。

因为$[\pi]=\text{M}^0\text{L}^0\text{T}^0$（$\pi$为量纲一的量），所以

$$\begin{cases}a+c=0\\a+d=0\\-2a+b-d=0\end{cases} \tag{6-31}$$

6）解方程，设其中任意一未知数等于1，如令$a=1$，得，$c=-1$，$d=-1$，$b=1$，则

$$\pi=\frac{F\tau}{m\omega}Ne(\text{牛顿准则})$$

若令$b=1$，得$a=1$，$c=-1$，$d=-1$，则

$$\pi=\frac{F\tau}{m\omega}Ne$$

若令$c=1$，有$a=-1$，$b=-1$，$d=1$，则

$$\pi=\frac{m\omega}{F\tau}=\frac{1}{Ne}$$

由上可知，准则$\pi=\dfrac{F\tau}{m\omega}$。

[例6-5]　求出模型设计中软土地层的相似准则。

[解]　此类土层的强度认为是符合库仑定理的。

1）罗列参数，写出现象的函数式。土层中任一单元的应力及位移与下列参数有关：黏聚力c；内摩擦角φ，重度γ，几何尺寸L。函数式为

$$应力\ \sigma=\oint_1(c,\varphi,\gamma,L)\ 或写成\ \varphi_1(\sigma,c,\varphi,\gamma,L)=0 \tag{6-32}$$

$$位移\ \Delta=\oint_2(c,\varphi,\gamma,L)\ 或写成\ \varphi_2(\Delta,c,\varphi,\gamma,L)=0 \tag{6-33}$$

2）由式（6-32）写出 π 项式： $\pi=\sigma^a c^b \varphi^c \gamma^d L^e$ （6-34）

3）列出各参数基本因次：

$$[\sigma]=ML^{-1}T^{-2}; \quad [c]=ML^{-1}T^{-2}$$

$$[\varphi]=M^0 L^0 T^0, \quad [\gamma]=ML^{-2}T^{-2}; \quad [L]=L$$

4）把各物理量代入 π 项式列出量纲等价式：

$$[\pi]=ML^{-1}T^{-2} \cdot (ML^{-1}T^{-2})^b (ML^{-2}T^{-2})^d L^e$$

$$[\pi]=M^{a+b+d} L^{-a-b-2d+e} T^{-2a-2b-2d}$$ （6-35）

5）根据因次齐次性质，列出物理量指数间的联立方程。

$$a+b+d=0$$ （6-36）

$$-a-b-2d+e=0$$ （6-37）

$$-2a-2b-2d=0$$ （6-38）

6）解方程。式（6-36）与式（6-38）等价，方程组等于有 2 个方程，含 4 个未知数，故设其中两个未知数的值，才可求出。如设 $b=1$；$d=-1$ 代入式（6-36）~式（6-38）有

$$\begin{cases} a+1-1=0 \\ -a-1+2+e=0 \\ -2a-2+2=0 \end{cases}$$

解得：$a=0$，$e=-1$，将各式代入式（6-34）有

$$\pi_1=\frac{c}{\gamma L}$$

再设 $a=1$，$e=-1$ 代入式（6-36）~式（6-38）有

$$\begin{cases} 1+b+d=0 \\ -1-b-2d-1=0 \\ -2-2b-2d=0 \end{cases}$$

解得：$d=-1$，$b=0$

$$\pi_2=\frac{\sigma}{\gamma L}$$

φ 本身是量纲一的量，则 $\pi_3=\varphi$。

根据 π 定理，本题准则数目应为：$n-1$ 个 $=(5-1)$ 个 $=4$ 个。

现已求得三个准则，另一个则需由式（6-33）$\varphi_2(\Delta, c, \varphi, \gamma, L)=0$ 按上述同样步骤求出：

$$\pi_4=\frac{\Delta}{L}$$

故 $\pi=f(\pi_1, \pi_2, \pi_3, \pi_4)=f\left(\dfrac{c}{\gamma L}, \dfrac{\sigma}{\gamma L}, \varphi, \dfrac{\Delta}{L}\right)$

（3）矩阵法　原理仍是以物理方程中各项因次齐次性原理为基础，也是用因次分析的方法，只是在具体运算时应用了矩阵式求准则，这里不再介绍，可看有关参考书。因次分析法与矩阵法获得的准则，有着一定的普遍性，但有时不易看出准则的物理意义，则还需转化为熟知的或标准的形式。

应该指出：利用因次分析方法之前，要弄清所研究的现象究竟包括哪些物理量（即现

象与哪些因素有关），这一点很重要。如果表征现象的物理量决定的不正确或者在决定中漏掉主要的因素，就会使经过因次分析建立起的相似关系不正确，而得出错误的实验结果。

3. 相似准则的特性及判断

（1）相似准则的特性　由于相似现象的相似准则，在数值上相等，即 $\pi=$ 不变量这一属性的存在，所以当存在 π 关系式 $F[\pi_1,\pi_2,\cdots,\pi_r]=0$ 时，则可以通过代数转换，将原 π 关系式变换成新的一种 π 关系式形式，而不改变原关系式的函数性质。也就是说，π 关系式具有如下特性：

任何两个（或多个）π 项的代数转换，如乘、除、加、减，提高或降低幂次，并不改变原关系式的函数性质。但要满足两个条件：①幂次不得降低（或升高）至零；②π 项总数不得减少或增加（因 $\pi=n-k$ 是定值）。

因此，若有相似准则 π_1，π_2，$\cdots$，π_r，则 $\pi_i^{a_i}$（$i=1$，2，$\cdots$，r）、$\pi_1^{a_1}\pi_1^{a_2}\cdots\pi_1^{a_r}$、$\pi_1^{a_1}\pm\pi_1^{a_2}\pm\cdots\pi_1^{a_r}$、$\pi_i\pm a$（$a$ 为常数）、$a\pi_i$ 仍是相似准则。

π 关系式的这种特性为模型试验研究提供了很大的方便。一是准则确定以后，可经转换，向人们已熟知的、常用的准则靠拢，查明有关现象（准则所代表）的物理意义；未能靠拢的，有利于研究和发现（有关现象）新的物理含义，或建立起新的物理概念。二是为模型试验研究的结果向自然界现象推广（即经转换与原型准则一一对应，判断是否相似，是否可以推广）提供了手段。

（2）准则的选择与判断　不管用什么方法求出的准则，都应符合以下原则：

1）准则的数目等于参数个数与基本量个数之差（或 $n-k$ 个），准则是无因次的。

2）一个准则中所包括的参数一般以 2~4 个为好，过多应做分解，避免给模型设计带来不便。

3）一个准则中最好仅有一个导来量，也可以说仅有一个是需要在模型试验中测量的量。

4）准则可以分解，也可以互相组合，即可以进行代数转换得到新的准则，但分解或组合是为模型设计的方便服务的，而不是盲目地进行分解、组合。

5）当所求出的准则，经分解或组合后得到重复的、完全相同的准则时，说明这个准则是独立准则。相同准则在准则方程中，只出现一个即可。

求出相似准则的目的是：①进行试验模型的设计（简称模化）；②将试验数据整理成准则方程，以描述某一类现象中各参数之间的关系，并应用其试验结果。

6.4.2　模型设计

模型设计的理论基础是相似理论。这里主要介绍物理相似模型设计，即模型与原型属同一类的现象，一般称同类模拟，也常被称为相似（Similarity）。

1. 物理相似模型设计基本原则

1）模型与原型应该是几何相似的。几何相似是同类模拟的基本条件。模型与原型几何相似指的是与现象影响参数有关的可独立的几何量（如长度、高度或距离等）。对于非独立量（如面积、体积、断面模数、断面惯性矩等），在模型设计中只要这些参数的相似常数能满足准则要求即可。

2）模型与原型的两系统应该是属于同一种性质的相似现象。或者说，模型与原型间同名准数（准则的数值）相等。

3）模型与原型的同类物理参数对应成比例，且比例为常数。

4）模型与原型的初始条件与边界条件相似。

2. 模型设计的步骤

1）列出准备模拟的现象的微分方程式或罗列参数求出准则，并写出准则方程；准则方程是定性准则与非定性准则间的一般函数关系式。

定性准则：只由单值条件的物理量（定性量）所组成的相似准则，用 $\pi_{定1}$，$\pi_{定2}$，…，$\pi_{定m}$ 表示。

非定性准则：包含非单值条件的物理量（非定性量）的相似准则，用 $\pi_{非(m+1)}$，$\pi_{非(m+2)}$，…，$\pi_{非n}$ 表示。

根据 π 定理，被研究的现象，其准则方程式为

$$F(\pi_{定1},\pi_{定2},\cdots,\pi_{定m},\pi_{非(m+1)},\pi_{非(m+2)},\cdots,\pi_{非n})=0$$

或
$$\begin{cases} \pi_{非(m+1)}=F_1(\pi_{定1},\pi_{定2},\cdots,\pi_{定m}) \\ \qquad\vdots \\ \pi_{非n}=F_n(\pi_{定1},\pi_{定2},\cdots,\pi_{定m}) \end{cases} \tag{6-39}$$

注：求解准则之间的函数关系时，可采用固定因素法，即将决定性准则，依次产生一个变化（其余准则均固定不变），用试验求得它与非定性准则间的函数关系。然后求第二个决定性准则与非定性准则间的函数关系，直至求出全部定性准则与非定性准则间的函数关系。

2）初定模型方案。根据选定的几何缩比和准则，选择模型方案，并初算主要尺寸，以确定其可行性和合理性。

3）试定几何缩比（几何相似常数）。几何缩比的确定应考虑到以下几点：

① 测量手段，即传感器的大小和精度要求。当传感器尺寸较小，测量精度较高时，可取大几何缩比；反之，要取小的缩比。

② 原型经几何缩比转换成模型后，尺寸不宜太大，一般应以实验室容纳条件为准。

③ 模型中经相似转换后的参数的数值有实现的可能，也可以控制。例如，原型中速度低，经相似转换后其速度很高，以致在技术上难以达到，或难以控制（或量测），都是不妥的。

4）根据几何缩比和各准则计算模型尺寸，计算各参数在模型试验中的数值——模型设计。

5）安排试验顺序。

6）进行试验和量测。

7）数据整理并把数据转换到原型中去，或确定试验结果可以应用的条件和范围。

3. 模型材料

正确选择模型材料是能否正确模拟原型的关键，因此模型材料的选择是室内模拟试验技术中与量测技术同等重要的主要内容之一。

（1）对模型材料的要求　模型材料是用来模拟原型的，对它们的要求是：

1）主要力学性质应能模拟原型材料的力学性质，即材料力学性能相似。但随着试验目的和加载方式、量测设备的不同，对相似材料的要求也不同。如对于研究弹性范围的静力学问题，要求模型材料有较大范围的线性应力-应变关系，主要考虑弹性模量的相似即满足要

求；而对于进行弹塑性和破坏性的试验时，材料必须满足强度和变形的相似。

2）模型材料应具备通过配比的变化就可调整材料某些性质的特点，以适应相似条件的需要，如不考虑重度相似的一种较理想的材料为石膏、砂、水混合物，调整含砂量即可调整材料性质，其砂量增加，弹模增加，材料表现出脆性破坏性质；砂量减少，弹模减小，则脆性减弱；砂量为零时，弹模降到最低，表现出典型的塑性破坏特性。这种材料价格低，取材方便，制作简单，性能稳定，可以模拟广泛的力学参数，便于获得低强度、低弹模的性质。

3）试验过程中材料的力学性能稳定，不易受外界条件的影响。

4）制作方便，凝固时间短，成本低，来源丰富。

（2）模型材料分类　按配制相似材料的原材料可分为两类：

1）骨料，如砂、尾砂、黏土、铁粉、铅丹、重晶石粉、铝粉、云母粉、软木屑、聚苯乙烯颗粒、硅藻土等。

2）胶结材料，如石膏、水泥、石蜡、石灰、碳酸钙、水玻璃、树脂等。

随着模拟试验研究的发展，根据岩土复杂的特性，特别是对其受力后的膨胀性、流变性的模拟要求，也有人将模型材料做如下分类：

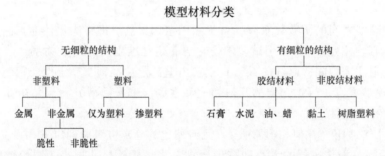

表6-19列出的是国内外应用的地质力学模型材料配比和主要力学性能，供参考。

表6-19　国内外几种地质力学模型材料的配比及主要力学性能

混合料编号	混合料组成						单轴抗压强度/（98kN/m²）	变形模量/（98kN/m²）	密度/（g/cm³）	备注
1	PbO	石膏	水	膨润土	—	—	3.0	3000	3.65	意大利
	76.0	6.3	16.3	1.4						
2	Pb₃O₄	砂	石膏	水	—	—	1.25	510	1.96	
	600	1200	100	442.5						
3	浮石（粉状）	重晶石（粉状）	水	甘油	环氧树脂	硬化剂	4~5	2500~3500	2.45	意大利
	11.8	80.8	5.5	1.24	0.33	0.33				
4	重晶石粉	砂	水	石膏	甘油		1.62	1280	221	我国长办
	4600	4600	1400	200	200	—				
5	重晶石粉	石膏	甘油	淀粉	水		3.82	3140	2.4	清华大学拱坝结构实验室
	35	1.0	0.86	0.136	6.8	—				

（续）

混合料编号	混合料组成						单轴抗压强度/ $(98kN/m^2)$	变形模量/ $(98kN/m^2)$	密度/ (g/cm^3)	备注
6	铁粉	重晶石粉	14%松香酒精	饱和石蜡酒精	—	—	8.25	19500	4.29	$\mu = 0.165$, 武汉水院
	560	280	32	10	—	—				
7	铁粉	红丹粉	重晶石粉	氯丁胶液	汽油	16.6%松香酒精	5.5	3500	3.68	$\mu = 0.22 \sim 0.35$, $\varphi = 39°$, $c = 1.3$, 武汉水院
	467	66.7	234	63	0	30				
8	铁粉	砂	乳胶	水	石膏	附加剂	—	1100 左右	2.46	华东水院
	500~750	30~40	100	0~200	5~15	5.8~17				

注：来源于谷兆祺等编《地下洞室工程》。

4. 模型试验

现以某水平洞室支护的模型设计为例，介绍设计过程。水平洞室如图6-11所示。

（1）基本假设

1）水平洞室长度方向很长，认为洞室支护可按平面问题处理。

2）岩土是均匀、连续的。

（2）列参数求出准则　其影响参数有外荷载 p、岩土的弹性模量 E、洞室几何尺寸 L；支护材料弹性模量 E_0、支护材料强度 R_0、变形量 y，则可写出函数式为

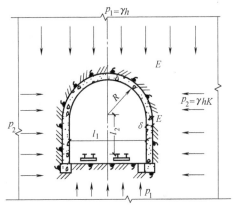

图6-11　水平洞室示意

$$f(p,E,L,E_0,R_0,\sigma,y) = 0 \qquad (6\text{-}40)$$

用量纲矩阵法可求出准则如下：

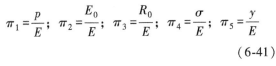

$$\pi_1 = \frac{p}{E}; \quad \pi_2 = \frac{E_0}{E}; \quad \pi_3 = \frac{R_0}{E}; \quad \pi_4 = \frac{\sigma}{E}; \quad \pi_5 = \frac{y}{E}$$

$$(6\text{-}41)$$

（3）确定几何缩比　一般洞室尺寸较大，为便于试验，取几何缩比 $C_l = 15 \sim 25$，本试验选 $C_l = 20$。

（4）确定试验方案　选用物理相似（同类）模型，按几何缩比 $C_l = 20$ 将各几何量转换，得出模型尺寸，如图6-12所示。

（5）模型设计计算

1）由 $\pi_5 = \frac{y}{L}$，该准则为 $\frac{y}{L} = C_l = 20$，由于洞室尺寸已按 $C_l = 20$ 缩小，$\frac{y}{y'} = C_l = 20$，则

$y' = \frac{y}{20}$，即模型的变形量为原型的变形量的 $\frac{1}{20}$。

2）准则 $\pi_2 = \frac{E_0}{E} = \frac{E_0'}{E'}$，经转换可得 $C_{E_0} = C_E$（一般 $C_{E_0} \neq 1$，但要保持 $C_{E_0} = C_E$）。为讨论

方便，设 $C_{E_0} = 1 = \dfrac{E_0}{E_0'}$，则这时 $C_E = 1 = \dfrac{E}{E_0'}$，也就是说 $E' = E$，试验中应使模型中支护材料的弹性模量与原型支护材料的弹性模量相等。

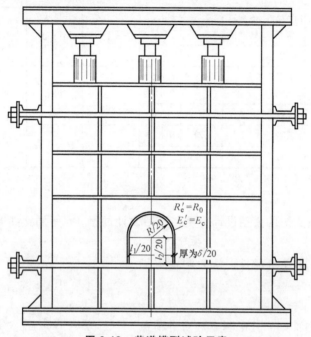

图 6-12 巷道模型试验示意

3）$\pi_3 = \dfrac{R_0}{E}$，得到 $C_{R_0} = C_E = 1$，$R_0' = R_0$。从 $\pi_4 = \dfrac{\sigma}{E}$，又可得 $C_\sigma = C_E = 1$，$\sigma' = \sigma$。

也就是说，模型支护材料的强度 R_0' 与原型材料的强度相等；模型上所测应力 σ' 也与原型对应点的应力相等。

4）从 $\pi_1 = \dfrac{p}{E} = \dfrac{p'}{E'}$ 可得，$C_E = C_p = 1$，$C_p = \dfrac{p}{p'} = 1$，则 $p = p'$，因此模型上所加单位面积的垂直荷载与原型单位面积的垂直荷载相等，即

$$p = p' = \gamma h \tag{6-42}$$

式中　γ——岩土的重度；

　　　h——洞室所处位置。

（6）数据整理　按上述计算进行试验台设计、制造和调试，然后进行试验准备和试验量测工作，试验后进行数据整理。

6.4.3　试验规划与试验数据整理

1．试验规划

已设计出模型并制定了试验方法后，究竟如何来安排试验，这就是"试验规划"问题。合理的试验规划，应该是以最少的试验次数，最小的试验工作量来达到完成试验任务的目的，解决这个问题的较好方法，就是正交试验法（也称正交设计法）。

正交设计是一种科学的安排与分析多因素试验的方法，这种方法简单易行，灵活多样，效果良好。它是使用为正交试验法专门设计的表来安排试验的。正交试验法的原理及正交表的使用可查阅有关参考书目。

2. 数据整理

每个试验都会取得大量的数据，对这些数据要进行整理，并找到它们之间的函数关系或建立经验方程，整理数据和求得函数关系之前，应先对数据的真伪进行分析和判断。大量的试验数据可分为两大类。一类数据围绕其真值，可能有不大的误差，是可以信赖的数据，称正常数据，无疑是待整理的正常数据；另一类数据与一般数据有明显区别，被称为奇异数据，对这一类数据不可忽视，其中经检查、分析，确由量测、记录错误或因试验条件有不恰当的变化等原因所造成的奇异数据，应予以删除，对其中无法认定是错误的奇异数据则要认真对待，加以研究，往往一些新参数或是一些新课题是在分析研究这种奇异数据时被发现和提出的。

模型试验研究如果是为了解决具体工程或课题时，其数据整理则取其正常数据的平均值或加权平均值作为真实数据，用相似转换法把模型试验结果转换为原型数据，供工程设计施工时应用。对大的重要工程，可增加一级或二级中间模型试验。

模型试验研究如果是为了解决一类问题的数据处理，则要按照相似第二定理，用准则为基本参数来整理试验数据，找出非定性准则（如准则 π_1）随定性准则（如准则 π_2）的变化规律。

参数间或准则间的函数式，常用回归方法求得。常遇到的回归方程的类型有以下几种：

1) 线性函数：$y = ax + b$。

2) 二次或高次函数：$y = a_0 + a_1x + a_2x^2 + \cdots + a_nx^n$。

3) 对数函数：$y = bx^a$。

4) 指数函数：$y = ab^{cx}$。

5) 抛物线函数：$y = \dfrac{1}{a+bx}$。

6.4.4　城市地下工程模拟试验系统

作者自行设计研制的城市地下工程三维加载模拟试验系统，如图 6-13 所示。该试验系统研制及试验装备研发获国家专利 6 项。该试验系统的主要功能为：进行地铁隧道工程、基坑工程、建筑基础工程、建（构）筑物与地下工程相互作用模拟，地下水对城市地下工程影响模拟，市政冻结工程模拟等。模型为 2030mm×2030mm×2000mm 的密闭箱体；试验加载系统实现了真三轴加载（$\sigma_1 > \sigma_2 > \sigma_3$），水平方向各有四组水平液压缸，每个能施加 147kN的荷载；垂直方向 12 个竖向加载液压缸，每个能施加 147kN 的荷载；油路系统工作压力为31.5 MPa，控制台控制液压缸加卸载；根据不同水位和不透水层深度设置了多层进水路的地下水模拟系统；冻结模拟试验系统采用德国谷轮压缩机组，可实现−30℃的地下市政冻结工程负温模拟；数据采集系统采用 TDS-303、DT615 数据采集仪等，80 通道同步监测，最多可接 1000 个测点；试验材料以土体为主，也可进行软岩类脆性材料的地下工程相似模拟试验。

图 6-14 为北京地铁某区间隧道下穿建筑物桩基础的三维模型试验照片；图 6-15 为上海

地铁某区间隧道间的联络通道冻结法施工现场照片；图 6-16 为采用城市地下工程模拟试验系统进行隧道联络通道的冻结法施工模拟试验。

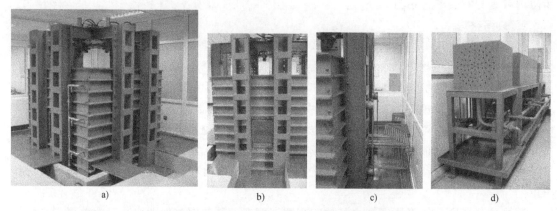

图 6-13　城市地下工程三维加载模拟试验系统

a）三维加载模拟实验系统　b）试验台的主观察孔　c）水平加载液压缸及液压管路　d）试验系统液压控制阀

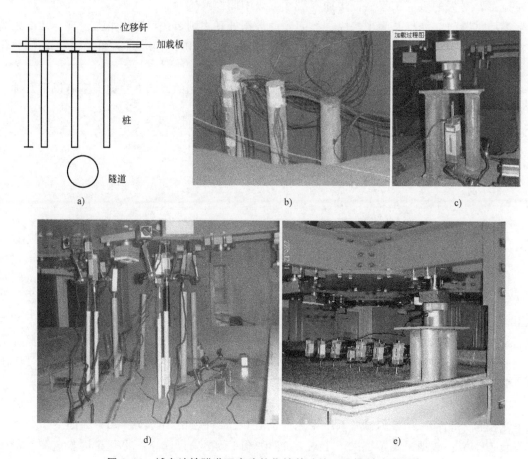

图 6-14　城市地铁隧道下穿建筑物桩基础的三维模型试验照片

a）隧道下穿桩基　b）模拟桩　c）建筑荷载模拟　d）土压力盒、孔隙水压传感计布置
e）位移计记录试验过程位移变化

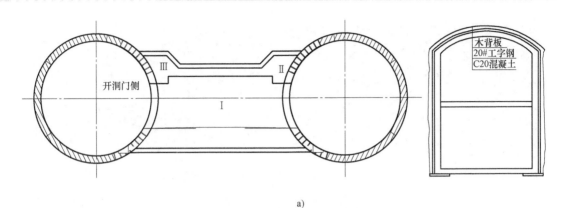

a)

b)   c)

图 6-15 上海地铁某区间隧道间的联络通道冻结法施工

a）地铁隧道间的联络通道及其横断面图　b）联络通道冻结法施工现场的冻结管

c）联络通道开挖施工中

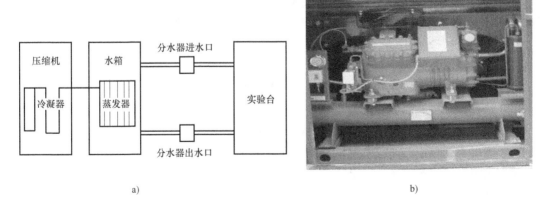

a)   b)

图 6-16 采用城市地下工程模拟试验系统进行隧道联络通道的冻结法施工模拟试验

a）试验制冷系统的示意图　b）地下工程冻结法施工模拟试验的压缩机

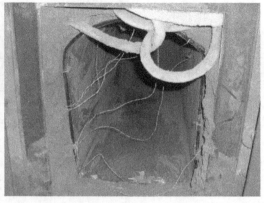

c)   d)

图 6-16　采用城市地下工程模拟试验系统进行隧道联络通道的冻结法施工模拟试验（续）

c）试验台连接冻结管的分水器　d）地铁联络通道冻结法施工模拟开挖

■ 6.5　城市地下工程数值仿真与预控

不同于物理模拟试验和现场试验法，数值仿真就是以计算机为手段，通过数值计算分析和图像显示的方法，达到对工程问题及其物理本质乃至自然界各类科学及工程问题研究的目的。数值仿真适于所有地下工程问题分析研究，并能得到准确数值解；城市地下工程问题的特殊性决定了采用数值模拟与数值仿真技术是科学、经济、有效、快捷的研究方法。

数值方法主要包括确定性方法和非确定性方法。确定性方法包括有限差分法（FDM）、有限元法（finite element method，FEM）、边界元法（boundary element method，BEM）、离散元法（discrete element method，DEM）、无限单元法（infinite element method，IEM）、非连续变形分析（discontinuous deformation analysis，DDA）、流形方法（manifold method，MM）、无单元法（meshless-element free method）、颗粒流法（particle flow code，PFC）、半解析法、反分析法及各种耦合方法。确定性分析方法中有限元法、有限差分法、离散元法等方法在工程数值计算分析中应用广泛。非确定性方法包括模糊数学方法、概率论与可靠度分析方法、灰色系统理论、人工智能与专家系统（决策支持系统）、神经网络方法、时间序列分析法。

城市地下工程数值计算仿真分析的一般步骤：

1）选择合适的计算分析软件。

2）建立工程问题的几何模型并确定各类边界条件。

3）选取岩土材料的本构模型。

4）确定岩土材料的物理力学计算参数。

5）确定支护结构的计算力学模型及材料参数。

6）确定工程问题的变形失稳模式。

7）确定计算分析方案。

8）数值计算及结果分析。

9）结合工程实测（或经验类比）反馈计算分析与信息化施工。

在进行地下工程数值计算仿真过程中，由建立数学物理模型到数值计算获得准确可靠的计算结果是一个系统工程。其中下述内容不容忽视：确定模式，选取合理的计算软件并建立科学合理的工程分析模型是一切工作的基础；模型离散化及对离散系统组装过程的计算机实现，必须充分考虑到计算软件特征是否适合研究相关的工程问题；计算结果的收敛性判断，对奇异性问题的判断与处理；计算分析模型的适用性问题，在多大范围内有效，可推广到何种范围；计算结果的精度、可靠性等依赖于计算分析人员准确的建模和丰富的专业知识及工程经验。

对于城市地下工程问题数值仿真，影响数值分析预测结果可靠性的因素包括：地下工程的荷载特性、施工动态过程及时空效应、支护结构与周围岩土体相互作用模拟、地质体的结构不连续面与接触特性模拟、岩土参数的空间离散性和变异性等。以地下工程的荷载特性为例，一方面，确定地下工程的原始应力状态存在困难；其次，地下工程的开挖与施工建造过程决定了荷载参数具有难确定性。因此，弄清这些因素的影响对获得较为可靠的仿真预测结果是十分重要的。

本节以两个城市地下工程实例分别从隧道、车站和地铁基坑方面介绍城市地下工程的数值仿真过程与预控分析问题。

6.5.1 盾构隧道、基坑开挖、地铁车站的数值仿真

盾构法在城市地下软土隧道施工中已得到大量的应用，在地铁隧道施工中盾构法具有非常广阔的发展和应用前景。盾构法应用中，人们十分重视盾构施工引起的地表沉降问题。实践表明，再先进的盾构技术也会引起不同程度的地面沉降，以致影响到邻近建（构）筑物的安全或正常使用。因此，准确预测施工引起的地表沉降和影响范围是十分重要的。目前国内研究还多限于地铁区间隧道施工引起地表沉降的预测与研究。为提高地铁建设质量，缩短建设周期，并从总体上降低工程造价，直接采用盾构法或在盾构法基础上修建地铁车站可望取得良好的效果，因为这样可以避免盾构掘进机多次搬运带来的系列问题，该工法当时国内外尚无先例，研究盾构隧道的基础上扩挖成站就显得非常必要，首先必须分析预测扩挖成站引起的地表沉降规律。

本例采用有限差分计算软件 FLAC^{3D}（fast lagrangian analysis of continua，连续介质快速拉格朗日分析），对拟建的广州地铁某车站盾构过站、扩挖成站施工引起的地表沉降规律进行了数值仿真，模拟了不同工况下盾构双隧道过站施工对地面的影响；在此基础上模拟了采取不同加固土体措施下，扩挖修建车站对地面变形影响；对盾构直接过站方案提供理论参考依据。

1. 工程概况

广州地铁某车站，该车站设计客流量 74365 人/日，车站采用岛式站台，站台宽度大于8m，线间距 13.2m，站厅净高大于 3m，车站站台有效长度 140m，站台装修面至轨顶面净高1.08m，站台层地坪装修面至结构中板地面净高大于 4.3m，车站埋深 20m。数值仿真预测时，结构采用三拱立柱式，在盾构过站基础上进行扩挖，并拟定了扩挖施工顺序。车站位置地面平坦，场区基岩为白垩系红色碎屑岩，含砾砂岩、砾岩、粉砂岩、含砾粉细砂岩、泥岩。

地铁车站岩土层分布及性质见表 6-20。砂层孔隙水及中风化岩裂隙水为主，稳定地下水

位埋深为 1.9~5.7m，本工程位置的地下水位埋深为 2.4m。盾构外径为 6.0m。

表 6-20　广州地铁某车站岩土层分布及性质

土层编号	厚度 /m	密度 /(kg/m³)	体积模量 /kPa	剪切模量 /kPa	内摩擦角 /(°)	黏聚力 /kPa
<1>	1.9	2140	$4.67×10^3$	$2.15×10^3$	27.7	11.0
<4-1>	2.5	1990	$2.47×10^3$	$1.63×10^3$	19.6	22.5
<5-1>	9.0	1980	$3.58×10^3$	$1.65×10^3$	22.8	49.2
<7>	2.4	2000	$3.49×10^3$	$1.80×10^3$	28.3	462.0
<8>	8.0	2310	$4.33×10^3$	$2.60×10^3$	35.0	48.3
<9>	36.2	2410	$9.17×10^6$	$4.23×10^6$	45.0	785.0

2. 建模过程方法

FLAC^{3D} 可对连续介质进行大变形分析，能计算非线性本构关系，可模拟多种不同力学特性的材料；提供了梁、桩、锚杆、壳体等多种结构单元，非常适合于模拟盾构推进、车站开挖、土体变形破坏的渐进过程。

（1）计算域的确定　根据车站设计条件，计算范围为：上至地面，下至隧道底部以下 40m 处，横向取洞室中线两侧各 60m，因车站有效长度为 140m，则沿隧道轴线方向长取 200m。

（2）荷载　模拟过程主要考虑永久荷载，包括建筑物结构自重、地层压力、静水压力。①建筑物结构自重：计算中简化为均布竖向荷载，计算范围内考虑广州国际贸易中心、中信广场和市长大厦的荷载，按建筑物基础的埋深施加。隧道结构自重按设计尺寸及材料标准重度计算确定。②地层压力：垂直地压为上覆盖层重度，水平地压按垂直地压乘以 0.65 侧压力系数。③静水压力采用水土耦合计算。

（3）边界条件　模型侧面和底面为位移边界，侧面限制水平移动，底部限制垂直移动，模型上面为地表，取为自由边界。

（4）强度准则、变形模式　采用莫尔—库仑塑性准则，大变形模式，施工进度 10m/d；采用泥水加压盾构，故对工作面土体施加略高于水土压力的计算压力。考虑盾尾间隙，并于管片安装后在隧道周边施以壁后注浆压力，壁后注浆采用等效层的模拟方法，如图 6-17 所示。

双线隧道盾构施工有如下几种方案：采用双盾构同时施工，同向推进；盾构施工完一条隧道后，调头开挖另一条隧道；双盾构同时施工，反向推进。数值计算网格剖分时，考虑盾构施工对隧道周围较近土体扰动更剧烈，因此在进行离散化时，这部分网格剖分更密集，开挖前后三维计算模型的网格剖分如图 6-18、图 6-19 所示。

3. 双隧道施工引起地表沉降的模拟

盾构过站，双隧道施工引起地表沉降的模拟表明，盾构推进时周围土体受到切口环切入土体

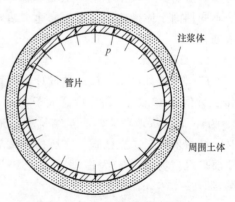

图 6-17　管片与注浆体等效层

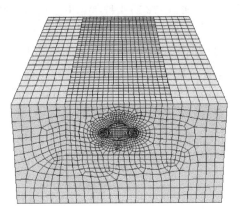

图 6-18　盾构开挖隧道基础上开挖车站网格剖分

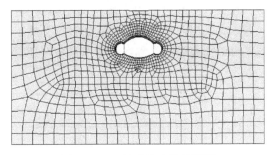

图 6-19　开挖后的车站断面图

的作用力、泥水压力及摩擦力的作用，盾构前方出现地表隆起，盾构前方 20m 内范围均受一定的影响；在盾构后方 7m 处开始下沉；随着盾构的推进，地表慢慢下沉，但施工期沉降量较小。

（1）双线隧道盾构施工的不同方案的模拟　盾构推进引起的沉降沿横向分布情况，按下列几种方案模拟，其模拟结果如下：

方案 1：双盾构同时同向施工，同向推进情况下引起地表沉降的横向分布如图 6-20 所示，两台盾构同向推进时，两台盾构间距为 50~100m。

方案 2：双线隧道，盾构施工完一条隧道后，再施工另一条隧道时，引起地表沉降的横向分布如图 6-21所示。

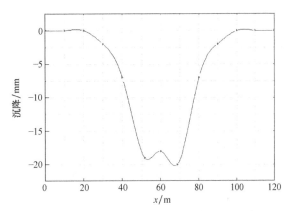

图 6-20　盾构同时施工平行隧道引起地表沉降横向分布

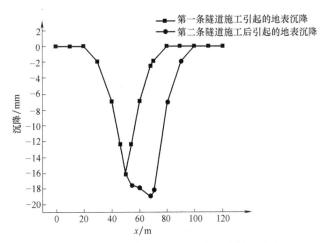

图 6-21　盾构施工后引起地表沉降横向分布

方案3：双线隧道盾构相向施工的情况，数值分析中按图6-22的4种状态的盾构施工对地表沉降影响进行了计算。

双线隧道盾构对向施工的计算表明：状态a时，地表沉降规律与单盾构施工沉降规律基本一致；状态b时，两台盾构间土体受到挤压，施工期间地表变形（尤其隆起）较严重；状态c时，两台盾构间土体受到张拉，施工导致地表沉降开裂变形较明显；状态d时，盾构施工时对地表影响与方案2建好一条隧道再施工另一条隧道的情况类似。

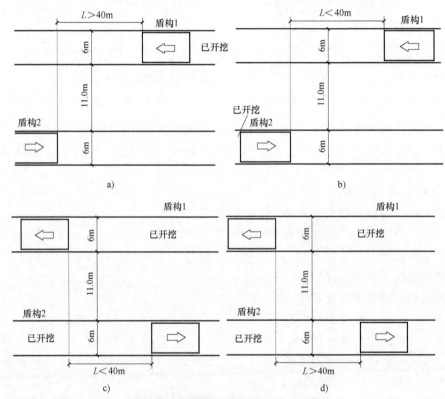

图6-22 双线隧道盾构相向施工状态

（2）双线隧道盾构施工不同方案的仿真模拟结果分析

1）双线隧道盾构对向施工中，即方案3，应尽量避免两台盾构处于相互影响范围内同时工作。两台盾构同时施工距离应大于40m，当距离小于40m时，应停掉一台盾构，只用一台盾构施工，超过40m后，再两台同时反向推进。因此，双隧同时施工应避免两盾构距离过近，建议两盾构施工距离为50m左右。

2）对本工程，三种双隧施工方案引起的地表最大沉降值为19~21mm，两条隧道中心线上的沉降值不等，沉降槽不对称。

3）三种方案引起的地表最大沉降略有不同，但当隧道直径、埋深、中心距离一定时，盾构施工对地表沉降在横向上的影响范围是基本相同的。

该地铁车站，以沉降值0.1mm为影响范围的起、终点，盾构施工对地表的影响范围为两隧道中心线以外各30m，即沉降槽宽度为80m。隧道周边某超高层建筑主楼在沉降槽沉降影响范围外，该楼裙房部分在施工影响范围以内，某国际贸易中心楼局部在施工影响范围以内。

4. 双隧道盾构基础上扩挖成站施工引起地层沉降的模拟

地铁车站断面图考虑了三拱岛式车站、三拱侧式车站及三条平行隧道岛式车站的三种情况。经分析比较，拟采用三拱岛式车站。其断面如图 6-23 所示，盾构隧道直径 6.0m，两隧道中心线 13.2m，三拱的中心拱高度 10.6m，车站站台平面离拱顶 6.5m，站台宽度 8.8m，隧道管片厚度 300mm，中间拱钢筋混凝土厚度 500mm。经数值模拟计算分析，最大主应力分布如图 6-24 所示，塑性区分布如图 6-25 所示。根据车站断面，按拟定的扩挖步骤，在扩挖车站拱顶部分对土体分别采取 4 种不同加固措施：

工况 1：不作任何土体加固。

工况 2：采取预注浆加固土体（拱顶注浆厚 2~2.6m），如图 6-26 所示。

工况 3：采用土层锚杆加固土体（锚杆长 4~6m，间距 1.0m），如图 6-27 所示。

工况 4：采取预注浆加土层锚杆加固土体，如图 6-28 所示。

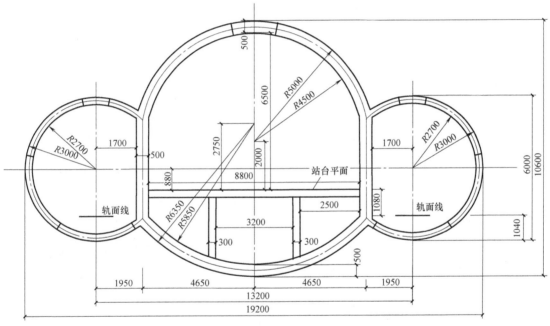

图 6-23　三拱岛式车站设计断面

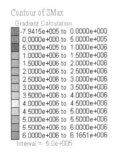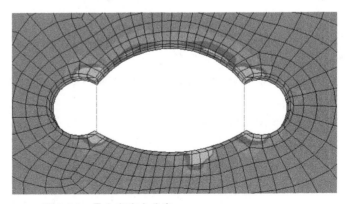

图 6-24　最大主应力分布

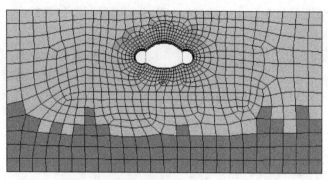

图 6-25　塑性区分布

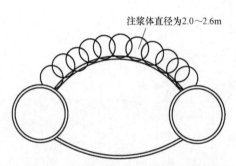

图 6-26　盾构隧道扩挖地铁车站预注浆

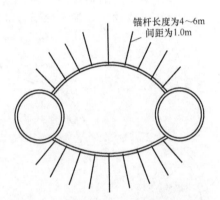

图 6-27　扩挖地铁车站土层锚杆加固

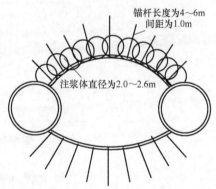

图 6-28　扩挖车站预注浆加土层锚杆加固

双隧道盾构基础上扩挖成站时，四种开挖支护措施得到的地表沉降横向分布如图 6-29 所示，分析四种加固措施的工况计算结果，计算结果表明：

1）由于地层损失的增加，地表沉降在盾构施工的基础上加大，其横向影响范围也增大。

2）工况 1 的最大沉降为 43mm，距离车站中心线各 60m 为影响范围，沉降槽宽接近 120m，工况 4 影响范围最小，最大沉降为 25mm，沉降横向影响范围为 96m。

3）预注浆和土层锚杆加固土体对控制地表沉降均有明显作用，预注浆加固更为有效。

4）前三种工况引起的地表沉降最大值均超出 30mm，工况 4 所引起的地表沉降可以控制在 25mm 内。

地铁车站施工采用盾构施工过站扩挖成站的方法在国内尚无先例，研究此种方法对地表沉降及周围建筑物的影响十分必要，本例中盾构单隧道施工引起的地表沉降模拟结果与广州地铁二号线区间隧道盾构施工的实测值比较接近；盾构双隧道施工引起地表沉降的模拟结果也与工程实测结果接近。以上盾构隧道扩挖成站地表沉降模拟表明数值仿真可为工程分析提供科学依据。

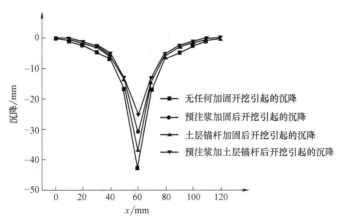

图 6-29　四种支护措施的地表沉降横向分布对比

6.5.2　地铁车站明挖施工动态三维数值仿真

本实例以北京地铁某车站工程为例，分析基坑开挖后周围土体稳定性及结构变形情况。

1. 建立模型

1）计算域的确定。计算范围模型上边界至地表，下边界在 2 倍桩深以下（2×23m，取 50m），开挖长度取 5 根横撑钢管间隔，即 4×4m = 16m；两侧各取 2 倍车站宽度，计算总宽度为 5 倍车站宽度，即 5×20m = 100m。车站长度方向取基坑标准段进行模拟。模型尺寸足以考虑车站基坑施工扰动的影响范围。模型如图 6-30 所示。

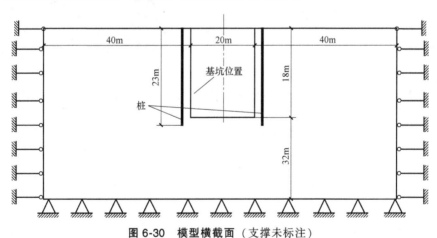

图 6-30　模型横截面（支撑未标注）

2）边界条件与荷载条件。如图 6-30 所示，模型侧面和底面为位移边界，模型两侧的位移边界条件是约束水平移动；底部边界为固定边界，约束其水平移动和垂直移动。模型上边界为地表，为自由边界。模型的荷载条件是，计算模型同时考虑土体重力和水压力作用的水土耦合作用，计算模型的两侧外边界水平方向的侧向土压力，采用静止土压力作为荷载边界。

3）水位线。按有效应力原理，采用水土耦合计算，考虑静水压力及地下水位对岩土体参数的影响。地下水位确定按照勘察报告与初步设计的建议，根据历年最高水位及近 3~5

年最高水位，按照设防水位 38.00m 考虑。

4）材料模型。土体模型采用弹塑性理论计算，岩土材料模型采用莫尔-库仑准则，变形模式采用大应变变形模式进行计算。采用 FLAC 的 Pile 结构单元模拟桩；Beam 单元模拟支撑；桩间混凝土采用弹性 Shell 模型。

5）模拟开挖过程。依照设计参数，分步开挖后再用钢管支撑。地铁车站明挖施工动态过程仿真模型如图 6-31 所示。

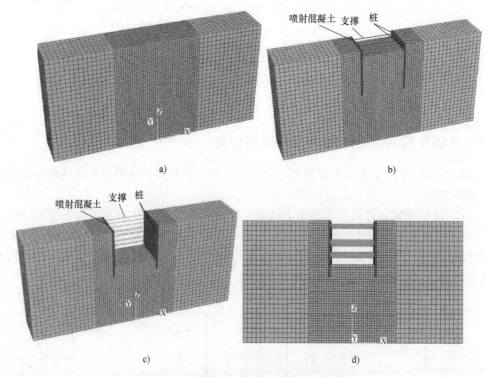

图 6-31　地铁车站明挖施工动态过程模拟

a）三维模型（开挖前）　b）分步开挖后第一道支撑模型网格图
c）开挖至坑底时的网格图　d）开挖至坑底时横剖面及内支撑图

2. 地铁车站明挖动态施工模拟的结果分析

地铁车站明挖施工的基坑周围土体的计算位移，最大主应力和塑性区如图 6-32 所示。

由图 6-32b 可知桩顶土体的最大水平位移约为 9mm，在喷射混凝土面层后，桩间土体的最大水平位移为 18.8mm。护坡桩与喷射混凝土支护结构最大水平位移为 15.0mm，发生在桩距地表 10m 左右处的土层中；而桩结构的最大水平位移发生在桩身的中上部。

开挖后最大主应力图（图 6-32c）显示出在基坑周边的应力集中情况，基坑的坑壁排桩位置最大主应力发生在基坑壁中上部，而不是底部，该处土体最大主应力计算值为 36.55kPa。

图 6-32d、e 显示了开挖后基坑底板隆起，实际工程中由于土体分层开挖，开挖到坑底，回弹隆起的土体也会被开挖掉，难以监测到基坑底板土体的隆起，本工程基坑土体最大隆起量约为 9.62cm，发生在坑底中部。开挖到基坑底，随后进行混凝土封闭底板施工，并进行车站底板结构施工。计算表明：及时进行底板混凝土浇筑及车站结构施工，并不会对车站基

础底板产生明显不利的变形。

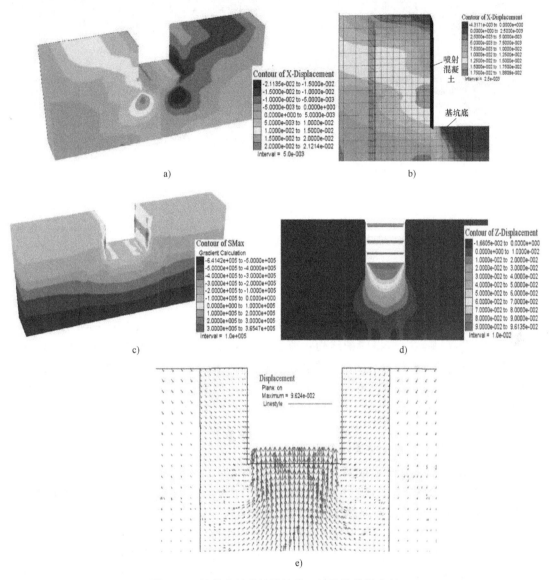

图 6-32 地铁车站基坑明挖施工的计算结果分析

a）开挖后土体水平位移云图　b）基坑边缘土体水平位移局部云图　c）开挖后最大主应力云图

d）基坑支撑下开挖后基底土体隆起云图　e）开挖到底后位移矢量图

计算中还可以得到各阶段内支撑结构的内力变化、基坑周围岩土体变形、塑性区发展等结果。护坡桩及喷射混凝土面层后的桩间土及基坑底板土体局部存在剪切塑性区与小范围拉破坏区；由于钢支撑的有效支撑，并不会形成基坑不稳定的大变形与基坑支撑结构破坏。

北京地铁某车站明挖动态施工过程三维数值分析表明，采用钻孔灌注桩的排桩加钢管内支撑的支护措施，施工中基坑受力变形空间效应明显，实际工程参考了本数值分析的成果，工程施工成功地满足了基坑变形控制与保护标准的一级保护等级的要求。

第7章 工程应用案例分析

■ 7.1 地铁车站深基坑开挖对邻近地下管线的影响

以北京某地铁车站为依托工程，对地铁基坑开挖过程中邻近地下管线的变形展开研究，主要研究内容如下：

1）不同钢支撑间距、不同管材、不同管径、不同埋深及与基坑不同距离时地下管线变形影响研究。将深基坑、支撑围护结构、地下管线作为一个系统，根据实际工程参数采用 $FLAC^{3D}$ 数值仿真基坑开挖过程，分析在基坑开挖时标准段第一、二、三道钢支撑间距分别为 $10m+5m+5m$、$8m+4m+4m$、$6m+3m+3m$、$4m+2m+2m$ 且埋深在 $2m$、$4m$、$6m$，与主体结构间距 $4m$、$8m$、$12m$、$16m$、$20m$，管径分别为 $0.5m$、$1m$、$1.5m$、$2m$，管材为混凝土、钢管、HDPE 的管线时变形状态，得出管线变形的一般规律及相关曲线。

2）深基坑开挖时既有地下管线变形规律研究。

根据弹性地基梁理论假定地基反力与管线沉降成正比，即 $P=KY$，P 代表地基反力强度，K 代表地基反力系数，Y 代表管线沉降，地基反力系数 K 可通过经验值法、实验法、地基沉降反推法得到。实验法和地基沉降反推法算出来的结果具有唯一性，而经验法是学者对于大量工程实例进行分析总结得出的，所以用经验值法得到的计算结果对实际工程更具有指导意义。根据弹性力学知识推导出梁任一截面的转角、弯矩、剪力等公式，因为实际情况中有管道节点，对于柔性管线来说，管道节点属于整个管道的薄弱面，其接口允许转动位移最小，往往最先遭到破坏，引起事故，因此计算柔性管道时，有关管道的各项参数选取管道节点处的参数，可通过查阅相关资料获取，如果无法查到，可通过实验获取；最后结合实测数据求得该条件下的挠度、弯矩、应力、接头张开值等的公式。

7.1.1 工程概况

车站沿东西向设置，西北侧为待开发荒地，南侧为 16 层楼房，东北侧为居民区及酒楼。车站上方道路红线宽度 60m，双向 6 车道，已基本实现规划，车流量较大；南北向道路红线宽 50m，未实现规划，现状道路宽 32m，双向四车道，车流量较小。

车站为明挖地下三层双柱三跨箱形框架结构，车站总长 336m，底板埋深约 20.7m，车站中心线处轨顶绝对标高为 3.2m。风亭设置在车站两端。车站小里程端左线区间采用明挖法施工，右线区间采用盾构法施工，车站需提供盾构始发条件；车站大里程端区间也采用盾构法施工。

车站主体结构基坑标准段宽 22.5m，深约 20.7m，本站主体结构采用明挖顺作法施工。

本工程线路沿线第四纪沉积物主要由永定河冲洪积形成。沿线地层主要为黏性土、粉土与砂土互层沉积。地层沉积物的组构、空间相变规律具有较为明显过渡、渐变性，并具有典型的多沉积旋回的特征，按其成因、结构特征、土性的不同和物理力学性质上的差异，可分为人工填土层和第四纪冲洪积层。

人工填土层的土层类别如下：

1）素填土：褐黄色，局部地段缺失；主要为黏质粉土、粉质黏土，并有少部分砖渣、植物根系等。

2）杂填土：杂色，分布于大部分地段；微湿，微密；主要为建筑垃圾，并夹杂部分生活垃圾。

第四纪冲洪积层的土层类别如下：

1）黏质粉土：场地内大部分地段分布，褐黄色，稍湿，中密，含云母、氧化铁等。

2）粉质黏土：场地内大部分地段分布，褐黄色，湿，可塑，含云母、氧化铁等，偶见姜石。

3）砂质粉土：局部分布，褐黄色，灰褐色，湿，中密，含云母、氧化铁。

4）细砂：全场地均有分布，褐黄色，灰褐色，较为饱和，颗粒成分主要为石英、长石，内夹云母，局部含粉土薄层。

5）粉砂：仅个别地段分布，灰褐色，褐黄色，饱和，密实，含云母、氧化铁。

6）中砂：局部缺失，灰褐色，较为饱和，颗粒成分主要为石英、长石，含云母，局部含圆砾。

7）粉质黏土：场地内大部分地段分布，灰褐色，湿，可塑，含云母、氧化铁等，切面较光滑。

8）黏质粉土：局部缺失，灰褐色，湿，中密，含云母、氧化铁。

地下管线监测点埋设方式分为位移杆式直接监测点（见图 7-1）和管侧土体监测点两种（见图 7-2）。鉴于本项目管线埋深较浅，建议采用管侧土体监测点布设形式。

基坑支护形式采用钻孔灌注桩+内支撑，降水法施工。车站上方管线密集，主要控制管线：车站北侧的 2000mm×1500mm 雨水方涵，管内底埋深约 2.3m，外边缘距离主体外皮最小距离为 6.8m，环境风险等级一级；车站北侧的中压 500mm 燃气管线，环境风险等级三级；车站南侧的高压 406mm 燃气管，管顶埋深 1.8m，外边缘距离主体外皮最小距离为 6.6m，环境风险等级一级。当管线周围土体受到工程扰动或其他动静荷载时，因其材质、强度等的不同，会在管线不同部位呈现出不一样的应力状态，产生不一样的应变曲线。如果管线发生变形破坏，将对附近居民造成严重的影响，因此有必要针对该车站深基坑开挖对地下管线的影响进行研究。

地下管线种类繁多，按照用途可以分为给水管线、排水管线、煤气管线、电信管线、电力电缆、工业管线等；按接口类型主要可分为刚性管线和柔性管线两种。刚性管线是指采用焊接刚性接头连接的管线，例如煤气管、上水管等；柔性管线是指采用承插式接头、橡胶垫板以及螺栓连接头等柔性接头连接的管线，如常见的地下水管等。

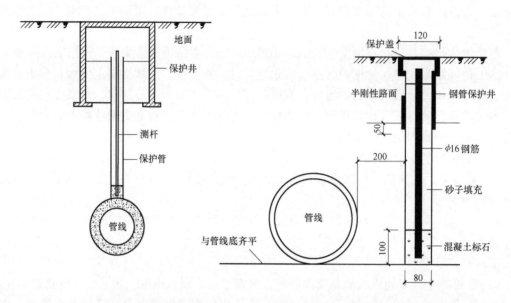

图 7-1　地下管线位移杆式直接监测点　　图 7-2　地下管线管侧土体监测点

基坑开挖过程中，会引起基坑底部土体的隆起、围护结构的变形及周边土体的位移。这三种变形会共同作用于基坑临近管线周围土体，引起土体的位移，带动管线发生变形，而由于管材的弹性模量一般会比土体的变形模量高出很多，所以在管线发生变形的同时也会反作用于周围土体，对其产生抵抗力，阻止其发生变形，这就是基坑临近地下管线和周围土体之间的相互作用。根据大量的实测数据及前人的研究发现，管-土作用下产生的变形大多为弹性变形，并且地下管线的长度远远大于其直径，所以将管-土作用下管线的变形假定为弹性地基梁的变形较为合理（见图 7-3）。

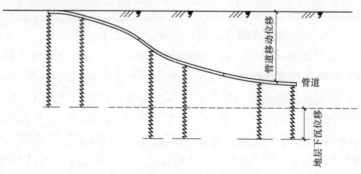

图 7-3　管道弹性地基梁计算模型

将管道的位移看成是弹性地基梁的位移。对于刚性管道来说，受基坑开挖影响，发生弯曲变形（见图 7-4），此时所受应力为 σ，当管道所受应力超出其最大允许应力值，此时管道发生断时对应的应力裂。管道刚性连接允许应力值，见表 7-1。

对于柔性连接的管材，可采用橡胶衬垫连接，与机械连接接头结合，允许有较大的转动以减少渗漏；管材的焊接与塑料管的熔炼，是经过化学反应后将管节融为一体，一般来说熔炼处的强度等于或高于管道其他部分。相关的允许值见表 7-2。

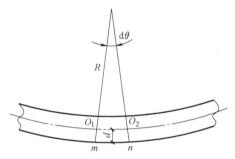

图7-4 管道弯曲变形

表7-1 管道刚性连接允许应力值

管道材料	屈服应力/MPa	极限应力/MPa	弹性模量/GPa	泊松比	热膨胀系数/℃
铸铁	—	145±20	83±14	0.26	$11×10^{-6}$
离心铸铁	—	207±20	114±14	0.26	$11×10^{-6}$
球墨铸铁	300	420	166~180	0.28	$11×10^{-6}$
A级钢	207	331	200	0.29	$12×10^{-6}$
B级钢	241	413	200	0.29	$12×10^{-6}$
414级钢	414	517	200	0.29	$12×10^{-6}$
聚乙烯 PE800	15~18	31	552~758	0.42	$2×10^{-6}$
聚乙烯 PE100	21~24	31	758~1103	0.42	$2×10^{-6}$

表7-2 管道柔性连接允许开口值

破坏形式	接头形式	破坏转角		允许转角		接头允许开口值 /mm
		rad	°	rad	°	
渗漏	铅嵌缝	0.0094~0.016	0.54~0.92	0.0048	0.275	29
金属连接	铅嵌缝	0.09~1.0	5~6	0.06~0.08	3.5~4.5	25
	橡胶衬垫	0.07~0.09	4~5	0.044~0.06	2.5~3.5	
	机械连接	0.07	4	0.044	2.5	
	橡胶衬垫	0.05~0.09	3~5	0.026~0.06	1.5~3.5	
	机械连接	0.035~0.14	2~8	0.009~0.11	0.5~6.5	
	销栓连接	0.22~0.26	12.5~15	0.19~0.24	11~13.5	

由以上可知要想得出管道所受应力及接头张开值的公式，首先要得到管道变形公式。管道的变形可分为水平方向变形和垂直方向变形，较为复杂，研究时一般将两者分别讨论，再根据其判别原理，具体情况具体分析。

工况1：地铁车站基坑采用明挖法施工，长边50m，宽边20m，深20m，周边存在与车站长边平行的管线，沿基坑长边中间进行剖面，得到其相对位置。根据北京地区地质条件，假设地基反力系数为$K = 5.5×10^7 \text{N/m}^3$，管材弹性模量为$E = 210\text{GPa}$，截面惯性矩为$I = 0.049\text{m}^4$，管线初始位移$y_0 = 0.001\text{m}$，初始弯矩$M_0 = 8×10^5 \text{N·m}$，初始转角$\theta_0 = 5×10^{-4}\text{rad}$。

工况 2：车站基本情况、管线与车站基坑相对位置与工况 1 一致。根据北京地区地质条件，假设地基反力系数为 $K=5.5\times10^7\mathrm{N/m^3}$，管材弹性模量为 $E=21\mathrm{GPa}$，截面惯性矩为 $I=0.049\mathrm{m^4}$，管线初始位移 $y_0=0.001\mathrm{m}$，初始弯矩 $M_0=8\times10^5\mathrm{N\cdot m}$，初始转角 $\theta_0=5\times10^{-4}\mathrm{rad}$。

可得出两种弹性模量下管线的挠度、转角、弯矩曲线，对应沿管线埋置方向取工况 2 时的管线状态，管线挠度、转角、弯矩大概在 $10\sim25\mathrm{m}$ 时达到最大值，且整体管线变形沿基坑长边呈对称状态，具体如图 7-5~图 7-7 所示。

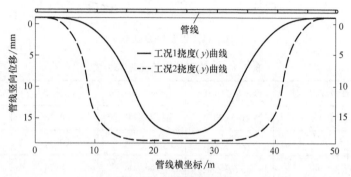

图 7-5　管线挠度曲线

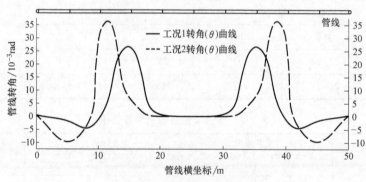

图 7-6　管线转角曲线

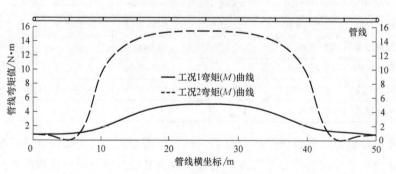

图 7-7　管线弯矩曲线

7.1.2　数值仿真

目前对深基坑开挖对地下管线变形影响的研究中，主要有三种方法，分别是：理论推导、实验研究（包含模型实验和原位实验）、数值仿真。

数值仿真方法基于对岩土体介质连续性假设的不同，分为两类。一类是基于岩土体介质不连续的假设，有离散单元法、块体理论、不连续变形分析等方法，适用于节理、裂隙较为发育的岩土体介质研究；另一类是基于岩土体介质连续的假设，包括有限单元法、有限差分法、快速拉格朗日法、边界单元法等方法，适用于节理、裂隙发育不完全，只存在小应变的岩土体介质。FLAC^{3D} 的基本原理和算法与离散元相似，但它应用了结点位移连续的条件，结合"拉格朗日方法"，将每一步的小应变运行多步后等效大应变，以对连续介质进行大变形分析，非常适合于深基坑开挖对地下管线变形影响的数值仿真研究（见图7-8）。

基坑长度336m，标准段宽22.5m，标准段深度约20.7m，主体基坑围护结构采用1000@1400钻孔灌注桩，标准段嵌固深度为6.5m。据研究发现，基坑开挖在宽度方向上的影响范围大致为开挖深度的3~4倍，在深度上约为开挖深度的2~4倍，根据地质条件等，长度和宽度上影响范围取开挖深度的3倍（63m），深度上影响范围取开挖深度的2倍（42m），模型尺寸为462m×142m×63m（边界取

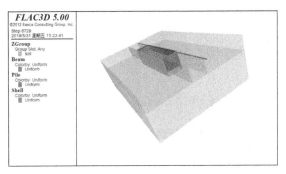

图7-8　基坑模型图

整）。为了提高计算效率，考虑基坑开挖长度方向的影响，取其1/2足以得到想要的模拟结果，最终模型尺寸为238m×142m×63m。参考施工方案及施工现场，确定计算时考虑地面超载20kPa。

采用实体单元建立土体模型，对开挖土体与周围土体进行分别建模分组以便后续的开挖，由于模型中部分实体单元网格节点存在微小错位，所以采用接触面命令，将节点进行设置，为了便于计算，将各土层设置为水平分层，按照实际工程背景进行赋参，且因为土体为弹塑性介质，因此采用莫尔—库仑本构模型；由于管线材料强度较大，采用弹性本构模型，管线的破坏主要是指存放管线的管道破坏，所以根据实际工程参数使用Shell单元构建管道，并对其赋参；本工程采用的是灌注桩+钢支撑式的围护体系，同样因为桩体本身强度较大，采用弹性本构模型，使用Pile单元构建桩体，沿长边方向打81根桩，宽度方向一边打17根桩、一边打16根，共打195根，打桩完成后，使用Beam单元构建冠梁，连接桩体，形成完整的灌注桩围护结构，冠梁尺寸为1.5m×0.8m，混凝土强度为C35；初始平衡后，对土体进行开挖，每开挖一层后，都对开挖侧壁喷射混凝土，保证基坑的稳定，混凝土面采用Shell单元构建，厚度80mm，喷射完混凝土后按照实际工程方案进行钢支撑的架设，角撑共四层，标准段直撑共三层，采用Beam单元构建，基坑模型图如图7-8所示，相关参数见表7-3。

表7-3　标准段钢支撑间距

不同情况	标准段间距/m		
	第一道	第二道	第三道
方案1	4	2	2
方案2	6	3	3
方案3	8	4	4
方案4	10	5	5

由基坑开挖深度决定了钢支撑垂直方向的支撑数量，但是水平方向上钢支撑如何分布尚未可知，这里对此进行讨论，分四种情况，见表 7-3。根据工程经验，围护结构标准段采用三道钢支撑，第一道采用直径 609mm、壁厚 16mm 钢管支撑，第二、三道支撑采用直径 800mm、壁厚 16mm 钢管支撑。通过数值仿真对不同钢支撑间距时基坑开挖对管线的变形影响进行了分析，经分析发现，管线变形量会随着钢支撑间距的增加而增大，但是在垂直方向上，不同钢支撑间距造成的变形量差距较小，影响较小，而在水平方向上，钢支撑间距 4m+2m+2m 和 6m+3m+3m 时的变形量差距不大，但远远小于间距 8m+4m+4m 和 10m+5m+5m 时的变形量，因此认为该基坑开挖在钢支撑间距大于 6m+3m+3m 后会对水平方向的变形有较大影响，实际开挖时结合经济因素，建议钢支撑架设间距为 6m+3m+3m；并且在 6m+3m+3m 钢支撑间距时进行不同管径、不同管材、不同埋深及与基坑不同距离的管线的变形分析。

7.1.3 结果分析

1. 不同管径下管线的变形

根据实际管线管径情况，分为 0.5m、1m、1.5m、2m 四种管径，管道为钢制材料，与基坑水平距离为 4m，埋深 4m。图 7-9、图 7-10 是各管线的变形曲线图。

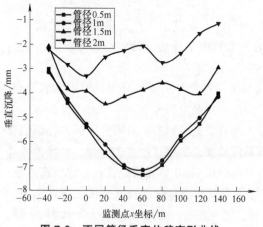

图 7-9　不同管径垂直位移变形曲线

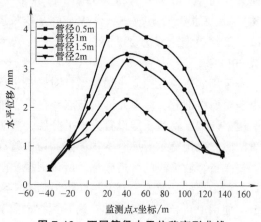

图 7-10　不同管径水平位移变形曲线

图 7-9 为四种不同管径的管线整体垂直位移变形曲线，可以看出基本上呈现两端小、中间大的"U"形变形，管径 0.5m、1m 的沉降值很接近，要大于管径 1.5m、2m 时的沉降值，这是因为随着管径的增大，管道与土体接触的表面积增大，管土作用会更加明显，土体对于管线的约束力将会增大，又因为选取的是钢管材料进行仿真，强度较大，所以出现了基坑端头以外的测点最终沉降值与基坑边长平行范围内的测点最终沉降值差距不是很大的情况，如果管材换成混凝土、HDPE 等材料，沉降值可能会有所区别，这种情况会在下面的分析中进行讨论。

图 7-10 为四种不同管径下的管线整体水平位移变形曲线，可以看出基本上呈现两端小、中间大的"n"形变形，对于水平位移变形来说，变形量大小为管径 0.5m>管径 1.5m>管径 1m>管径 2m，但差距较小，0.5mm，管径 1m 与管径 1.5m 的差距小至 0.14mm，可以认为管径对管道水平位移的影响存在，但是其影响较小，整体趋势为管径越大，变形值越小。

2. 不同管材下管线的变形

根据实际管材情况，分为钢管、混凝土管、HDPE 管三种情况来讨论。

图 7-11 为三种不同管材的管线整体垂直位移变形曲线，可以看出基本上呈现两端小、中间大的"V"形变形，沉降值大小钢管>混凝土管>HDPE 管，这是因为钢管材料的刚性要大于混凝土管，混凝土管的刚性要大于 HDPE 管，刚性越大，抵抗变形的能力越强。

图 7-12 为三种不同管材的管线整体水平位移变形曲线，可以看出基本上呈现两端小、中间大的"n"形变形，对于水平位移变形来说，变形量大小为钢管>混凝土管>HDPE 管，同样是因为管材刚性的大小，从图中可以发现，在基坑端部水平位移接近 0mm，这是因为相对来说，基坑端部的支护强度较大，抵抗变形的能力较强，整体趋势为刚性越大，变形值越小。

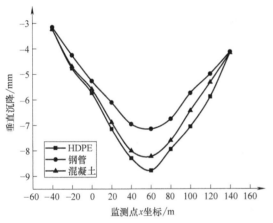

图 7-11　不同管材管线整体垂直位移变形曲线

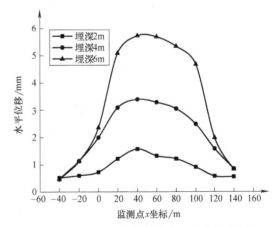

图 7-12　不同管材管线整体水平位移变形曲线

3. 不同埋深下管线的变形

根据市政管线埋深多在 6m 以内，在这里分为 2m、4m、6m 埋深三种情况讨论。图 7-13、图 7-14 是不同埋深管线的变形曲线图。

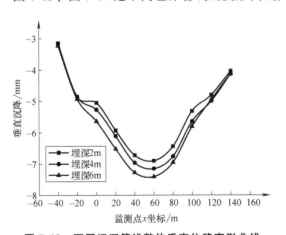
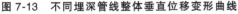

图 7-13　不同埋深管线整体垂直位移变形曲线

图 7-14　不同埋深管线整体水平位移变形曲线

图 7-13 为三种不同埋深的管线整体垂直位移变形曲线，可以看出基本上呈现两端小、中间大的"V"形变形，沉降值大小埋深 6m>埋深 4m>埋深 2m，在开挖深度为 20m 的基坑

工程中，埋深6m范围内随着埋深的增加，管线最大沉降值呈现增加趋势，与周围土体的变形趋势一致。

图7-14为三种不同埋深的管线整体水平位移变形曲线，可以看出基本上呈现两端小、中间大的"n"形变形，对于水平位移变形来说，变形量大小为埋深6m>埋深4m>埋深2m，埋深6m时最大水平变形量为5.72mm，埋深4m时最大水平变形量为3.39mm，埋深2m时最大水平变形量为2.32mm，由数据可以发现，埋深4m到6m时水平变形增大值要大于埋深2m到4m时水平变形增大值，因此在开挖深度为20.7m的基坑工程中，埋深6m范围内随着埋深的增加，管线变形量呈现增加趋势，且变形速度同样呈现增加趋势。

4. 管线距基坑距离不同时的变形

根据实际基坑开挖情况，管线与基坑距离分为4m、8m、12m、16m、20m五种情况来讨论。图7-15、图7-16是与基坑不同距离时管线的变形曲线图。

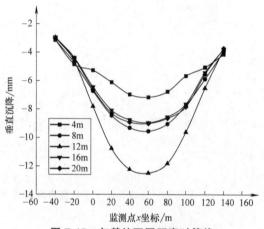

图7-15 与基坑不同距离时管线
整体垂直位移变形曲线

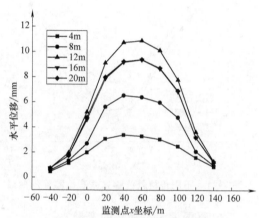

图7-16 与基坑不同距离时管线
整体水平位移变形曲线

图7-15为与基坑不同距离时的管线整体垂直位移变形曲线，可以看出基本上呈现两端小、中间大的V形变形，在-20m时沉降值出现差异，到120m之后沉降值又逐渐一致，说明在基坑开挖前20m到后20m为影响范围，沉降值大小与基坑距离12m>与基坑距离8m>与基坑距离20m/16m>与基坑距离4m，总共开挖深度为20.7m，可以看出，与基坑距离为基坑开挖深度一半左右时会出现最大垂直变形，随着二者比值离1/2越远，其垂直变形越小。

图7-16为与基坑不同距离时的管线整体水平位移变形曲线，可以看出基本上呈现两端小、中间大的n形变形，在-20m时沉降值出现差异，到120m之后沉降值又逐渐一致，说明在基坑开挖前20m到后20m为影响范围，变形量大小为与基坑距离12m>与基坑距离16m/20m>与基坑距离8m>与基坑距离4m，与基坑距离为基坑开挖深度一半左右时会出现最大水平变形，随着二者比值离1/2越远，其水平变形越小，因此在开挖深度为20.7m的基坑工程中，与基坑距离和基坑开挖深度的比值越接近1/2，产生的变形越大。

5. 基坑开挖时既有管线的变形

模型的建立方法与之前的一致，基坑开挖长度采用实际长度，即长边336m，标准段宽22.5m，标准段深度约20.7m，长度和宽度上影响范围取开挖深度的3倍63m，深度上影响范围取开挖深度的2倍42m，模型尺寸为462m×149m×63m（边界取整），参考施工方案及施工现场确定计算时考虑地面超载 20kPa。

以下就车站周边三条管线受基坑开挖的影响进行模拟，并根据得出的各管线水平位移及垂直位移变形图（见图 7-17～图 7-19）分析管线随基坑开挖的变形规律。

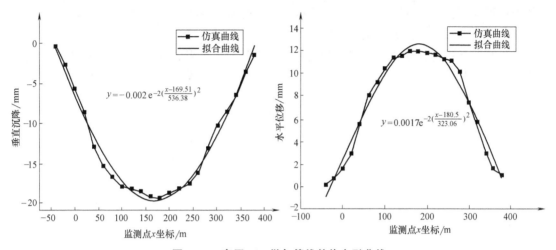

图 7-17 高压 406 燃气管线整体变形曲线

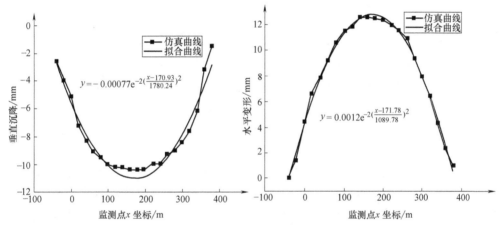

图 7-18 中压 500 燃气管线整体变形曲线

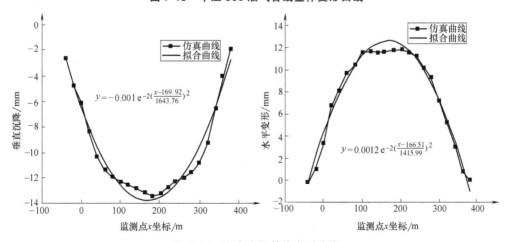

图 7-19 雨水方涵整体变形曲线

图 7-17、图 7-18、图 7-19 分别是三条管线整体变形曲线，横坐标 0～336m 为基坑开挖长边横坐标。总体来说，垂直方向变形呈现 U 形（负值为向下位移），水平方向变形呈现 n 形（正值为靠近基坑位移），基坑边界之外垂直变形在 5mm 以内，水平变形在 3mm 以内，从图中可以看到在横坐标 100～250m 范围内，不管是水平变形还是垂直变形，基本上达到最大，这个范围内没有太大的变化，可以认为处于基坑中部位置。

对于刚性连接管线来说，受基坑开挖影响，发生弯曲变形，此时所受应力为 σ，当管线所受应力超出其最大允许应力值，此时管线发生破坏；对于柔性管道来说，其破坏主要考虑管节接头处的张开值。

管线参数及计算得到的最大应力及张开值见表 7-4。

表 7-4 管线所受最大应力及张开值

管线	方向	张开值 Δ/m	应力 σ/Pa	管节长度 L/m	弹性模量 E/Pa	管道直径 d/m
406	垂直	2.01×10^{-2}	8.70×10^{7}	4	2.10×10^{11}	0.406
	水平	1.68×10^{-2}	7.29×10^{7}	4	2.10×10^{11}	0.406
500	垂直	7.69×10^{-3}	4.04×10^{7}	5	2.10×10^{11}	0.5
	水平	1.18×10^{-2}	6.20×10^{7}	5	2.10×10^{11}	0.5
雨水方涵	垂直	3.37×10^{-3}	1.89×10^{7}	5	2.50×10^{10}	1.5
	水平	4.10×10^{-3}	2.31×10^{7}	5	2.50×10^{10}	1.5

从表 7-4 中可以看到管线在基坑开挖过程中所受的最大应力值及管节接头处张开值，对比表 7-1、表 7-2 中的控制标准，屈服应力为 207MPa，接头允许张开值为 25mm，三条管线的应力及张开值均在标准控制范围之内，说明不管地埋管线管节之间是何种连接方式，该基坑在开挖过程中管线都不会发生破坏。

以上是仿真优化的钢支撑间距下的实际工况，从结果来看，管线变形在合理范围内，因此实际开挖时，钢支撑间距定为 6m+3m+3m，在实际测量中，因为各方面条件限制，只对各管线垂直方向的变形进行测量，图 7-20～图 7-22 所示是开挖过程中各个管线垂直方向的变形量。

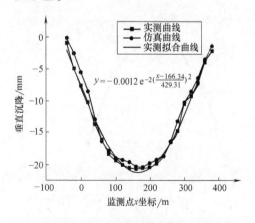

图 7-20 高压 406 燃气管线垂直位移变形曲线

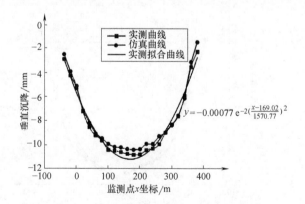

图 7-21 中压 500 燃气管线垂直位移变形曲线

图 7-20、图 7-21、图 7-22 分别是高压 406 燃气管线、中压 500 燃气管线和雨水方涵垂直方向位移受基坑开挖影响下的实测和仿真对比曲线，横坐标 0~336m 为基坑开挖长边横坐标。总体来说，垂直方向变形呈现 U 形（负值为向下位移），基坑边界之外垂直变形在 5mm 以内，水平变形在 3mm 以内，从图中可以看到在横坐标 60~280m 范围内，其垂直变形基本上达到最大，且这个范围内没有太大的变化，可以认为处于基坑中部位置，管线变形趋势在基坑长边前后 60m 范围内明显，现场实测结果与数值仿真结果基本吻合，误差在合理范围内，从图中

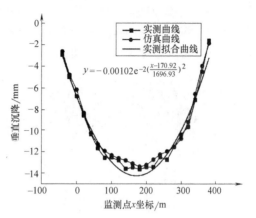

图 7-22 雨水方涵垂直位移变形曲线

可以发现，三种管线现场实测变形量都要略大于数值仿真结果，据分析可能是因为监测点布置时间较早，在开始正式测量时已经有了一定的变形量，且在数值仿真过程中没有考虑施工现场中罐车、起重机等重型机械对管线变形的影响。

从表 7-5 中可以看到实际工程中管线在基坑开挖过程中所受的最大应力值及管节接头处张开值，与仿真得到的结果相近，对比表 7-1、表 7-2 中的控制标准，屈服应力为 207MPa，接头允许张开值为 25mm，三条管线的应力及张开值均在标准控制范围之内，说明基坑开挖过程中管线状况良好，没有被破坏。

表 7-5 管线所受最大应力及张开值

管线	方向	张开值 Δ/m	应力 σ/Pa	管节长度 L/m	弹性模量 E/Pa	管道直径 d/m
406	垂直	2.19×10^{-2}	9.46×10^{7}	4	2.10×10^{11}	0.406
500	垂直	7.69×10^{-3}	4.04×10^{7}	5	2.10×10^{11}	0.5
雨水方涵	垂直	3.40×10^{-3}	1.91×10^{7}	5	2.5×10^{10}	2×1.5

7.2 地铁隧道下穿既有线的影响

下面以北京地铁某隧道施工下穿另一既有地铁区间隧道为实际工程依托，介绍浅埋暗挖法下穿上方既有盾构隧道结构模型试验的实施过程。

7.2.1 室内模型试验

新建隧道下穿施工对上方既有线路影响的模型试验是以相似原理为基础，将新建隧道与既有盾构隧道按照一定的几何相似比缩小，再利用符合相似比的相似材料制作盾构隧道模型与下方浅埋暗挖隧道模型，通过开挖的模拟来实现整个试验下穿过程。

1. 模型试验的实施

本次模型试验利用城市地下工程试验系统（见图 7-23）。系统的箱体由槽钢和螺栓共同组成，是整个模拟系统的主体，可以容纳下穿施工模型试验的模型材料。在本次试验中试验

系统内填充满模型试验土体，当模拟施工过程时，系统下侧的闸门打开，为新建隧道的掘进提供入口，掘进过程中对上方既有盾构隧道的位移形变等参数进行采集，收集数据所使用的仪器为 TDS-303 数据采集仪（见图 7-24）。

图 7-23　城市地下工程相似模拟试验系统

图 7-24　数据采集仪

2. 模型试验的测量

本次模型试验的主要监测对象为上方既有盾构隧道，意在观察新建隧道开挖过程中管片的位移变形情况，既有隧道测量系统示意图如图 7-25 所示。

为了测量新建隧道下穿施工时既有盾构隧道环径向形变情况，试验沿着整条既有隧道一共设置了五个关键监测断面。环向方面，分别取 0°、180°、90° 与 270° 为四个关键点，过关键点作四条与隧道纵向相平行的直线作为隧道模型的特征线，特征线与关键环面的交点便为本次试验应力、应变、位移的监测点（为了提高试验效率，考虑到垂直下穿模型试验的空间对称性，只对三个关键平面进行测量），如图 7-26、图 7-27 所示。

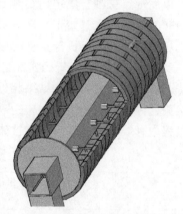

图 7-25　既有隧道模型
位移检测系统

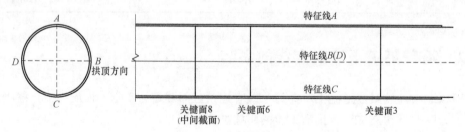

图 7-26　特征线示意

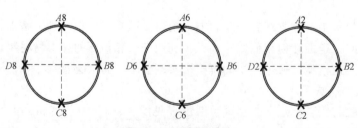

图 7-27　特征面示意

既有隧道管片在开挖过程中的位移采用位移计和固定支架（见图7-28）进行测量。

模型试验的主要测量对象为既有隧道管片，而整条既有隧道埋置于土体中，由于无法在土体中布置位移计，所以选择在中空的既有隧道内部沿纵向布置一个固定支架，通过将位移计布置在固定支架上来对管片的位移进行测量。固定支架采用的材料为高强度、刚度的雨水管，因此可以保证固定支架不发生移动，从而可以确保位移计空间上稳定不动。

将位移计布置在固定支架上，并将固定支架穿过既有隧道的中空部分便可以实现对管片位移的测量，其中可以测量出的数据为

图 7-28　固定支架

关键测量面 A 与 C 两点的水平位移和 D 点的纵向位移，为了使内部的固定支架与位移计不受试验开挖过程的影响，在隧道两侧布置挡土板，使隧道内部与外部土体完全隔离，具体如图 7-29 所示。

所选取的每个关键测量平面有四个测量点，其中 A 与 C 两点的水平位移和 D 点的纵向位移可以通过固定支架进行测量，A、C 两点的纵向位移和拱顶 B 点的纵向位移通过外部的位移计和固定支座进行测量，方法为在管片外侧测量点处布置螺杆，然后将不容易变形的工程线绑至螺杆上，通过细管将工程线引出土体，固定在模型上方的位移计上，通过管片沉降拉伸工程线从而带动位移计的方式来进行纵向位移的数据采集（为了实现沉降的测量，在位移计端应给予位移计的测量杆一定程度的拉伸后再绑细线，并且将细线绑于位移计尾端），如图 7-30 所示。

a)　　　　　　　　　　　　　　　　　b)

图 7-29　位移计测量

a）固定支架　b）既有隧道测量系统

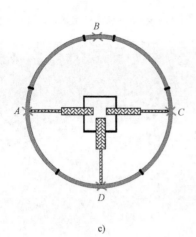

c)

d)

图 7-29　位移计测量（续）

c）截面位移计　　d）挡土板

螺杆

a)

b)

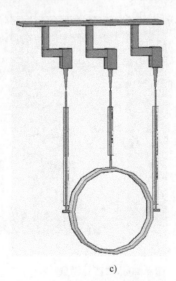

c)

图 7-30　外置位移计

3. 模型试验的布置

本次模型试验主要分为两个部分，新建隧道垂直下穿既有盾构隧道以及叠落下穿既有隧道模型试验。由于这两种不同的工况，在改变工况时下穿新建隧道的推进方式与推进位置保持不变，通过试验过程中改变既有盾构隧道模型的摆放来实现两条隧道不同空间关系的仿真。两条隧道的空间关系示意图如图 7-31 所示。

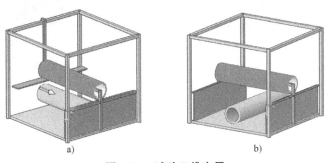

图 7-31　试验三维布置

a) 叠落下穿　b) 叠落下穿

（1）新建隧道垂直下穿既有盾构隧道　正交试验的流程如图 7-32 所示。

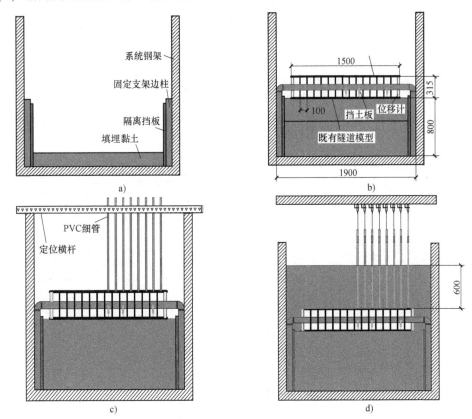

图 7-32　正交下穿实验布置

a) 布置边柱与隔离板　b) 放置既有隧道系统　c) 布置 PVC 细管　d) 填埋土体，布置位移计

隔离挡板的布置目的是让边柱与整个试验系统隔离开，使其不受隧道开挖的影响，这样

可以保证中间的固定支架和位移计不移动，边柱与固定支架之间通过螺栓螺母还有强效胶来固定。

在对外侧管片的纵向沉降进行测量时，首先要在土体填埋之前对PVC管进行布置，布置时在模型的外侧放置固定横板，利用铅锤将PVC管垂直布置并且固定在横板上，以此保证PVC管的垂直，如图7-33所示。

图7-33　外置位移计实物

土体填埋之后，在模型上方横架上布置位移计，将从管片上引出的工程线连接至位移计尾端，将连接之后位移计的形变设为零点。

（2）新建隧道叠落下穿既有盾构隧道　叠落下穿与垂直下穿的试验步骤大体相同，主要区别在于边柱与固定支架的布置，以及关键测量面的选择。试验步骤如图7-34所示。

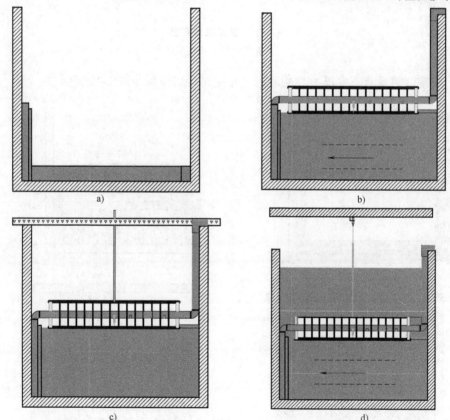

图7-34　叠落下穿试验步骤

a）后边柱和隔离板的布置　b）既有隧道的布置　c）固定PVC管　d）填埋土体，布置位移计

由以往的研究经验可知，叠落下穿对盾构隧道的影响规律从总体上来看对每一环管片是相同的，只是随着下方隧道的开挖有时间的先后顺序，因此叠落下穿试验只选取一个测量平面，模型试验研究在下穿施工的过程中此环管管片的变化规律。

为了实现固定支架与边柱的固定并且不影响下穿隧道的开挖，将固定支架布置在了新建隧道轴线的上方，同样前边柱也固定在新建隧道的上方，试验过程如图7-35所示。

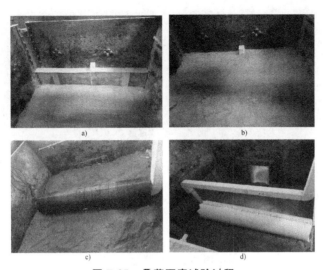

图 7-35　叠落下穿试验过程

a）后进的布置　b）土体的填埋与压实　c）既有隧道的放置　d）叠落下穿固定支架

4. 开挖过程的模拟

浅埋暗挖法施工过程中，地层位移主要发生在掌子面开挖和初衬布置完成的阶段。当二衬完成之后，周围土体的位移总量占总位移量的比例很小，甚至可以忽略。在本次模型试验中忽略二衬之后浅埋暗挖对周围土体的影响，主要研究由开挖到二衬支护之前这段时间内浅埋暗挖对上方盾构隧道的影响。新建隧道的开挖系统如图 7-36 所示。

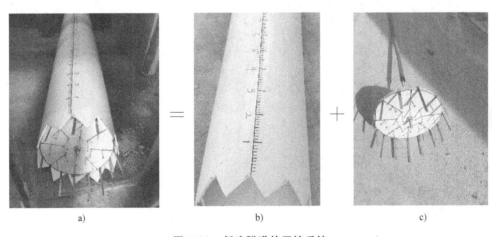

图 7-36　新建隧道的开挖系统

a）新建隧道　b）二衬支护　c）开挖推盘

浅埋暗挖法在实际工程中，在开挖之前会对开挖面前上方掌子面进行预支护注浆，预支护措施可以保证隧道的安全开挖，并且在开挖隧道周围形成初步的支护。本次模型试验的注浆材料选用水泥浆（水泥∶水＝1∶1），根据实际的施工情况，按照几何相似比进行换算，综合此次模型试验条件，本次模型试验的注浆方案为：每个开挖截面，只对上半截面进行注浆加固，每个截面有 10 个注浆点，每个注浆点注射水泥浆 10mL，每开挖 50mm 进行一次注浆加固。注浆工具如图 7-37 所示。

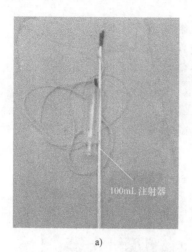

a)   b)

图 7-37   隧道注浆

a）注浆设备   b）水泥浆配置

新建隧道开挖按照实际工程中的施工过程来进行。本次模型试验中新建隧道施工的具体步骤为：注浆—土体松动开挖—进行二衬支护—运出土体—注浆。示意如图 7-38 所示。

试验过程中由于试验土体与模型外槽钢之间几乎没有黏聚力，为防止开挖破洞面的坍塌，应在开挖之前通过挡板对内部土体进行注浆加固，待一段时间后再拆除挡板开始开挖。试验过程如图 7-39 所示。

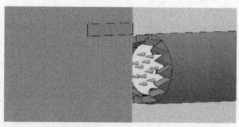

(1) 首先对开挖掌子面的上半平面进行注浆加固，加固之后等待一段时间用于水泥浆的凝固

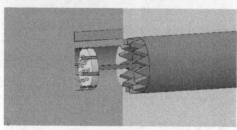

(2) 手动推压开挖推盘，并且在开挖面上慢慢旋转推盘，使开挖面的土体松动，与周围土体脱离

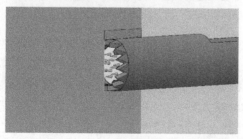

(3) 待土体松动后给予周围土体一段变形发展的时间，然后向前顶进支护外壳，对隧道进行二衬支护

图 7-38   新建隧道开挖步骤

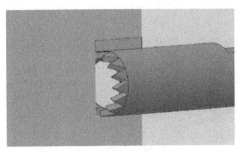

(4) 二衬支护完成之后，取出开挖推盘，将内部的脱落土体清理出来

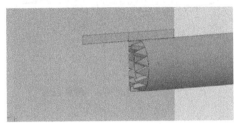

(5) 对进一步开挖的掌子面进行注浆加固，如此循环施工，完成新建隧道的下穿开挖

图 7-38 新建隧道开挖步骤（续）

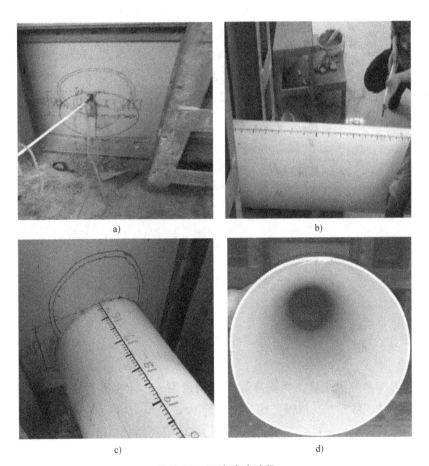

图 7-39 开挖试验过程

a）破洞面注浆 b）开挖过程中注浆 c）开挖深度的记录 d）开挖面示意图

7.2.2 模型试验结果

下穿既有隧道模型试验结果分析分别从叠落下穿试验结果分析和既有隧道截面变形分析入手。

叠落下穿是一种特殊的近接下穿工程情况，因为新建隧道在开挖施工过程中会持续对上方的既有隧道产生影响，既有隧道与开挖面距离不同位置的管片在同一时间受影响程度不同，但是各个管片在开挖面由远及近的过程中变化趋势是相同的，只是发展有先后顺序。为了探究新建隧道叠落下穿施工对既有盾构隧道的影响规律并提高模型试验效率，取既有隧道8号环（中间环）为关键测量面，测点位置关系如图7-40所示。

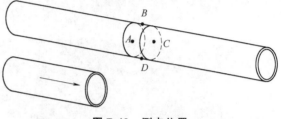

图 7-40　测点位置

1. 隧道截面的竖向变形

新建隧道叠落下穿开挖引起既有隧道拱顶 B 点与隧道底部 D 点竖向位移发展如图7-41所示。总体来看，在新建隧道开挖由近及远的过程中隧道截面的上下两个节点产生竖向的沉降，不同于正交下穿的是，在开挖面距离测量面一段距离时，上下节点 B、D 的沉降数值同时为正，在接下来的开挖过程中沉降开始逐渐向下发展并且增大，对比来看下节点的沉降发展速度大于上节点，并且 D 点的最终沉降值也大于 B 点，上下两个节点产生了相对沉降说明既有隧道在新建隧道下穿施工的过程中产生了径向变形。

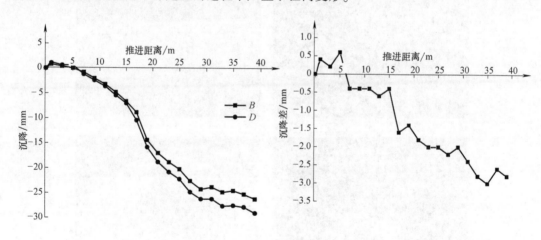

图 7-41　B、D 点的沉降发展

从沉降的发展趋势上来看，在新建隧道开挖过程中，距离测量平面大约 $2D \sim 3D$ 时 B、D 节点产生了上浮，说明在这段开挖距离内，测量平面 B、D 两点有向上移动的趋势。短暂向上移动后，随着隧道继续开挖，上下节点 B、D 的发展趋势基本相同，并且情况与正交下穿情况相似，为一个缓慢—加速—稳定的过程。从发展趋势对比来看，下方节点 D 的沉降发展趋势稍大于上节点 B 的发展趋势。

从上下节点 B、D 的相对位移上来看，以径向位移方向向内压缩为正，向外拉伸为负。

在新建隧道下穿过程中，B、D 沉降差首先为正，说明在此阶段隧道截面竖直方向处于压缩状态；短暂压缩变形后，B、D 沉降差为负，并且随着新建隧道的开挖差值逐渐增大，说明此后既有隧道截面竖直方向开始产生拉伸变形，并且拉伸变形程度逐渐增大，最后趋于稳定。开挖过程中关键节点数值见表 7-6。

表 7-6　数据分析表

距离	3D	2D	1D	0	−1D	−2D	−3D
B 点沉降/mm	0.8	−0.8	−4.8	−14.4	−20.2	−23.8	−25.2
D 点沉降/mm	1.2	−1.2	−5.4	−15.8	−22.2	−26.2	−27.8
纵向拉伸/mm	0.4	−0.4	−0.6	−1.4	−2.0	−2.4	−2.4

2. 隧道截面的扭转变形

新建隧道开挖引起既有隧道管片左节点 A 与右节点 C 竖向位移发展如图 7-42 所示。总体来看，在新建隧道开挖由近及远的过程中，隧道截面的左、右两个节点产生竖向的沉降，与上、下节点相似，左、右节点在隧道靠近过程中有少量上浮，虽然数值不大，但是 A 与 C 同时出现上浮趋势，随着开挖进度的发展，沉降不断增大，两点竖直方向沉降不断发展。总体上来看，由于空间上与新建隧道轴线形成对称关系，A、C 两点的沉降发展最终大小几乎相等。

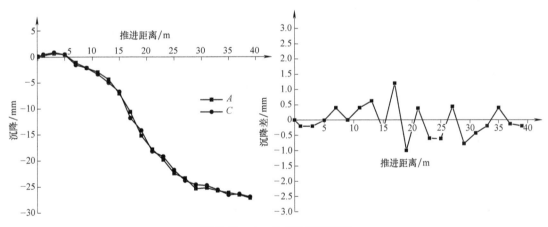

图 7-42　A、C 点的沉降发展

从沉降的发展趋势上来看，左、右节点 A 与 C 的发展趋势基本相同，与 B、D 两点发展趋势基本一致，最终的稳定值差距也不大。

隧道开挖过程中左、右节点 A、C 的相对沉降值变化见表 7-13，在开挖过程中两个测点的相对沉降很小，在开挖至测量面附近时，相对沉降产生了波动，但是在接下来的施工中并没有持续的发展趋势，从整个过程来看，相对沉降一直在 0mm 附近波动直到稳定，因此可知由于对称分布，A、C 两点几乎没有相对沉降，截面没有扭转变形。

关于 A、B、C、D 四个节点前期的隆起原因，可以认为是既有隧道沿纵向不均匀沉降所产生的"杠杆效应"，即新建隧道叠落下穿开挖时，开挖面对前方某一个范围内土体有扰动作用，此范围内土体松动，强度降低，但是超过此范围的土体未受到扰动，强度较高，扰动区上方既有隧道产生明显的沉降变形，若将隧道看作一个杆件整体，未扰动区的较高强度土体在测量截面与开挖面上方的既有隧道截面之间形成"支点"，致使测量截面隆起变形，如图 7-43 所示。

开挖过程中关键节点数值见表 7-7。

3. 隧道截面的横向收敛变形

新建隧道叠落开挖引起既有隧道管片左节，点 A 与右节点 C 的水平方向位移发展如图 7-44 所示。总体来看，在新建隧道开挖

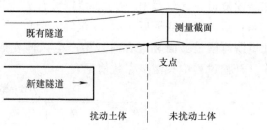

图 7-43　隧道隆起示意

由近及远的过程中，隧道截面的左、右两个节点均会产生横向的位移，并且随着开挖的进行，横向位移的累计变形越来越大。整个过程中 A 与 C 的水平位移值持续为正，说明隧道开挖过程中水平方向持续向内收敛。收敛最大值 A、C 差距不明显，可认为左、右节点最终的向内横向位移相等。

表 7-7　数据分析表

距离	3D	2D	1D	0	-1D	-2D	-3D
A 点沉降/mm	0.2	-1.2	-4.4	-15.2	-22.4	-25.2	-26.6
C 点沉降/mm	0.4	-1.6	-5.0	-14.2	-21.8	-24.8	-26.4
A、C 相对位移/mm	0.2	0.4	-0.6	-1.4	-2.0	-2.4	-2.4

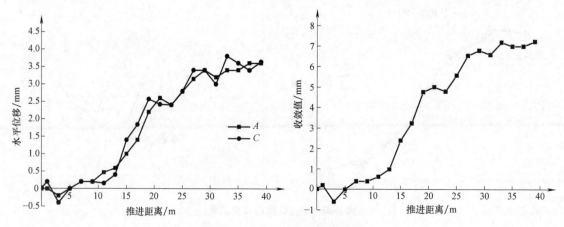

图 7-44　A、C 点位移收敛发展

从横向位移的发展趋势上来看，左、右节点 A 与 C 的发展趋势基本相同，是持续发展最后趋于稳定的过程，A、C 两点的横向位移发展几乎同时进行，与纵向沉降的发展趋势相近，可认为是既有隧道关于新建隧道开挖轴线对称的结果。现将 A 与 C 的横向位移之和作为隧道截面收敛数值。由表 7-7 可以看出，在新建隧道下穿过程中，隧道收敛不断增大，且开挖平面与既有隧道中轴面越接近，收敛发展越快，随着隧道开挖的远离，收敛趋于稳定。

开挖过程中关键节点数据记录见表 7-8。

4. A、B、C、D 四节点沉降对比

总体来看，四点沉降的发展趋势均为缓慢—加速—减速—稳定的趋势，沉降趋势与正交下穿方式相近，不同点是叠落下穿在 3D 距离左右会有上浮现象。从总的发展情况来看，最

终沉降值下节点 D 最大，上节点 B 最小，A、C 两个节点的差距过小且数值居中，而且二者沉降差处于波动状态，没有稳定的发展趋势，可认为 A、C 节点沉降相等（见图 7-45）。因此可绘制出叠落下穿施工既有隧道截面变化形式如图 7-46 所示。

表 7-8 数据分析表

距离	3D	2D	1D	0	−1D	−2D	−3D
A 点位移/mm	0	0.2	0.6	2.2	2.8	3.2	3.6
C 点位移/mm	0.2	0.2	0.4	2.6	2.8	3.0	3.4
A、C 收敛/mm	0.2	0.4	1.0	4.8	2.8	6.2	7.0

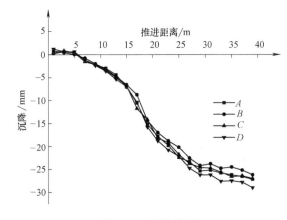

图 7-45 沉降发展

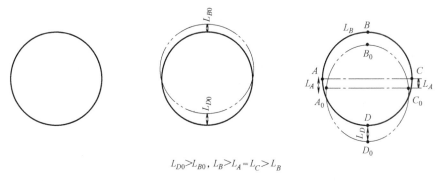

$L_{D0} > L_{B0}$，$L_B > L_A = L_C > L_B$

图 7-46 截面变形

5. 叠落下穿影响范围分析

叠落下穿工程中，既有结构的每一环管片形变发展的规律是相同的，只是发展顺序有差异，因此关于叠落下穿影响范围的研究，我们选取一个位于既有隧道的截面，对沿新建隧道纵向的影响范围展开研究，如图 7-47 所示。

在此范围内，管片受到的影响程度大，变形发展速度较快，而且在此范围内管片的变形占比较高，主要的形变位移均发生在既有隧道开挖面处于沿新建隧道纵向影响范围内的时候。确定影响范围时，以 0.5D 为一个开挖节点，起始节点为开挖面距离测量平面 3D，最终节点为开挖面距离测量平面−3D（通过测量平面），一共 12 个节点，主要用于分析的数据点

为中间管片的 A、B、C、D 四个测量点的沉降数据（沉降 $S_{A(n+1)}-S_{An}$ 为在某个开挖阶段内此点的沉降增量，沉降总占比 $S_{A(n+1)}/S_{Amax}$ 为某个开挖阶段结束后，某点的总沉降占下穿工程结束后此点最终沉降的比例，A、B、C、D 为沉降发展曲线），如图 7-48 所示。

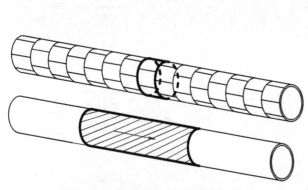

图 7-47　叠落下穿的影响范围示意

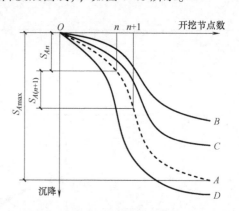

图 7-48　叠落下穿影响范围内沉降分析

　　沿新建隧道纵向，随着开挖截面的推进，测点沉降会有一个加速发展与趋于稳定的过程，在相同的推进距离内，此阶段产生沉降和总沉降占比在一定程度上代表着既有隧道沉降发展的速度，将每一个开挖阶段内的所有测量点的平均沉降、总沉降占比的平均数绘制成折线图（见图 7-49）。

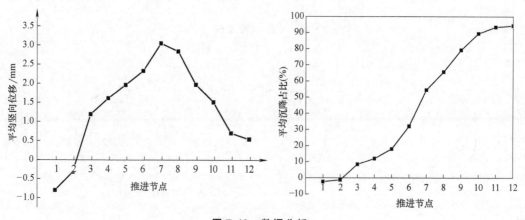

图 7-49　数据分析

　　由图 7-49 可知，各个测量点的平均沉降表现出明显的先增大后减小的趋势（前期出现负值是因为隧道有小幅度的隆起），拐点的位置为既有隧道测量截面正下方，由此截面开始新建隧道，开挖面开始远离既有隧道，沉降发展的速度开始变小。当隧道推进至距离既有隧道中轴面 $2D$ 距离时，隧道的沉降值为 -0.32mm，说明在此范围内隧道有隆起趋势，但是数值不大，当隧道开挖 $2D \sim 1.5D$ 区间段时，沉降值发展为 1.19mm，隧道开始沉降并且平均沉降增值超过 1mm，从此节点之后隧道的沉降速度持续增大，直到开挖面达到距既有隧道测量截面 $1D$ 范围内，此时范围内沉降均值达到 3.05mm，之后随着隧道开挖，沉降发展速度逐渐减小，直到开挖至 $-2D \sim -2.5D$ 时，隧道沉降均值稳定在 1mm 以下。对比各个开挖距离沉降总占比平均数的发展变化情况，在隧道开挖至距既有隧道中轴面 $2D$ 之前，隧道发展的沉降占最终总沉降的 8.4% 左右，在开挖面通过既有隧道中轴面并远离中轴面 $-2D$ 时，隧道沉降已经发展到最大沉降的 89.3%，在远离 $2D$ 之后的开挖工程中，隧道产生的沉降为最终沉降的 10% 左右，因此沿新建隧道纵向的影响范围是 $2D \sim -2D$。

6. 监测方案及加固措施

新建隧道正交下穿施工与叠落下穿施工对既有隧道的影响程度和影响规律是不同的，具体区别为：

1）影响程度方面，同等下穿距离时，正交下穿对既有隧道破坏的程度要大于叠落下穿。

2）影响范围方面，沿新建隧道纵向方面正交下穿的影响范围要大于叠落下穿的影响范围。

3）影响时间方面，叠落下穿在施工过程中持续对上方隧道产生影响，正交下穿时开挖面掘进到影响范围内开始对上方既有隧道产生影响。

总体来看，正交下穿会使得既有结构产生较大程度的损坏，但是在结构保护方面只需在既有隧道与下穿隧道近接点附近进行结构加固。叠落下穿方面，虽然对既有结构的破坏程度较小，但是在施工过程中持续造成影响，整个工程周期中，既有结构需要根据开挖面的推进距离持续加固，对既有隧道正常运营有较大影响。因此在进阶施工过程中，应尽量避免叠落下穿工程。

以 $1D$ 净距和 $2D$ 净距的影响范围为例，根据不同下穿工况的影响范围制定相应的监测计划，见表 7-9。

表 7-9　监测计划

下穿方式	净距	高频监测位置	高频监测时段
正交下穿	$1D$	*图*	*图*
叠落下穿	$1D$	*图*	*图*
正交下穿	$2D$	*图*	*图*

（续）

下穿方式	净距	高频监测位置	高频监测时段
叠落下穿	2D	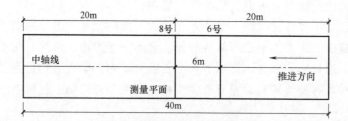	

加固试验时对既有隧道位移发展最明显的中间 8 号截面与距离中截面 1D 距离的 6 号截面进行沉降数据采集，截面示意如图 7-50 所示。

图 7-50　测量平面位置

测量截面隧道顶部 B 点沉降发展数据如图 7-51 所示。

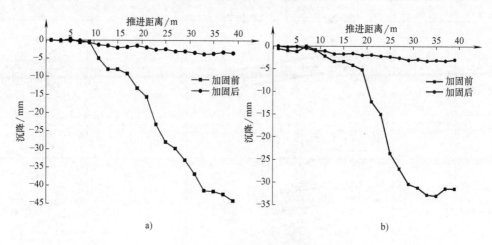

图 7-51　加固试验数据对比

a）8 号截面　b）6 号截面

由加固前后隧道测量截面在新建隧道下穿施工过程中沉降发展对比可以看出，发展趋势上，采取优化措施之后隧道沉降的发展趋势为缓慢增大然后趋于稳定，不同于未加固情况的是，沉降发展速度变化过程展现得不明显，且隧道的沉降发展趋于稳定较早，新建隧道远离既有隧道后沉降后续发展缓慢。最大沉降数值上，8 号截面最大沉降值由 -43.0mm 控制为 -3.52mm，6 号截面最大沉降值由 -33.11mm 控制为 -2.98mm。总体来看，采取土体加固和注浆方案优化之后，既有隧道结构位移情况得到了有效的控制。

新建隧道加固前后、不同开挖距离时，既有隧道沿纵向的整体沉降情况如图 7-52 所示。

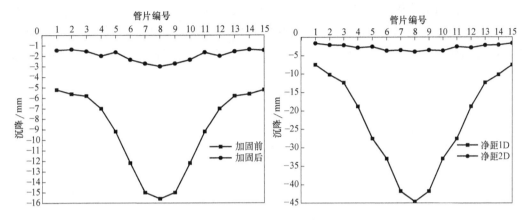

图 7-52 加固试验数据对比

由既有隧道纵向沉降数据可知，沉降值方面，在采取土体加固措施后得到了有效的控制；沉降趋势方面，在采取土体加固措施后，既有隧道下方部分土体强度是增加的，土层均匀情况发生改变，隧道纵向沉降并未出现"沉降槽"形式，但总体分布上，越靠近中截面，由于接近开挖面，最终沉降值越大。

利用地基弹簧理论对土体加固与注浆方案优化有效性进行分析，如图 7-53 所示。

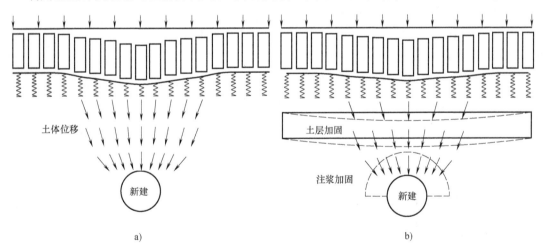

图 7-53 土体加固

a) 加固措施前 b) 加固措施后

在采用土体加固与注浆方案优化之前，开挖面对土体的扰动通过介质土的传导直接对弹簧地基产生影响，使其强度减弱，既有盾构隧道结构受上方压力的作用产生竖向位移；在采取优化措施之后，注浆量的增加使得围岩加固范围扩大，强度有一定程度的提升，开挖对周围土层的扰动会因此减弱，对中间土层的加固相当于在弹簧地基下方铺设了一块强度较高的"挡板"，土体位移从传递至加固土层到通过加固土层的过程中，扰动程度会有一定程度的减少，因此起到了对上方既有盾构隧道结构的保护作用。

7.2.3 现场监测结果与试验结果对比

新建地铁区间下穿既有运营地铁线，此工程风险等级为一级，两隧道的空间关系为斜交，交叉角度约为 70°，新建隧道在下穿段施工时为减少对既有结构的影响采用先后大错距施工，新建地铁右线首先完成穿越施工，左右线完成施工时间间距约为 3 个月，穿越施工平面图如图 7-54 所示。

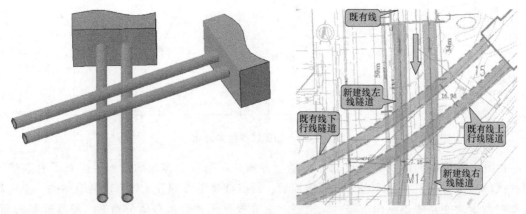

图 7-54　穿越工程

既有线盾构隧道外径 6m，管片厚度为 0.3m，两线间距为 10.98m，其中结构底板距离新建隧道顶板最近距离仅有 2m，如图 7-55 所示。根据地质条件勘探报告，新建隧道穿越地层主要为砂性土地层与粉质黏性土地层，施工下穿区间段有承压水层，水头标高为 21.6～25.9m，因此新建隧道施工开挖土层中含有地下水，土质稳定情况相对较差，开挖过程中对周围土岩层扰动较为明显。土层情况如图 7-56 所示。

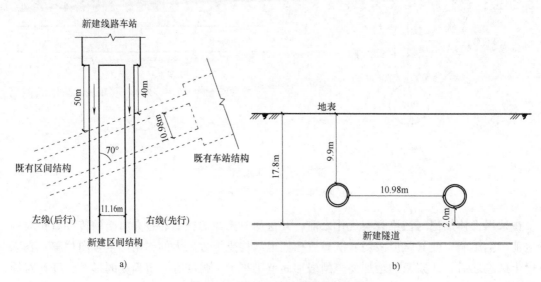

图 7-55　穿越工程俯视图及剖面图

a）俯视图　b）剖面图

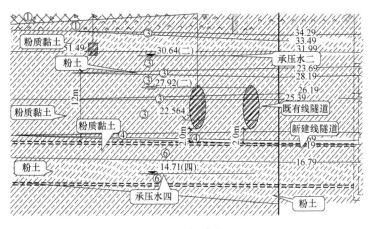

图7-56 场地土层

新建隧道双线距离与既有隧道双线距离较大，都接近2*D*，施工期间既有隧道结构之间影响较小，现选取新建隧道先行线（右线）下穿施工既有隧道下行线为研究对象，现场监测方式同样采取的是自动监测系统，测点布置如图7-57所示。

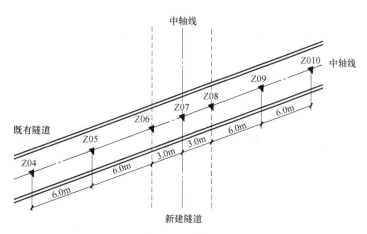

图7-57 测点布置

实际工程与模型试验对比方面，因为在空间位置上二者有些许区别（正交下穿与大角度70°下穿），但是对比下穿过程中模型试验与实际工程既有隧道竖向位移发展趋势与规律的共同点，可以验证模型试验数据的有效性，使其对今后的类似工程有一定的借鉴作用，数据对比如图7-58所示。

由图7-57可以看出，选取既有隧道轴线与新建隧道轴线交点处的测点Z07为研究对象，从新建隧道施工过程中既有结构位移发展情况来看，二者的发展趋势相同，即开挖过程中沉降不断发展，在新建隧道开挖至既有隧道下方时，沉降趋势最为明显，而在之后开挖面远离既有隧道过程中，沉降趋于稳定；沿既有隧道纵向看，试验与实测均体现出沉降槽的形式，最大沉降位置为二者轴线交点处。采取加固既有结构周围土体，提高两条隧道中间土体强度的措施可以有效控制既有结构变形，实测中既有结构最大形变为2.91mm，小于3.0mm，满足工程控制标准。

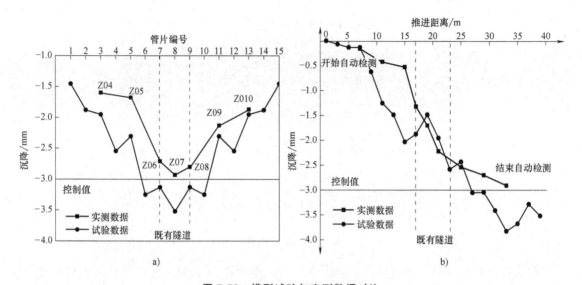

图 7-58　模型试验与实测数据对比

a) 既有隧道纵向沉降　b) 测点 Z07 沉降发展

　　模型试验与实测数据在数值大小上有一些差距，总结原因为仿真工况与实际工况稍有差距，且实际过程中土质不是均匀的，地下空间施工条件复杂多变。但是对比来看，模型试验与实测数据中既有结构的沉降发展趋势与沿既有结构纵向的沉降形式相同，采用合理的加固方式（优化注浆方案，加固中间土体，提高既有结构的周围土体强度等）可以有效地控制近接下穿施工过程中既有结构的形变位移。

■ 7.3　洞桩法施工对地表沉降的影响

7.3.1　工程概况

　　现场施工所处的环境对地铁车站施工影响很大，在研究地层变形中不可忽略。北京某新建地铁线的车站位于东西向和南北向道路的交叉口，为与既有线的换乘车站。车站附近环境较为复杂：西北象限有社区学校、社区和 15 层大厦，西南象限有居民区，东北象限有 17 层大厦和大学校园，东南象限有住宅楼及研究院等建筑，东西向路中有高架桥，道路红线宽 80m。南北向街道交通比较繁忙，人流车流量大。车站周边情况如图 7-59 所示。

　　本站为地下两层分离岛式车站，采用"洞桩法"施工，每侧为单跨拱形断面，车站右线主体长度 397.5m，左线主体长度 350.64m，分为双层段和断层段，双层段单侧断面宽度 13.6m，车站中心里程处左线轨顶绝对标高为 20.103m，右线轨顶绝对标高为 19.979m。

　　车站共设 5 座施工竖井。车站主体施工采用暗挖"洞柱法"，出入口采用明、暗挖结合的方法，车站平面示意图如图 7-60 所示。

　　车站主体结构主要位于粉质黏土④层、粉土 2 层、粉质黏土⑥层、中粗砂⑦1 层、粉细砂⑦2 层、卵石-圆砾⑦层，车站所处各地层的具体的物理力学参数见表 7-10。

本车站主要赋存有三层地下水，其类型具体为：上层滞水：含水层主要为粉土填土①层、粉土③层、粉质黏土③1层，水位标高为39.82～41.52m；层间潜水（一）：含水层岩性主要为卵石-圆砾⑦层、细中砂⑦1层、粉细砂⑦2层，水位标高为23.62～24.10m（位于中板以下2.67m，底板以上6.78m）；层间潜水（二）：含水层岩性为卵石-圆砾⑦层、细中砂⑦1层、粉细砂⑦2层、卵石⑨层等，水位标高为13.83～13.90m（位于底板以下2.97m），车站采用止水施工，保证开挖无水作业。

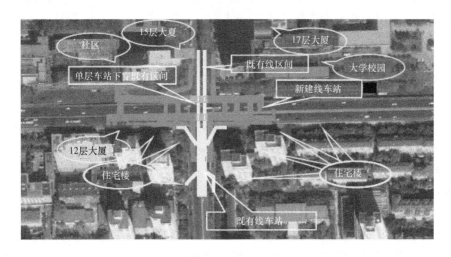

图7-59　和平西桥站站址平面俯视图

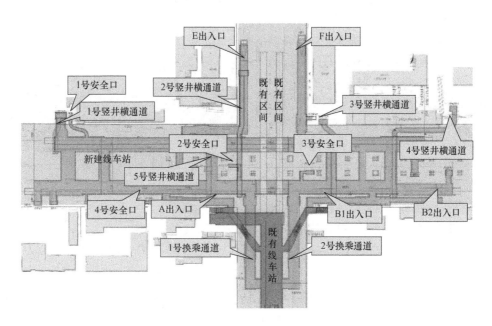

图7-60　车站平面示意图

本车站所处位置环境较为复杂，地下管线错综复杂，对开挖变形控制要求严格，有很大的施工难度。因此预测并找到合理的施工工序以及地表变形规律就成为本次工程的关键所在。

表 7-10　地层参数

名称	厚度/m	密度/(kg/m³)	弹性模量/MPa	泊松比	黏聚力/kPa	内摩擦角/(°)
人工填土	4.5	1980	5.6	0.30	11	12.5
粉质黏土④层	5.6	2020	11	0.30	25.3	12.57
粉土②层	6.8	1980	27.8	0.25	10	25
粉质黏土⑥层	5.9	2010	14	0.25	11	12.5
中粗砂⑦1层	7.8	2000	22	0.2	—	32
粉细砂⑦2层	9.6	2000	25	0.31	10	28
卵石-圆砾⑦层	13.8	2150	40	0.26	—	40

7.3.2　数值仿真

数值模型的建立的基本假定：各个土层为均质、各向同性的；不考虑降水对数值仿真的影响；用实体单元来代替初衬和二衬；不考虑土体物理力学参数在施工过程中的变化；忽略周围车辆行驶产生动载等因素的影响。

建模参数的选取：

1）本构模型参数选取。

2）地层参数。根据车站地质勘探资料，模拟各地层的物理力学参数，见表 7-10。

3）边界条件。采用施加约束的方法来确定模型的边界条件，具体为：在 X 方向模型两侧设置水平约束，在模型下面设置位移约束，在 Y 方向模型前后设置位移约束，模型上方边界不设约束。

4）模型尺寸。车站右线主体长度 397.5m，左线主体长度 350.64m，双层段单侧断面宽度 13.6m，车站高 18.55m，车站底板埋深约 26.86m，对小导洞从左到右依次编号 1~4。一般隧道开挖影响范围为开挖洞径的 3~5 倍，同时为了避免边界效应对开挖的影响，确定本次模型的尺寸为：横向长度 120m×纵向长度 60m×高 80m，建立整体模型（见图 7-61），最终所得到的模型有网格单元 107520 个和节点 125032 个。本次仿真车站主体标准断面监测布点见图 7-62 所示。

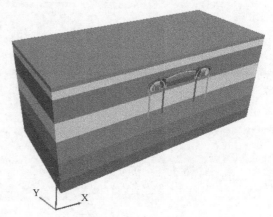

图 7-61　FLAC³ᴰ 模型

车站主体施工仿真分析如下：由 7.2 节可知，当选取方案二进行导洞施工时，对地表影响最小。因此，本节对车站主体施工仿真采用导洞施工方案二（导洞开挖先边后中，错距 15m）来进行仿真分析。由于在 7.2 节导洞不同施工方案仿真中已对导洞施工进行了仿真分析，因此本小节将不再单独对导洞工序进行仿真，直接取结果进行应用。

1. 桩拱施工对地表沉降影响分析

在地铁车站洞桩法施工过程中，除了小导洞施工是一大重要工序外，桩拱施工是洞桩法

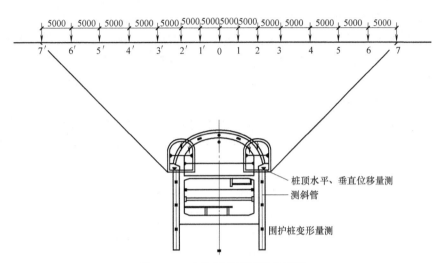

图 7-62 主体标准断面监控量测

施工中的又一重要工序，对地层变形有十分重要的影响，为了更加全面地了解本次桩拱施工对地层的影响，同时为了使仿真结果更加准确，依据现场施工步序来进行仿真计算，得到地层变化规律。仿真过程中的模型图和沉降云图如图 7-63 和图 7-64 所示。

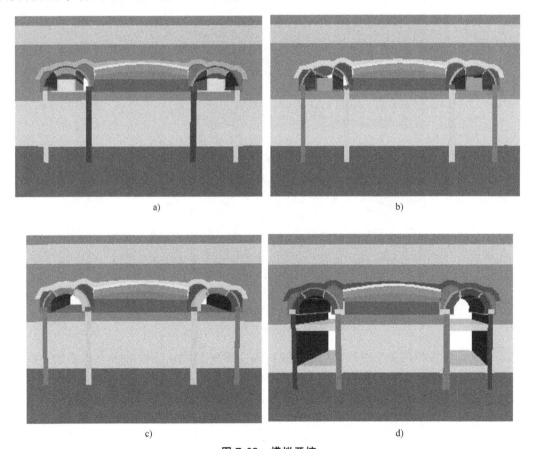

图 7-63 模拟开挖

a）打桩回填 b）扣拱初衬 c）扣拱二衬 d）车站完成

由图 7-64 可以得到，在打桩和回填阶段，地层产生的沉降量很小，主要是由于在此阶段，没有像导洞施工那样对土体进行大量开挖，土体开挖量很小，对地层产生的扰动较小，使地层产生少量变形。在回填过程中由于填充物的自身重力也使地层产生了少量变形；在打桩施工阶段，由于桩体施工过程会对周围土体产生挤压，使周围土体发生一部分隆起。在打桩和回填施工结束后，地表最大沉降为 19.58mm。

由图 7-64 可以看到，开挖扣拱阶段开始，土体开始大范围开挖，对地层扰动加大，导致地层变形迅速变大，沉降速率较桩体施工阶段明显加大，且沉降值增大明显。扣拱施工完成后，地表最大沉降值超过了 30mm，由于扣拱施工使中间土体应力得到释放，产生隆起。

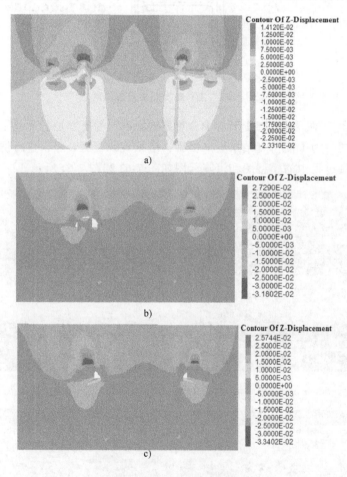

图 7-64　模拟开挖地层沉降云图

a）打桩回填　b）扣拱初衬　c）扣拱二衬

图 7-65 为打桩扣拱施工阶段引起地表的沉降变形曲线。通过图 7-65 可以看出，在扣拱阶段沉降速率要远大于打桩施工阶段，地表沉降值和沉降范围迅速变大，扣拱完成后，最大沉降值达到了 29.34mm。所以在此过程中要严格按照施工工艺进行施工，加强监测。

图 7-66 为不同施工阶段地表沉降曲线对比图。从图 7-66 上可以得到，不同施工阶段引起的地表沉降槽是沿车站中心线的对称图形，整个沉降槽形状不是单一的 peck 曲线，而是呈现 W 形，主要是车站左右两个开挖范围相距一定距离，虽然在开挖过程中产生了一定的

叠加，但由于距离相对较远，所以最终形成了 W 形沉降槽。同时可以看出，在开挖土体上方地表沉降要大于两侧，在导洞施工结束后，最大地表沉降为 17.68mm，主要影响范围在轴线 20m 范围内，超过 20m 范围后，沉降会迅速减小。在打桩和导洞回填施工阶段，地层变形不会像导洞施工阶段那样迅速变大，由于此阶段土体开挖范围较小，产生的沉降量很小，最终沉降为 19.58mm。在扣拱施工阶段，由于需要对导洞初支进行相应拆除，使围岩受到扰动，同时伴随着部分土体开挖，会产生相应的临空面，导致地表变形迅速变大，影响范围也随之增大，主要影响范围在隧道轴线左右 20~30m，扣拱施工结束后，地表最大沉降值为 29.34mm。

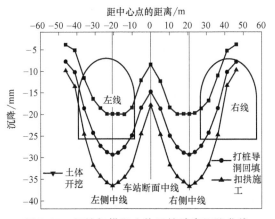

图 7-65　打桩扣拱和土体开挖地表沉降曲线

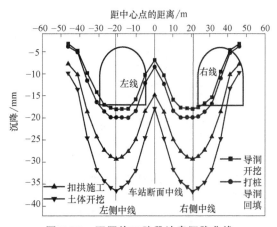

图 7-66　不同施工阶段地表沉降曲线

图 7-67 为监测点 DB-20-08 随日期的沉降变化曲线图，由图可以看出，在前期导洞施工阶段沉降速率变化较大，沉降迅速增大，导洞施工完成后，沉降值达到了 20mm。在桩体施工阶段沉降变化很小，没有大范围的变化，当扣拱施工时，沉降速率又迅速增大，沉降值也进一步加大，最终沉降值超过了 35mm。

图 7-68 为各个施工工况在地表沉降中所占比例，由图可以明显地看出，在导洞施工阶段产生的沉降占总沉降的 46.79%，沉降变形较大；在桩体施工和导洞回填阶段地表沉降变形较少，占总沉降的 4.08%；在扣拱阶

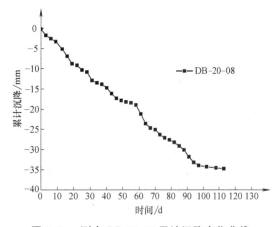

图 7-67　测点 DB-20-08 累计沉降变化曲线

段产生的地表沉降仅次于导洞施工阶段，占总沉降的 29.03%；在土体施工过程中产生的地表沉降占总沉降的 20.10%。所以在洞桩法施工过程中，小导洞施工和扣拱是两个重要施工工序，对地表变形产生影响较大，应重点关注，合理安排施工步序，并在施工过程中加强监测，严格控制地表变形，保障施工的顺利进行。

2. 边桩的位移分析

边桩在洞桩法施工过程中起到了重要的支护作用，边桩的稳定对整个施工安全有不可忽

视的作用，因此根据现场施工工序，分析边桩在各个施工阶段的位移变化。由于和平西桥站为分离式车站结构，左右对称，本次选取左侧车站部分来进行研究分析，将所得到的结果绘制成变形曲线图如图7-69所示。

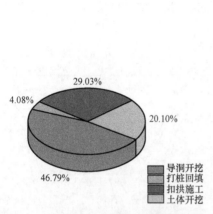

图7-68 不同工况在地表沉降中所占比例

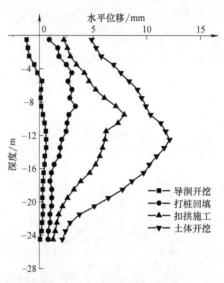

图7-69 边桩水平位移曲线

通过边桩位移曲线图可以看出，在桩体打入和回填完成后，桩体位移变化很小，出现了负向的位移，主要是由于此时土体还未进行大量开挖，冠梁和回填的材料会产生一个自重，由于自重的存在，对桩顶有一个侧向分量从而导致桩体上部产生负向位移，但数值很小。在扣拱第一阶段施工后，桩、冠梁和拱开始成为一个整体，由于土体开挖导致桩体产生水平位移，最大位移为3.34mm，位于桩体中上部位。扣拱第二阶段开始后，土体开挖量增大，桩体位移逐渐变大，最大位移所处位置也逐渐向下移动，约为7.92mm。土体开挖后，随着大量土体被开挖，桩体位移迅速增大，最终水平位移为12.32mm，所处位置偏向于桩体中部，所以在扣拱二衬和土体开挖阶段要加强监测，及时掌握桩体位移变化情况。

3. 左线右线不同间距的影响

本次现场施工中，车站左右两线隧道间距约为2D（D为单个洞室直径），间距对地表沉降影响较大，为了更好地研究隧道间距的不同对地表沉降的影响，在原有工况的基础上，研究隧道间距分别为0.5D、D、1.5D、2D四种情况下地表变化规律，模型示意图如图7-70所示。选取Y=0断面进行分析，将所得到的数据绘制成沉降变化曲线图如图7-71所示。

通过图7-71可以得出以下结论：

1）左右两线间距的大小对地表沉降影响较大。当两线净距为0.5D时，产生的地表沉降值最大，最大值达到了50.25mm，沉降槽宽度最小，沉降槽只出现一个峰值，为单峰曲线，峰值出现在整个车站中线上；当两线净距为D时，地表最大沉降值有所减小但沉降槽宽度有所增大，最大沉降值约为44.23mm，处于车站中心处；当两线净距为1.5D时，沉降槽宽度继续扩大，沉降槽曲线由最初的单峰形式慢慢向双峰转化，出现双峰，最大沉降值不再处于隧道中线位置，分别位于左右两侧，左侧车站最大沉降值约为40.57mm，右侧车站最大沉降值约为40.13mm；当两线净距为2D时，车站中线处的地表沉降继续减小，沉降槽宽度向外继续扩展，此时左右两线距离较大，出现两个明显的双峰，最大沉降值位于车站左右两侧，左侧约为36.54mm，右侧约为36.72mm。

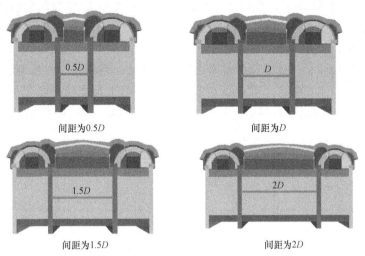

间距为0.5D　　　　　　　　　　　间距为D

间距为1.5D　　　　　　　　　　　间距为2D

图7-70　不同间距模型

2）随着车站左右两线间距的增加，地表沉降值逐渐减小，二者成反比关系，但沉降槽范围逐渐增大，二者成正比关系。当左右两线间距较小，小于1.5D时，车站施工叠加效应明显，地表沉降最大值基本上位于车站中线位置，沉降曲线为单峰。当车站间距增大，左右两线间距超过1.5D时，由于距离较大，使群洞效应减弱，地表沉降变形曲线不再以单峰形式出现，开始出现双峰，最大沉降值分别位于左右两线上方，间距越大，双峰越明显，当间距超过一定距离时，群洞效应会基本消失。

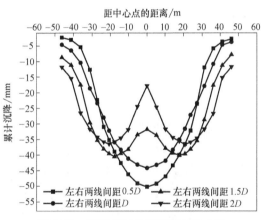

图7-71　不同间距地表横向沉降曲线

3）主要影响范围在车站开挖左右30m范围内，在此范围内，随着施工的进行，沉降速率变化较快，沉降值较大。超过30m后，沉降速率迅速减小，最终趋于稳定，所以在此影响范围较大的区域内要加强监测，保证安全。

由以上分析可知，车站左右两线间距的大小对群洞叠加效应影响较大，随着间距的增加，群洞效应在逐渐减弱，沉降值也随之减小，沉降槽曲线也逐渐由单峰变为双峰形式。因此在现场施工和设计要求允许的情况下，可以在一定范围内尽量加大左右两线的间距，减弱车站施工过程中的群洞效应，控制地表变形，减少因群洞效应产生的施工风险。

7.3.3　现场结果对比

现场监测在实际施工过程中意义重大，是施工过程中的眼睛。为了使洞桩法施工对地表沉降的影响研究更加接近现场工程，结合现场实测数据进行总结分析，将现场实测数据通过 Peck 经验公式进行拟合，得到关于现场施工沉降预测的经验公式，并将前面所得到的理论结果和仿真结果与实测以及 Peck 经验得到的经验值进行对比，分析各个结果之间的差异，从而得到地表变形规律，对现场施工产生的地表沉降进行预测，为类似工程施工提供借鉴。

现场监测是施工过程中必不可少的一环，可以视为施工中的眼睛，本书重点监测地表变形位移和导洞拱顶位移，通过分析各监测点的位移变化，得到施工引起地层的变化规律。

根据设计施工方案和实际工程概况以及测量规范来对地表横断面监测点进行布置，如图 7-72 所示，监测基准点布置如图 7-72 所示，地表测点埋设如图 7-73 所示。

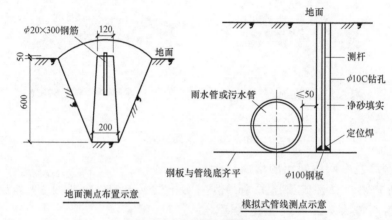

图 7-72　监测基准点布置

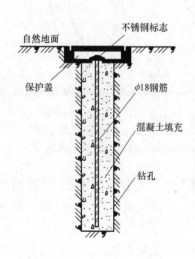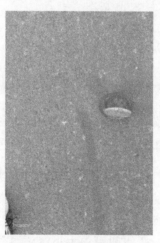

图 7-73　地表测点埋设

结合现场施工进度确定合理的监测频率，同时依据设计文件要求，各监测项目控制标准见表 7-11。

由于车站现场工程概况比较复杂，综合分析，现场采用导洞开挖，先中后边，错距 15m 的工法进行施工。将现场各地表监测点累计沉降值绘制出曲线图如图 7-74 所示。

由图 7-74 可知，现场地表沉降曲线整体呈现一个 W 形，左右两侧基本对称。就车站一侧而言，在导洞施工阶段，最大沉降值没有位于车站中线处，而两导洞中线上方对应的地表沉降值最大，导洞施工完成后，沉降最大值为 20.42mm；在打桩和导洞回填阶段，没有对土体进行大量开挖，沉降变形较小；在扣拱阶段，沉降迅速变大，影响范围也逐渐增大，扣拱施工完成后，最大沉降值为 32.75mm，沉降槽基本上为 peck 曲线，但关于中线并不完全对称，主要是因为工程地质参数有一定的不确定性和布点误差等因素的影响。通过沉降值可以看出，在洞桩法施工过程中，导洞和扣拱两个阶段对地表沉降影响最大，在现场施工过程中应合理选择施工工序，加强监测，保障施工的安全进行。

表 7-11　监测点控制标准

监测项目	设计控制值范围		监测频率和周期
	累计值 /（mm/kN）	变化速率 /（mm/d）	B 为开挖面宽度，L 为开挖面距监测断面的距离
拱顶沉降	30	2	开挖面前方： $2B<L\leqslant 5B$，1 次/2 天； $L\leqslant 2B$，1 次/天；
净空收敛	20	1	开挖面后方： $L\leqslant B$，1~2 次/天； $B<L\leqslant 2B$，1 次/天；
地表沉降	30	2	$2B<L\leqslant 5B$，1 次/2 天； $L>5B$，1 次/7 天； 基本稳定后，1 次/月

图 7-75 为监测点 DB-20-08 的累计沉降曲线，通过图可以得到，在施工前期小导洞开挖阶段沉降变化较大，沉降值接近 20mm。在导洞施工结束后，沉降速率变缓，沉降值变化很小。在扣拱施工开始后，沉降速率又迅速变大，沉降值也进一步变大，最大沉降值约为 38.32mm。

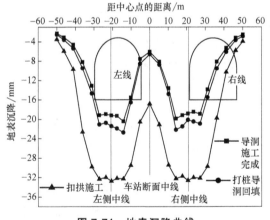

图 7-74　地表沉降曲线

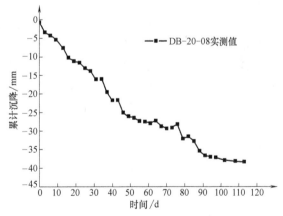

图 7-75　监测点 DB-20-08 累计沉降曲线

将洞桩法施工各个阶段引起的地表沉降监测数据与前面理论和仿真所得到的数据进行对比，理论和仿真过程中设置的监测点与现场监测布置点保持一致，取 $Y=0$ 面进行分析，如图 7-76 和图 7-77 所示。

通过图 7-76 和图 7-77 可以得到，在导洞施工阶段，理论计算得到的地表最大沉降量为 18.34mm，仿真产生的最大值为 17.68mm，实测值为 20.42mm，拟合值为 18.95mm。在两小导洞开挖时产生的叠加，由于两洞洞距较小，叠加效应明显，最终形成一个峰值，最大值基本位于隧道中线处，沉降影响范围主要在距隧道中线20m内，超过20m后，地表沉降变化速率迅速减小，产生的沉降值小于4mm。在扣拱阶段，通过理论计算得到的地表沉降值最大为31.37mm，仿真值为29.34mm，实测值为32.75mm，拟合值为33.01mm。由图7-77可以看出，扣拱施工完成后，车站地表沉降槽曲线不再像导洞施工阶段只有一个峰值，而是出现了两个峰值。这是因为车站为分离式结构，左线和右线相距较远，群洞效应叠加相对较弱，所以最终出现两个峰值，分别处于车站左线和右线中线上，沉降主要发生在车站左右隧道中心线30m范围内。

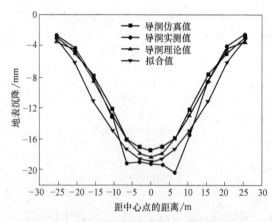

图7-76　导洞开挖理论和模拟与实测数据对比　　图7-77　扣拱施工理论和仿真与实测数据对比

由曲线对比图可以看出，理论值和仿真值要小于实测值，这其中的影响因素有很多，包括现场施工环境比较复杂，处于闹市，现场车流量较大，除此之外，在施工过程中，部分地层可能存在夹层，这些在仿真过程中没有考虑。地层不是均质地层，部分地层存在夹层现场，加上现场施工中可能会由于没有及时支护、及时注浆、超挖现象以及测量中的误差等因素的影响最终导致现场监测值偏大。但整体来看，不管是导洞开挖还是扣拱施工在产生地表沉降方面，理论值、仿真值和实测值，三者在变形趋势方面基本保持一致，变化规律基本相同。因此，可以通过理论分析和仿真计算的方法，来对施工引起的地表变形进行预测，为现场工程提供借鉴，保证施工的顺利进行。

为了更加准确地得到隧道洞距不同对地表沉降叠加效应的影响，将上面理论和仿真所得到的结果进行对比分析，将两个结果绘制成沉降曲线图，如图7-78所示。

由图7-78可以得到以下结论：

1）当洞距为0.5D时，隧道施工叠加效应明显，沉降曲线出现一个最大值，二者变化趋势基本相同，仿真最大值为50.25mm，理论值为59.05mm；当洞距为D时，群洞叠加效应有所减弱，此时产生的地表最大沉降值要小于洞距为0.5D时产生的沉降值，仿真产生最大值为44.23mm，理论值为46.29mm，此时理论沉降曲线槽宽度要大于模拟沉降曲线槽，曲线形式有单峰向双峰转化的趋势，最大值开始向左右隧道中心线方向移动；当洞距为1.5D时，仿真和理论沉降曲线均为双峰型，仿真产生的地表沉降最大值为40.57mm，理论值为42.11mm；当洞距为2D时，理论和仿真沉降曲线双峰效果明显，地表最大沉降值基本位于左右隧道中线上，模拟最大值为36.73mm，理论值为40.99mm。

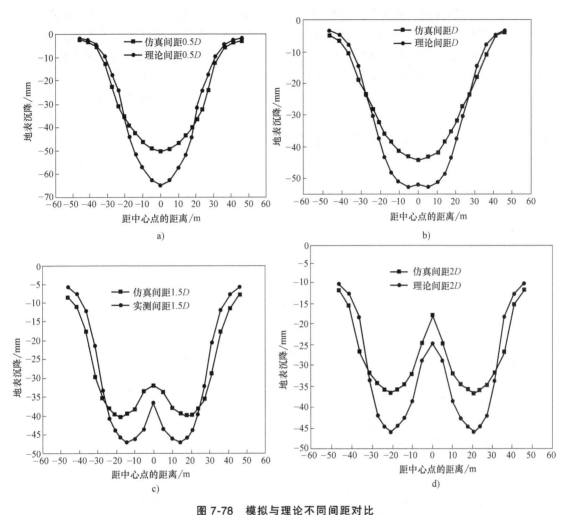

图 7-78 模拟与理论不同间距对比

a) 左右线间距 0.5D b) 左右线间距 D c) 左右线间距 1.5D d) 左右线间距 2D

2) 随着洞距的增加,群洞叠加效应逐渐减弱,产生的地表沉降值逐渐减小,当洞距超过 D 时,沉降曲线开始由单峰形式向双峰形式转化,当洞距增加到 2D 时群洞效应最弱,出现的双峰形式最明显。随着洞距的增加,产生的地表最大沉降值由车站中心逐渐向左右隧道中线位置移动,沉降槽宽度也在逐渐变大。理论计算所得到的最大沉降值要略大于仿真值,但二者变化规律基本相同。

为了更直观地研究施工对地表变形的影响,取点 DB-20-08 在施工过程中仿真与实测的累计变化值进行对比,绘制出沉降变化曲线图如图 7-79 所示。

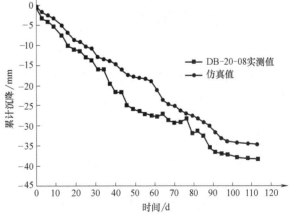

图 7-79 地表累计沉降曲线对比

从图 7-79 可以看出，在开始施工的一段时间内沉降变化值较小，主要是在开始施工时会对围岩产生扰动发生变形，但不能立刻传到地表，需要一定的时间才能传到地表，有一个时间效应，所以在这段时间内地表沉降值变化较小。仿真和实测沉降变化情况基本相同，在导洞施工和扣拱阶段沉降变化最大，打桩和回填阶段沉降变化较小，所以在导洞和扣拱施工阶段，要加强监测，及时做好支护，严格控制施工变形，确保施工的稳定进行。

■ 7.4 地铁暗挖施工对邻近建筑物的影响

7.4.1 工程概况

贵阳市某地铁区间线路呈南—北走向，里程为 K16+214～K17+149，区间全长 935m，采用台阶法施工。土层从上往下依次为素填土、红黏土及灰岩，隧道主要穿越灰岩及残积红黏土，Ⅲ级围岩长 82.4m，Ⅳ级围岩长 159m、Ⅴ级围岩长 694.8m。

建筑物与隧道位置关系如图 7-80 所示，隧道下穿建筑物描述如下：

1）K16+885～K16+935 段西侧为某教育幼儿园，为框架结构，采用桩基础，基础位于隧道范围之外。

2）K16+743～K16+773 处下穿某建筑工棚（妇女儿童活动中心），空心砖砌成，且年代已久，隧道正线下穿此处。

3）K16+340～K16+400 处下穿数栋破旧民房，普通的砖砌结构，目前已经拆除。

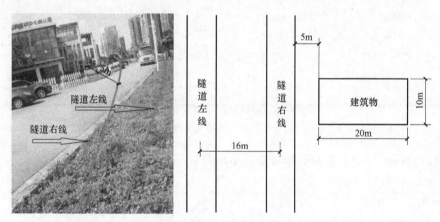

图 7-80 建筑物与隧道位置关系

该暗挖区间以Ⅴ级围岩为主，穿越多处溶蚀破碎带、软弱红黏土层、地下溶洞，地质条件复杂，地下水含量丰富，且基岩为强可溶岩，岩溶发育强烈，部分溶洞较大，地下水位较浅，施工风险大（见图 7-81）。本标段区间土石方开挖过程中控制突水、突泥、塌陷等地质灾害的发生是施工的控制难点，其不良地质状况主要有：

施工场地东边大约 1.5km 处为某湖泊，现场勘察阶段湖中的水位约为 1273m，多年来水位最高约为 1277m，施工场地向西约 0.6km 是某水库，湖的水位是 1270m 左右；在调查过程中，施工区域西侧 4.0km 是另一湖，湖的水位约 1260m。在勘察过程中区间 YCK17+001～YCK17+101 段往西有一个基坑当中一直存在积水，其水面的高程约为 1276m。向南

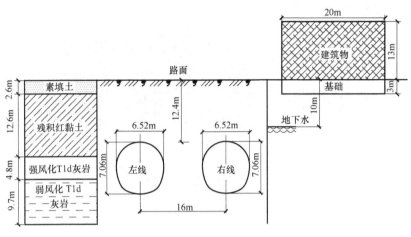

图 7-81 隧道剖面

301m 位置处存在一个裸露的泉眼，其出露的标高为 1281m，在水量较少时流量为 0.11L/s。

施工区域内的地下水主要有孔隙水和溶洞裂隙内存的水，底层内含水量较为丰富（图 7-131）。由于第四系覆盖层地层较为松散，颗粒级配较为明显，受到雨水作用较为明显，表面经常会因为雨水而聚水。同时，由于地层内的岩石主要为碳酸盐岩石，裂隙中经常会保存大量的裂隙水，经过雨水作用经常予以补充。

钻探结果表明，区域地下水埋深约 10m，海拔为 1275~1280m，高于轨道的地板 11~14m。现场的勘察报告表明施工区间内地下水位于地面以下 8~12m 范围内，高程为 1274~1281m，由于地下水的流动方向主要是沿着岩溶裂隙和洞穴最终流向水库和场地东边的湖泊。

诚观区间岩土层参数见表 7-12。

表 7-12 土层参数

名称	厚度 /m	密度 /(kg/m³)	内摩擦角 /(°)	黏聚力 /kPa	泊松比	弹性模量 /MPa	渗透系数 /(cm/s)
素填土	2.62	1700	15	0	0.33	2.46	2.12×10^{-4}
残积红黏土	12.63	1660	4	42	0.26	12.31	3.83×10^{-5}
强风化灰岩	4.84	2620	30	2087	0.23	7592.61	2.32×10^{-6}
弱风化灰岩	9.75	2670	42	5425	0.24	6704.42	5.34×10^{-6}
建筑物		2700			0.20	30000	

7.4.2 数值仿真

所建模型的范围选自该地铁区间里程 K16+885~K16+935 段，区间内右线侧穿幼儿园教学楼。模型沿着开挖方向长为 50m，模型高度为 42.41m，建筑物高度为 13m，基础埋深 3m，建筑物长和宽分别为 20m、10m，模型横向宽度为 40.04m，左右隧道中线的距离为 16m，建筑物离隧道右线最小水平距离为 5m，拱顶距离地面 12.4m。隧道采用台阶法开挖，台阶进尺一次 1m，初衬厚度 70mm，二衬厚度 300mm（见图 7-82）。

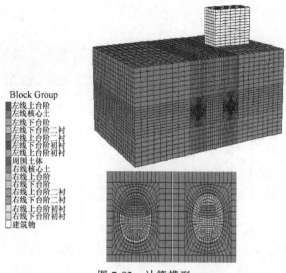

图 7-82　计算模型

在模拟过程中的监测点除了布置实测的监测点（见图 7-83）外，在建筑物的顶部分别布置 J13、J14、J15、J16 四个监测点（见图 7-84）。

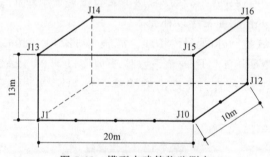

图 7-83　模型中建筑物监测点

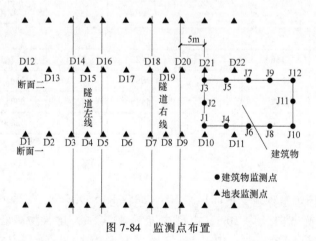

图 7-84　监测点布置

工程中本区间隧道穿越的土层状况自上而下为素填土、残积红黏土、强风化灰岩、弱风化灰岩。各土层物理力学参数和建筑物参数见表 7-12。

7.4.3 结果分析

1. 沉降

整个仿真过程中，自模型自重平衡后开挖计算，至最终两隧道都在此区段开挖完成，计算过程中建筑物监测点的沉降值见表 7-13。建筑物左端最终沉降最大约为 9.87mm，右端隆起量最大为 1.13mm，且处于距隧道中心距离一样的平面上的测点最终沉降量相近（见图 7-85）。

表 7-13 建筑物监测点仿真数据 （单位：mm）

步数/万	J1	J3	J6	J7	J10	J12
0	0	0	0	0	0	0
0.5	−0.17	−0.12	−0.05	−0.03	0.08	0.04
1	−0.46	−0.41	−0.08	−0.06	0.21	0.16
1.5	−0.91	−0.82	−0.21	−0.18	0.29	0.23
2	−1.61	−1.34	−0.57	−0.48	0.45	0.35
2.5	−2.44	−2.04	−0.89	−0.76	0.52	0.46
3	−3.69	−3.35	−1.22	−0.86	0.59	0.53
3.5	−4.52	−4.13	−1.69	−1.34	0.63	0.61
4	−6.01	−5.36	−2.03	−1.72	0.72	0.66
4.5	−7.11	−6.58	−2.47	−2.04	0.70	0.70
5	−7.85	−7.24	−2.86	−2.46	0.78	0.76
5.5	−8.24	−7.85	−3.21	−2.93	0.87	0.79
6	−8.59	−8.12	−3.43	−3.14	0.85	0.83
6.5	−8.87	−8.65	−3.52	−3.27	0.89	0.88
7	−9.23	−8.91	−3.64	−3.41	0.96	0.89
8	−9.65	−9.41	−3.78	−3.54	1.04	0.91
9	−9.74	−9.52	−3.85	−3.63	1.11	0.94
10	−9.87	−9.69	−3.92	−3.71	1.13	0.96

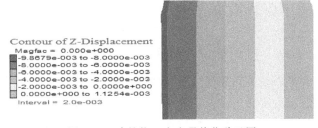

图 7-85 建筑物 Z 方向最终位移云图

由图 7-86 可知，建筑物最左端最终沉降最大，中间的测点沉降居中，而最右端的测点发生了轻微的隆起。在开挖至 2 万步时即右线隧道大约开挖至 20m，建筑物沉降量较小，且变化速率不大，为缓慢沉降阶段；在开挖至 8 万步时，此时右线贯通，左线开挖至 30m，在这段过程中建筑物沉降速率较大，为快速沉降阶段；在开挖至 10 万步时左线贯通，这段过程中建筑物沉降变化不大，为后期稳定阶段。

2. 建筑物 *X* 方向位移

由图 7-87 和图 7-88 可知，建筑物的横向位移在前两步变化较小，在第三步至第五步变化较大，最后两步基本趋于稳定，中间三步的变形量占据最终变形量的 80%。由于 J13 在建筑物顶部布置，横向变形较大，最大变形量为 12.24mm；J1 在建筑物底部发生的横向变形较小，最大变形量为 6.68mm；两个监测点在横向的最终位移差为 5.56mm。建筑物长 20m、高 13m，此位移差在允许的变形范围内，故建筑物稳定。

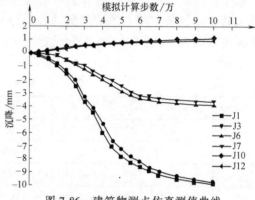

图 7-86　建筑物测点仿真测值曲线

图 7-87　建筑物 *X* 方向最终位移云图

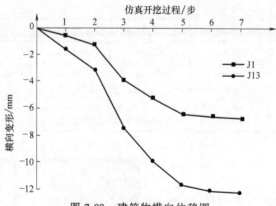

图 7-88　建筑物横向位移图

将先开挖右线后开挖左线并对地面进行预注浆加固的仿真过程定为工况一；以没有对地面进行预注浆的仿真过程为工况二；以先开挖左线后开挖右线，其他和工况一相同的仿真过程为工况三；工况二和工况三的具体开挖过程也分为七步，和工况一相同。

（1）工况一和工况二对比　在工况二的情况下模型计算完成后最终变形云图如图 7-89~图 7-91 所示。

在不同工况下监测点 J1 和 J13 在横向的变形曲线如图 7-92 所示。

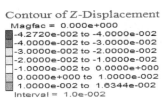

图 7-89 工况二开挖完后整体变形云图

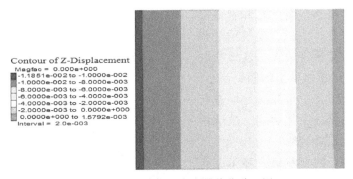

图 7-90 建筑物 Z 方向最终位移云图

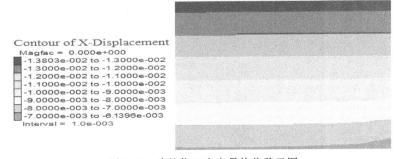

图 7-91 建筑物 X 方向最终位移云图

由图 7-92 可知，在工况二的情况下，建筑物横向位移的情况为：第一、二步刚开挖时建筑物原有平衡开始受到扰动破坏，横向变形较小；在第三步至第五步的开挖过程中，建筑物横向变形较大且速率较快，此阶段的变形量约占最终变形量的 80%；在最后的两步开挖过程中，建筑物逐渐稳定，位移变化很小，基本保持稳定。整个过程 J1 的最大变形量为 7.33mm，J13 的最大变形量为 13.81mm，横向差值为 6.48mm，建筑物倾斜程度较

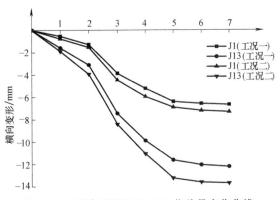

图 7-92 不同工况下 J1、J13 位移量变化曲线

大；而工况一的情况下横向差值为 5.56mm，且建筑物顶部横向位移较小，故用工况一的开挖方法会使建筑物更加稳定。

在不同工况下，建筑物 J1~J10 断面上的五个监测点的最终沉降量如表 7-14 和图 7-93 所示。

表 7-14　不同工况下建筑物测点沉降值

监测点	J1	J4	J6	J8	J10
工况一/mm	-9.87	-6.37	-3.92	-1.13	1.13
工况二/mm	-11.34	-7.83	-4.46	-0.81	1.56

可以明显看出相比工况一，工况二的情况下所引起的建筑物左端沉降和右端隆起更大，沉降量加大约 2mm，建筑物变得更加倾斜，稳定性受损害较大。建筑物在工况一下更加稳定，总体发生的倾斜更小。由仿真反映在实际工程中可知对地面进行预注浆会使建筑物最终更加稳定，故选用工况一的开挖方式更加合理。

（2）工况一和工况三对比　在工况三的情况下模型计算完成后最终变形云图如图 7-94~图 7-96 所示。

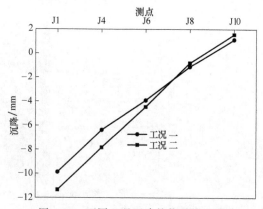
图 7-93　不同工况下建筑物最终沉降

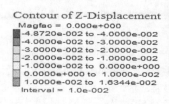
图 7-94　工况三开挖完后整体变形云图

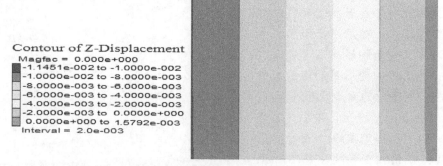
图 7-95　建筑物 Z 方向最终位移云图

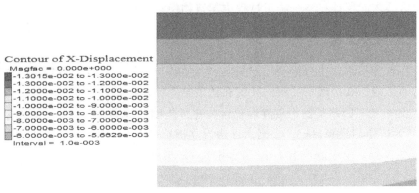

图 7-96　建筑物 X 方向最终位移云图

在不同工况下监测点 J1 和 J13 在横向的变形曲线如图 7-97 所示。

由图 7-97 可知，在工况三的情况下，整个过程 J1 的最大横向变形量为 7.13mm，J13 的最大横向变形量为 12.81mm，而工况一的情况下 J1 的最大变形量为 6.68mm，J13 的最大变形量为 12.24mm。工况三下建筑物的水平位移更大，说明隧道开挖过程中先开挖左线后开挖右线会使建筑物的横向变形量加大，即建筑物倾斜更大。

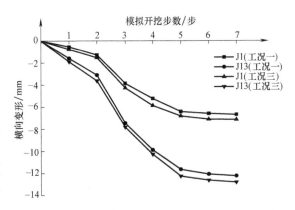

图 7-97　不同工况下 J1、J13 位移量变化曲线

在不同工况下，建筑物 J1～J10 断面上的五个监测点的最终沉降量如图 7-98 和表 7-15 所示。

表 7-15　不同工况下建筑物测点沉降值

监测点	J1	J4	J6	J8	J10
工况一/mm	-9.87	-6.37	-3.92	-1.13	1.13
工况三/mm	-11.06	-7.51	-4.36	-0.81	1.46

可以明显看出相比工况一，工况三情况下所引起的建筑物左端沉降和右端隆起更大；建筑物在工况一下更加稳定，总体发生的倾斜更小。易知隧道施工顺序不同对建筑物的水平位移产生不同的影响，先开挖右线后开挖左线使建筑物的水平位移量更小，建筑物更加稳定，故施工过程中应先开挖右线后开挖左线。

通过三种工况之间的对比可知，地表和建筑物的沉降受到开挖顺序影响，在岩溶富水地层中下穿建筑物应对建筑物提前做好预

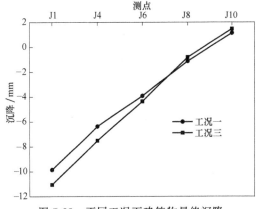

图 7-98　不同工况下建筑物最终沉降

注浆措施，这样才能保证在整个施工过程中建筑物保持稳定。

7.4.4 现场结果对比

本书中将现场实测法作为重要的方法之一，使其与其他方法相结合共同探索隧道开挖对邻近建筑物的影响，其中现场实测的数据和结果更有针对性和真实性。

（1）监测布置 因建筑物距离隧道较近，在建筑物一周共布设 12 个监测点，相邻测点间距为 5m。为方便测量和保护，在测点周边设立提示牌。

（2）监测仪器 电子水准仪（配套水准尺），型号为 DINI03。

（3）监测点埋设 建筑物测点为大直径短钢筋打入建筑。在打入后用混凝土固定，以保证其不移动、不丢失。

在建筑物上布设 12 个测点分别为 J1、J2、J3、J4、J5、J6、J7、J8、J9、J10、J11、J12，在垂直隧道走向和平行隧道走向的方向上，测点的间距为 5m（见图 7-99）。

表 7-16 列出了 J1、J3、J6、J7、J10、J12 随时间变化的累计沉降量。

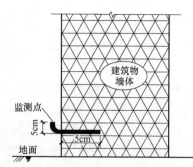

图 7-99 测点布置

表 7-16 现场实测各点累计沉降量
（单位：mm）

日期	J1	J3	J6	J7	J10	J12
2016 年 11 月 1 日	0	0	0	0	0	0
2016 年 11 月 6 日	-0.21	-0.16	-0.04	-0.03	0.15	0.12
2016 年 11 月 11 日	-0.51	-0.42	-0.12	-0.08	0.21	0.16
2016 年 11 月 16 日	-0.96	-0.76	-0.29	-0.24	0.34	0.25
2016 年 11 月 21 日	-1.61	-1.32	-0.54	-0.43	0.45	0.33
2016 年 11 月 26 日	-3.04	-2.62	-0.85	-0.62	0.52	0.42
2016 年 12 月 1 日	-5.12	-4.65	-1.42	-0.89	0.61	0.51
2016 年 12 月 6 日	-8.32	-6.87	-2.38	-1.78	0.65	0.61
2016 年 12 月 11 日	-10.21	-8.96	-4.24	-2.86	0.71	0.65
2016 年 12 月 16 日	-11.65	-10.03	-5.36	-4.23	0.77	0.72
2016 年 12 月 21 日	-12.42	-10.74	-6.48	-5.43	0.81	0.76
2016 年 12 月 26 日	-13.34	-11.56	-7.26	-6.11	0.86	0.81
2016 年 12 月 31 日	-13.96	-12.36	-7.59	-7.06	0.88	0.83
2017 年 1 月 5 日	-14.21	-12.98	-8.13	-7.85	0.91	0.88
2017 年 1 月 10 日	-14.56	-13.75	-8.37	-8.13	0.95	0.90
2017 年 1 月 15 日	-14.65	-13.96	-8.51	-8.21	0.98	0.93
2017 年 1 月 20 日	-14.72	-14.23	-8.59	-8.47	1.01	0.94
2017 年 1 月 25 日	-14.78	-14.42	-8.65	-8.53	1.04	0.95

由图 7-100 可知，隧道开挖接近监测点的过程中，隧道开挖进度每天大约为 2 榀（每榀 0.5m），每天大约进尺 1m，首先建筑物会出现缓慢的沉降，靠近隧道一侧沉降量最大为 1.78mm。在开挖第 15 天时，建筑物开始快速沉降。在开挖到 60 天后，沉降趋于稳定，最大沉降值为 14.78mm，最小沉降值为 1.04mm。隧道掌子面开挖到达建筑物下方之前，须确保建筑物稳定，用小导管超前注浆加固，由于注浆的原因，建筑物在前 15 天沉降

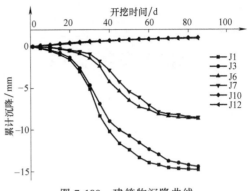

图 7-100　建筑物沉降曲线

不大。由图 7-100 还可以看出位于隧道右侧 5m 处的 J1、J3 发生轻微沉降量，平均下沉 0.42mm；位于隧道右侧 15m 处的 J6、J7 基本保持稳定，不发生沉降；位于隧道最右端的建筑物监测点 J11、J13 发生轻微隆起，平均约为 0.2mm。

表 7-17 列出了监测点 J1、J4、J6、J8、J10 的沉降量随时间的变化。在开挖过程中，建筑物测点 J1 沉降最大为 14.78mm，测点 J10 隆起量最大为 1.04mm，出现在最右端位置处。

表 7-17　部分点沉降值　　　　　　　　　　　　　　　　（单位：mm）

日期	J1	J4	J6	J8	J10
2016 年 11 月 6 日	−0.21	−0.08	−0.04	0.04	0.15
2016 年 11 月 16 日	−0.96	−0.43	−0.29	0.09	0.34
2016 年 11 月 21 日	−1.61	−0.82	−0.54	−0.04	0.45
2016 年 11 月 26 日	−3.04	−1.52	−0.85	−0.18	0.52
2016 年 12 月 1 日	−5.12	−2.45	−1.42	−0.26	0.61
2016 年 12 月 11 日	−10.21	−6.16	−4.24	−1.26	0.71
2016 年 12 月 26 日	−13.34	−9.06	−7.07	−1.91	0.86
2017 年 1 月 10 日	−14.56	−10.75	−8.37	−2.63	0.95
2017 年 1 月 25 日	−14.78	−10.93	−8.65	−3.93	1.04

从图 7-101 得出，隧道的施工形成了地面纵向的沉降规律。随着掌子面从监测面的后方逐渐挖近，直至挖至正下方，最后至通过一段距离后，沉降变化情况具体如下：

建筑物最终趋于稳定时，建筑物处于同一断面上的监测点的累计沉降量呈近似直线的分布，这是由于建筑物自身结构强度的影响，致使出现这种近似直线的分布规律。若以固定断面作为基准，掌子面未到达此基准面时，掌子面到基准面的距离为负值，反之为正值。将掌子面与基准监测断面的距离 L 和洞径 D 的比值作为横坐标，以地面上方建筑物最大的沉降值作为纵坐标，得到监测面上方建筑物沉降随着掌子面推进的变化曲线。结合实际测点，隧道右线单洞开挖过程中洞顶上方建筑物沉降随掌子面推进的变化曲线如图 7-102 所示。

从图 7-102 得出，当隧道掌子面在基准监测面后方 13m（约 2 倍隧道直径处）时，建筑物监测点的高程开始逐渐下降，表明监测面处已经受到隧道开挖所形成的沉降区域的影响。

当掌子面逐渐从基准监测面后方 $2D$ 至其前方 D 时，随着隧道逐渐向前开挖，监测点下沉量逐渐增大。在临近基准面前 $0.5D$ 时，下沉量突然开始加大。

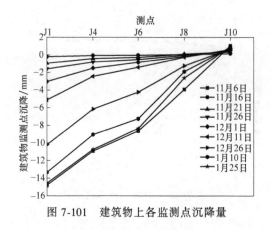

图 7-101 建筑物上各监测点沉降量

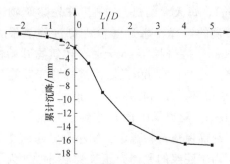

图 7-102 建筑物测点时程沉降曲线

当隧道掌子面通过基准监测面 D 至 $3D$ 时，下沉量继续增大，但变形速率减缓。

当隧道掌子面超过基准监测面 $3D$ 时，下沉逐渐趋于稳定。掘进开挖对基准监测面的影响作用逐渐减小。

由于此施工地段处于岩溶富水地段，又侧穿建筑物属于不良地段施工，故施工过程更要按照施工标准，安全有效地开挖，做好提前地质报告、超前注浆加固，及时做好测量监测工作，根据现场数据知建筑物最大沉降量为 16.62mm，最大差异沉降为 3.46mm，结合表 7-18 和表 7-19 可知，所有监测数据均在控制值的范围内，整个地段的施工过程建筑物安全稳定。

表 7-18 监测项目控制值

监测项目	最大速率控制值/(mm/d)	位移控制值/mm
地表沉降	3	30
地表隆起	2	10
建筑物沉降	2	20

表 7-19 监测预警标准

序号	预警等级	预警标准
1	黄色	"双控"（变形量、变化速率）实测值均超过变形控制值的 70% 时，或双控值之一超过变形控制值的 85% 时
2	橙色	"双控"（变形量、变化速率）实测值均超过变形控制值的 85% 时，或双控值之一超过变形控制值时
3	红色	"双控"（变形量、变化速率）实测值均超过变形控制值，或实测变化速率出现急剧增长时

J1～J10、J3～J12 两断面上建筑物仿真最终沉降值见表 7-20，将其和实测值对比，得到不同的曲线图，如图 7-103 所示。

结合图 7-103 和表 7-20 可知，模拟结果中建筑物监测点最终沉降值最大的点为 J1，下沉量 9.87mm，隆起量最大的点为 J10，其值为 1.13mm。仿真结果值和实测结果值大约相差 5mm，误差在允许的范围内，模拟结果处于同一断面上的点沉降值曲线近似为直线，反映出建筑没有发生差异沉降，和实测结果一致。表明建筑物自身存在刚度、抗拉和抗压强度，抵抗局部变形的能力较强。

表 7-20　建筑物测点仿真最终沉降值

点号	沉降值/mm	点号	沉降值/mm	点号	沉降值/mm
J1	-9.87	J5	-6.24	J9	-0.96
J2	-9.82	J6	-3.92	J10	1.13
J3	-9.75	J7	-3.84	J11	1.08
J4	-6.37	J8	-1.13	J12	1.06

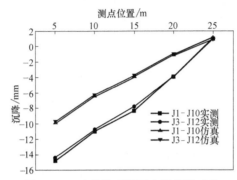

图 7-103　建筑物两断面实测模拟对比

参 考 文 献

[1] 陶龙光, 刘波, 侯公羽. 城市地下工程 [M]. 北京: 科学出版社, 2011.

[2] 谢和平, 刘见中, 高明忠, 等. 特殊地下空间的开发利用 [M]. 北京: 科学出版社, 2018.

[3] 董年才, 魏国伟, 赵晞, 等. 逆作法施工关键词问题及处理措施 [M]. 北京: 中国建筑工业出版社, 2017.

[4] 王允恭, 王卫东, 应惠清, 等. 逆作法设计施工与实例 [M]. 北京: 中国建筑工业出版社, 2011.

[5] 年廷凯, 孙旻. 深基坑支护设计与施工新技术 [M]. 北京: 中国建筑工业出版社, 2016.

[6] 奥塞拉 E. 从矿山开采到地下空间利用 [J]. 杨培章, 译. 国外金属矿山, 1994 (7): 27-30.

[7] 毕忠伟, 丁德馨, 张新华, 等. 地下采空区合理利用综述 [J]. 地下空间与工程学报, 2005, 1 (s1): 1080-1083.

[8] 段宗银. 采空区处理的探讨和实践 [J]. 昆明冶金高等专科学校学报, 2001, 17 (2): 3-4.

[9] 李俊平, 冯长根, 曾庆轩. 采空场应用综述 [J]. 金属矿山, 2002, 316 (10): 4-6.

[10] 梅尔尼科夫. 地下采空区其开发的效益和问题 [J]. 曹玉宏, 译, 国外金属矿山, 1999 (2): 24-28.

[11] 冉丽娜, 郭凯, 王立献, 等. 2016 全球地下储气库发展现状及未来发展趋势 [C] //首届中国地下储库科技创新与智能发展国际会议论文集. 北京: 石油工业出版社, 2017.

[12] 谢和平, 高明忠, 高峰, 等. 关停矿井转型升级战略构想与关键技术 [J]. 煤炭学报, 2017, 42 (6): 1355-1365.

[13] 谢和平, 高峰, 鞠杨, 等. 深地科学领域的若干颠覆性技术构想和研究方向 [J]. 工程科学与技术, 2017, 49 (1): 1-8.

[14] 谢和平, 高明忠, 张茹, 等. 地下生态城市与深地生态圈战略构想及其关键技术展望 [J]. 岩石力学与工程学报, 2017, 36 (6): 1301-1313.

[15] 张立俊. 衰老矿井地下设施资源开发利用研究 [J]. 山东煤炭科技, 2011 (5): 146-147.

[16] 郑敏, 赵军伟. 废弃矿坑综合利用新途径 [J]. 矿产保护与利用. 2003 (3): 49-53.

[17] CHEN J, LIU W, JIANG D, et al. Preliminary investigation on the feasibility of a clean CAES system coupled with wind and solar energy in China [J]. Energy, 2017 (127): 462-478.

[18] LIU W, JIANG D, CHEN J, et al. Comprehensive feasibility study of two-well-horizontal caverns for natural gas storage in thinly-bedded salt rocks in China [J]. Energy, 2018 (143): 1006-1019.

[19] ZHANG G, LI Y, et al. Geotechnical feasibility analysis of compressed air energy storage (CAES) in bedded salt formations: a case study in Huai′an City, China [J]. Rock Mechanics &Rock Engineering, 2015, 48 (5): 2111-2127.

[20] ZHOU H W, WANG C P, HAN B B, et al. A creep constitutive model for salt rock based on fractional derivatives [J]. International Journal of Rock Mechanics and Mining Sciences, 2011, 48 (1): 116-121.

[21] ZHOU H W, WANG C P, MISHNAEVSKY L, et al. A fractional derivative approach to full creep regions in salt rock [J]. Mechanics of Time-Depend Materials, 2013, 17 (3): 413-425.

[22] 中国建筑工业出版社. 现行建筑设计、结构、施工规范大全: 缩印本 [M]. 北京: 中国建筑工业出版社, 2009.

[23] 《建筑设计资料集》编委会. 建筑设计资料集: 6 [M]. 2 版. 北京: 中国建筑工业出版社, 1994.

[24] 童林旭. 地下建筑学 [M]. 济南: 山东科学技术出版社, 1994.

[25] 钱七虎. 岩土工程的第四次浪潮 [J]. 地下空间, 1999 (4): 267-273.

[26] 王梦恕, 等. 中国隧道及地下工程修建技术 [M]. 北京: 人民交通出版社, 2010.

[27] 施仲衡, 张弥. 地下铁道设计与施工 [M]. 西安: 陕西科学技术出版社, 1997.

[28] 孙均. 地下工程设计理论与实践 [M]. 上海: 上海科学技术出版社, 1996.

[29] 谢和平, 冯夏庭. 灾害环境下重大工程安全性的基础研究 [M]. 北京: 科学出版社, 2009.

[30] 钟茂华, 王金安. 地铁施工围岩稳定性数值分析 [M]. 北京: 科学出版社, 2006.

[31] 谢敬通. 人民广场地下车库建设方案介绍 [C] //中国土木工程学会第三届年会论文集. 上海: 同济大学出版社, 1987.

[32] 何光乾, 陈祥福. 高层建筑设计与施工 [M]. 北京: 科学出版社, 1994.

[33] 中国土木工程学会. 中国土木工程指南 [M]. 北京: 科学出版社, 1993.

[34] 王振启. 上海地铁一号线工程 [C] //中国土木工程学会第三届年会论文集. 上海: 同济大学出版社, 1987.

[35] 关宝树. 国外隧道工程中的新奥法 [M]. 北京: 科学出版社, 1987.

[36] 铁道部基建局. 铁路隧道新奥法指南 [M]. 北京: 中国铁道出版社, 1988.

[37] 方承训. 建筑施工 [M]. 武汉: 武汉工业大学出版社, 1989.

[38] 丁金粟. 土力学与基础工程 [M]. 北京: 地震出版社, 1992.

[39] 铁道部旋喷注浆科研协作组. 旋喷注浆加固地基技术 [M]. 北京: 中国铁道出版社, 1984.

[40] 日本建设机械化协会. 地下连续墙设计与施工手册 [M]. 祝国荣, 等译. 北京: 中国建筑工业出版社, 1983.

[41] 孙建华, 刘昌用. 邻房超浅埋大跨度地下停车场暗挖施工新技术 [C] //中国土木工程学会隧道及地下工程学会第八届年会论文集. 铁道工程学报专刊, 1994.

[42] 樱井纪朗, 等. 特殊混凝土施工 [M]. 李德富, 译. 北京: 水利电力出版社, 1985.

[43] 张云理. 混凝土外加剂 [M]. 北京: 中国建筑工业出版社, 1988.

[44] 莫斯克文. 混凝土和钢筋混凝土的腐蚀及其防护方法 [M]. 倪继淼, 等译. 北京: 化学工业出版社, 1988.

[45] 铁道部第十六工程局, 铁道部第三勘测设计院. 北京地铁西单车站建设后评价报告: 内部 [Z]. 1993.

[46] 沈季良. 建井工程手册: 第四册 [M]. 北京: 煤炭工业出版社, 1986.

[47] 北京建井所. 中国地层冻结工程 40 周年论文集 [C]. 北京: 煤炭工业出版社, 1995.

[48] 吴紫汪, 马巍. 冻土强度与蠕变 [M]. 兰州: 兰州大学出版社, 1994.

[49] 叶林标. 建筑工程防水施工手册 [M]. 北京: 中国建筑工业出版社, 1990.

[50] 冶金建筑研究院. 防水混凝土及其应用 [M]. 北京: 中国建筑工业出版社, 1979.

[51] 文国玮. 城市交通与道路系统规划设计 [M]. 北京: 清华大学出版社, 1991.

[52] 徐思淑, 周文化. 城市设计导论 [M]. 北京: 中国建筑工业出版社, 1991.

[53] 何宗华. 城市轻轨交通工程设计指南 [M]. 北京: 中国建筑工业出版社, 1993.

[54] 张连楷, 等. 道路路线设计 [M]. 上海: 同济大学出版社, 1990.

[55] 翁家杰. 地下工程 [M]. 北京: 煤炭工业出版社, 1995.

[56] 陈仲颐, 叶书麟. 基础工程学 [M]. 北京: 中国建筑工业出版社, 1990.

[57] 胡重民, 王真真. 水力学 [M]. 北京: 水利电力出版社, 1990.

[58] 陈仲颐, 周星星. 土力学 [M]. 北京: 清华大学出版社, 1994.

[59] 谭克文, 等. 建筑法规知识读本 [M]. 北京: 中国建筑工业出版社, 1991.

[60] 中国矿业学院. 特殊凿井 [M]. 北京: 煤炭工业出版社, 1981.

[61] 王建宇. 隧道工程监测和信息化设计原理 [M]. 北京: 中国铁道出版社, 1990.

[62] 徐挺. 相似模拟理论与模型实验 [M]. 北京: 中国农业机械出版社, 1982.

[63] 崔广心. 相似模拟理论与模型实验 [M]. 北京：中国矿业大学出版社，1990.

[64] 林韵梅. 实验岩石力学模拟研究 [M]. 北京：煤炭工业出版社，1984.

[65] 陈希哲. 土力学地基基础 [M]. 北京：清华大学出版社，1989.

[66] 谷姚祺，彭守拙. 地下洞室工程 [M]. 北京：清华大学出版社，1994.

[67] 中国科学院兰州冰川冻土研究所. 冻土的温度水分应力及其相互作用 [M]. 兰州：兰州大学出版社，1990.

[68] 孙更生，郑大同. 软土地基与地下工程 [M]. 北京：中国建筑工业出版社，1984.

[69] 天津大学，同济大学. 土层地下建筑施工 [M]. 北京：中国建筑工业出版社，1982.

[70] 崔久江. 水下隧道注浆堵水 [M]. 北京：人民铁道出版社，1978.

[71] 余力，巴肇伦，卓鑫然. 煤矿沉井法凿井 [M]. 北京：煤炭工业出版社，1984.

[72] 宋培抗. 城市建设数据手册 [M]. 天津：天津大学出版社，1994.

[73] 蔡伟铭，胡中雄. 土力学与基础工程 [M]. 北京：中国建筑工业出版社，1991.

[74] 张庆贺，朱合华，庄容. 地铁与轻轨 [M]. 北京：人民交通出版社，2007.

[75] 马德芹，蔺安林. 地铁铁道与轻轨交通 [M]. 成都：西南交通大学出版社，2003.

[76] 刘钊，余才高，周振强. 地铁工程设计与施工 [M]. 北京：人民交通出版社，2006.

[77] 毛宝华. 城市轨道交通规划与设计 [M]. 北京：人民交通出版社，2006.

[78] 夏初才，李永盛. 地下工程监测理论与监测技术 [M]. 上海：同济大学出版社，1999.

[79] 耿永常，赵晓红. 城市地下空间建筑 [M]. 哈尔滨：哈尔滨工业大学出版社，2001.

[80] 关宝树. 隧道工程设计要点集 [M]. 北京：人民交通出版社，2003.

[81] 煤炭科学研究总院. 矿井建设现代技术理论与实践 [M]. 北京：煤炭工业出版社，2005.

[82] 毛宝华. 城市轨道交通系统运营管理 [M]. 北京：人民交通出版社，2006.

[83] 谢康和，周健. 岩土工程有限元分析理论与应用 [M]. 北京：科学出版社，2002.

[84] 阳军生，刘宝琛. 城市隧道施工引起的地表移动及变形 [M]. 北京：中国铁道出版社，2002.

[85] 关宝树，杨其新. 地下工程概论 [M]. 成都：西南交通大学出版社，2001.

[86] 张凤祥，朱合华，傅德明. 盾构隧道 [M]. 北京：人民交通出版社，2004.

[87] 陈湘生，等. 地层冻结法理论研究与实践 [M]. 北京：煤炭工业出版社，2005.

[88] 国家安全生产监督管理总局. 安全评价 [M]. 北京：煤炭工业出版社，2005.

[89] 刘铁民，钟茂华，王金安，等. 地下工程安全评价 [M]. 北京：科学出版社，2005.

[90] 张凤祥，傅德明，杨国祥. 盾构隧道施工手册 [M]. 北京：人民交通出版社，2005.

[91] 周晓军，周佳媚. 城市地下铁道与轻轨交通 [M]. 成都：西南交通大学出版社，2008.

[92] 日本铁道综合技术研究所. 接近既有隧道施工对策指南 [M]. 东京：日本铁道综合技术研究所，1996.

[93] 周起敬，姜维山. 钢与混凝土组合结构设计施工手册 [M]. 北京：中国建筑工业出版社，1991.

[94] 陈绍番. 钢结构设计原理 [M]. 北京：科学出版社，2001.

[95] 赵鸿铁. 钢与混凝土组合结构 [M]. 北京：科学出版社，2001.

[96] SHIBADA T. 隧道开挖中的地表下沉模型试验 [J]. 隧道译丛，1983（5）：38-41.

[97] 乌拉索夫. 俄罗斯地下铁道建设精要 [M]. 钱七虎，戚承志，译. 北京：中国铁道出版社，2002.

[98] 姜晨光. 地铁工程建造技术 [M]. 北京：化学工业出版社，2010.

[99] 贺少辉. 地下工程 [M]. 北京：清华大学出版社，2006.

[100] 崔广心，杨维好，吕恒林. 深厚表土层中的冻结壁和井壁 [M]. 徐州：中国矿业大学出版社，1997.

[101] 孙章，何宗华，徐金祥. 城市轨道交通概论 [M]. 北京：中国铁道出版社，2000.

[102] 周景星，等. 基础工程 [M]. 北京：清华大学出版社，1996.

[103] 陈立道，朱雪岩. 城市地下空间规划理论与实践［M］. 上海：同济大学出版社，1997.

[104] 中华人民共和国建设部. 岩土工程勘察规范：GB 50021—2001［S］. 北京：中国建筑工业出版社，2002.

[105] 中华人民共和国住房和城乡建设部. 建筑地基基础设计规范：GB 50007—2011［S］. 北京：中国建筑工业出版社，2011.

[106] 中华人民共和国住房和城乡建设部. 建筑基坑支护技术规程：JGJ 120—2008［S］. 北京：中国建筑工业出版社，2009.

[107] 中华土木工程协会，等. 地铁及地下工程建设风险管理指南［M］. 北京：中国建筑工业出版社，2010.

[108] 北京城建设计总院. 地铁设计规范：GB 50157—2013［S］. 北京：中国建筑工业出版社，2014.

[109] 国家人民防空办公室. 地下工程防水技术规范：GB 50108—2008［S］. 北京：中国计划出版社，2009.

[110] 中华人民共和国住房和城乡建设部. 建筑抗震设计规范：GB 50011—2010［S］. 北京：中国建筑工业出版社，2010.

[111] 刘波，韩彦辉. FLAC原理、实例与应用指南［M］. 北京：人民交通出版社，2005.

[112] 刘波，陶龙光.《城市地下工程》课程建设改革与研究型本科教学的探讨［C］//第一届全国土力学教学研讨会论文集. 北京：人民交通出版社，2006.

[113] 陶龙光，刘波. 盾构过地铁站施工对地表沉降影响的数值模拟［J］. 中国矿业大学学报，2003，32（3）：236-240.

[114] 侯公羽，刘波. 岩土加固理论数值实现及地下工程应用［M］. 北京：煤炭工业出版社，2006.

[115] 刘波，陶龙光，等. 地铁双隧道施工诱发地表沉降预测研究与应用［J］. 中国矿业大学学报，2006，35（3）：356-361.

[116] 刘波，陶龙光，等. 地铁隧道施工引起地层变形的反分析预测系统［J］. 中国矿业大学学报，2004，33（3）：277-282.

[117] 刘波，陶龙光，丁城刚. 地铁双隧道施工诱发地表沉降预测研究与应用［J］. 中国矿业大学学报，2006，35（3）：356-361.

[118] 刘波. 地铁盾构隧道下穿建筑基础诱发地层变形空间效应研究［J］. 地下空间与工程学报，2006，2（2）：621-626.

[119] 陈军，刘波，陶龙光. 暗挖地铁车站引起地表沉降拟合分析与Peck法比较研究［J］. 岩土工程技术，2005，19（1）：1-4.

[120] 刘波，黄俐，杨丹丹，等. 盾构施工泡沫剂效能及改良土体的试验研究［J］. 市政技术，2009，27（2）：154-156，164.

[121] 李涛，刘波. 深基坑-高层建筑共同作用实例研究［J］. 中国矿业大学学报，2008，37（2）：241-245.

[122] 侯公羽，杨悦，刘波. 盾构管片接头模型的改进及管片内力数值计算［J］. 岩石力学与工程学报，2007，26（S2）：4284-4291.

[123] 侯公羽，杨悦，刘波. 盾构管片设计改进惯用法模型及其内力解析解［J］. 岩土力学学报，2008，29（1）：161-166.

[124] 熊建明，刘波，潘强. 地铁盾构施工泡沫剂改良土体控制渗害的试验研究［J］. 中国安全生产科学技术，2008，4（1）：1-6.

[125] 刘波，李东阳，陈立. 复杂地层旁通道冻结施工过程的模拟与实测分析［J］. 中国安全生产科学技术，2010，6（5）：11-17.

[126] 刘纪峰，崔秀琴，刘波. 考虑水-土耦合的盾构隧道地表沉降试验研究［J］. 中国铁道科学，2009，

30（6）：38-45.

[127] 刘纪峰，陶龙光，刘波. 考虑盾构施工扰动土体固结的地层沉降计算 ［J］. 辽宁工程技术大学学报，2009，28（5）：731-734.

[128] 刘波，高霞，陶龙光. 考虑接头影响的地铁盾构隧道管环力学模型研究 ［J］. 中国矿业大学学报，2009，38（4）：494-502.

[129] 刘波，陶龙光，刘纪峰，等. 隧道掘进试验用模拟盾构机：20082014198. 6 ［P］2009-09-09.

[130] 刘波，潘强，陶龙光，等. 地下工程岩土改良泡沫发生器：200620175127. 8 ［P］. 2005-11-16.

[131] 陶龙光，刘波. 城市地下工程等模拟试验系统：2005100779745 ［P］. 2008-01-09.

[132] 刘波，陶龙光. 工程试验用滑轨装置：200520110777. X ［P］. 2006-08-02.

[133] 刘波，陶龙光，高全臣. 等地下工程三维模型试验系统：200520110778. 4 ［P］. 2006-08-23.

[134] 刘波. 地铁隧道施工沉降预测与分析 STEAD 系统：2008SRBJ1034 ［P］. 2017-07-01.

[135] 李涛. 广州复杂红层强度理论与地铁盾构土体改良研究 ［D］. 北京：中国矿业大学（北京），2008.

[136] 江玉生，王春河，陈冬. 土压平衡盾构螺旋输送机力学模型简析 ［J］. 力学与实践，2007，29（5）：50-53

[137] 江玉生，陈冬，王春河，杨志勇. 土压平衡盾构双螺旋输送机力学机理简析 ［J］. 隧道建设，2007，27（6）：15-18.

[138] 刘波，李东阳，陈立. 复杂地层旁通道冻结施工过程的模拟与实测分析 ［J］. 中国安全生产科学技术，2010，6（5）：11-17.

[139] KYUNG—H P. Analytical solution for tunnelling-induced ground movement in clays ［J］. Tunnelling and Underground Space Technolygy，2005，20. 249-261

[140] LIU B，L T. Numerical modeling on a subway construction accident：case history and analysis. Continuum and Distinct Element Numerical Modeling in Geo-Engineering ［C］// Proc. 1st Inter. FLAC/DEM Symp. Minneapolis：［s. n.］，2008，8：529-539.

[141] LIU B，HAN Y. A FLAC 3D-based subway tunneling-induced ground settlement prediction system developed in China ［C］//Proceedings of the 4th FLAC International Symposium. Madrid：2006，55-62.

[142] LIU B，TAO L G. SEM Microstructure and SEM Mechanical Tests of Swelling Red Sandstone in Guangzhou Metro Engineering ［C］//. Boundaries of Rock Mechanics，Int. Young Scholar Sym. on Rock Mechanics. London：Taylors & Francis，2008，5：99-104.

[143] LI T，LIU B. Field instrumentation and 3D numerical modeling on two adjacent metro tunnels beneath tall building ［C］//Boundaries of Rock Mechanics Inter. Young Scholar Sym. on Rock Mechanics. London：Taylors & Francis，2008，5：649-654.

[144] LIU B，LI T，QIAO G G. SEM microstructure and chemical foamed-soil modification tests for swelling red strata in subway shield tunneling engineering，［J］. Recent Advancement in Soil Behavior，In Situ Test Methods，Pile Foundations，and Tunneling，ASCE Geotechnical Special Publication，2009，192：20-26.

[145] CRAIG R F. Soil mechanics in engineering practice ［M］. 2nd ed. N. Y.：John Wiley & Sons，Inc，1997.